中国高等学校计算机科学与技术专业（应用型）规划教材

Visual FoxPro
应用系统开发教程

柳炳祥　王素丽　　主编
王燕红　于丽　李步升　刘陶　　副主编

U0332359

清华大学出版社
北京

内 容 简 介

本书以国家二级 Visual FoxPro 考试大纲为基本要求,吸取了多部相关教程的优点,具有独特的风格。全书以 Visual FoxPro 9.0 为例,按照使用数据库的逻辑顺序,从数据库的交互式操作、数据库程序设计和数据库应用系统开发三方面组织教材内容,引导读者循序渐进地掌握数据库的基本理论和数据库应用系统开发的方法。全书主要内容有数据库基础知识、Visual FoxPro 的数据及其运算、表和数据库的基本操作、查询与视图设计、SQL 语言的应用、结构化程序设计、面向对象程序设计基础、表单设计与应用、菜单设计、报表与标签设计、数据库应用系统开发。在每章的后面都精选了大量的习题,供读者课后复习。

为了方便教学和读者上机操作练习,作者还编写了《Visual FoxPro 程序设计上机指导与习题》一书,作为与本书配套的实验教材。本书既可作为高等院校数据库应用课程的教材,也可作为社会各类计算机应用人员参考用书。

图书在版编目(CIP)数据

Visual FoxPro 应用系统开发教程/柳炳祥,王素丽主编 . —北京: 清华大学出版社,2017(2019.1重印)
(中国高等学校计算机科学与技术专业(应用型)规划教材)
ISBN 978-7-302-45548-6

Ⅰ. ①V… Ⅱ. ①柳… ②王… Ⅲ. ①关系数据库系统－程序设计－高等学校－教材
Ⅳ. ①TP311.138

中国版本图书馆 CIP 数据核字(2016)第 277351 号

责任编辑:谢 琛 李 晔
封面设计:常雪影
责任校对:白 蕾
责任印制:杨 艳

出版发行:清华大学出版社
       网   址:http://www.tup.com.cn,http://www.wqbook.com
       地   址:北京清华大学学研大厦 A 座   邮   编:100084
       社 总 机:010-62770175   邮   购:010-62786544
       投稿与读者服务:010-62776969,c-service@tup.tsinghua.edu.cn
       质 量 反 馈:010-62772015,zhiliang@tup.tsinghua.edu.cn
       课 件 下 载:http://www.tup.com.cn,010-62795954
印 装 者:三河市春园印刷有限公司
经   销:全国新华书店
开   本:185mm×260mm   印   张:21.75   字   数:526千字
版   次:2017 年 1 月第 1 版   印   次:2019 年 1 月第 2 次印刷
定   价:46.00 元

产品编号:071669-02

Editorial Board 编委会

前言

在计算机技术飞速发展、社会信息化进程加快的大背景下,计算机的主要应用领域已从早期的科学计算逐渐转为数据处理,广大工程技术人员、管理人员以及各行各业的人们都迫切需要掌握数据管理技术,以提高工作效率和质量。在进行数据处理时,并不需要进行复杂的计算,而主要是进行大量数据的组织、存储、维护、查询和统计等工作。为了有效地完成这些工作,必须采用一整套严密、合理的数据管理方法。由于数据库系统具有数据结构化、最低冗余度、较高的程序与数据独立性、易于扩充、易于编制应用程序等优点,因而成为数据管理的重要技术。

本书以国家二级 Visual FoxPro 考试大纲为基本要求,吸取了多部相关教程的优点,具有独特的风格。作者根据多年从事数据库技术及应用教学及计算机专业相关课程的教学实践,在多次编写讲义、教材的基础上编写了本书。本书内容充实,循序渐进,选材上注重系统性、先进性和实用性。在每章的后面都精选了大量的习题,供读者课后复习。本书既可作为高等院校数据库应用课程的教材,也可作为社会各类计算机应用人员参考用书。

全书共有 12 章,主要内容有数据库基础知识、Visual FoxPro 的数据及其运算、表和数据库的基本操作、查询与视图设计、SQL 语言的应用、结构化程序设计、面向对象程序设计基础、表单设计与应用、菜单设计、报表与标签设计、数据库应用系统开发。

本书由柳炳祥和王素丽任主编,王燕红、于丽、李步升、刘陶参与编写。第 1、5、6 章由于丽编写,第 2~4 章由王燕红编写,第 7 和第 12 章由刘陶编写,第 8 和第 9 章及附录由王素丽编写,第 10 和第 11 章由李步升编写,全书由柳炳祥统稿和定稿。在本书修订过程中,许多老师和同学提出了宝贵的修改意见,在此一并表示感谢。

由于作者水平有限,加之时间仓促,书中错误和不当之处在所难免,敬请各位专家和广大读者批评指正。

编　者
2016 年 10 月

目录

第 1 章 数据库基础知识

1.1 数据库系统基础知识

1.1.1 数据库系统

数据库系统就是以数据库应用为基础的计算机系统,它的核心任务是数据管理。和一般的应用系统相比,数据库系统有其自身的特点,它将涉及一些相互联系而又有所区别的基本概念。

1. 数据与数据处理

1) 数据与信息

数据和信息是数据处理中的两个基本概念,有时可以混用,如平时讲数据处理就是信息处理,但有时必须分清。一般认为,数据是人们用于记录事物情况的物理符号。为了描述客观事物而用到的数字、字符以及所有能输入到计算机中并能被计算机处理的符号都可以看作是数据。例如,某考生的总分为 625,某人的职称为"高级工程师",这里的 625、"高级工程师"就是数据。在实际应用中,有两种基本形式的数据:一种是可以参与数值运算的数值型数据,如表示成绩、工资的数据;另一种是由字符组成,不能参与数值运算的字符型数据,如表示姓名、职称的数据。此外,还有图形、图像、声音等多媒体数据,如人的照片、商品的商标等。

通俗地讲,信息是经过加工处理并对人类社会实践和生产活动产生决策影响的数据。不经过加工处理的数据只是一种原始材料,对人类活动产生不了决策作用,它的价值只是在于记录了客观世界的事实。只有经过提炼和加工,原始数据才发生了质的变化,给人们以新的知识和智慧。

数据与信息既有区别,又有联系。数据是表示信息的,但并非任何数据都能表示信息,信息只是加工处理后的数据,是数据所表达的内容。另一方面信息不随表示它的数据形式而改变,它是反映客观现实世界的知识,而数据则具有任意性,用不同的数据形式可以表示同样的信息。例如一个城市的天气预报是一条信息,而描述该信息的数据形式可以是文字、图像或声音等。

2) 数据处理

数据处理是指将数据转换成信息的过程。它包括对数据的收集、存储、分类、计算、加工、检索和传输等一系列活动,其基本目的是从大量的、杂乱无章的、难以理解的数据中整理出对人们有价值、有意义的数据(即信息),作为决策的依据。例如,全体考生各门课程的考试成绩记录了考生的考试情况,属于原始数据,对考试成绩进行分析和处理,如按成绩从高到低顺序排列、统计各分数段的人数等,可以根据招生人数确定录取分数线。

2. 数据库系统的组成

数据库系统是把有关计算机硬件、软件、数据和人员组合起来为用户提供信息服务的系统。因此,数据库系统由计算机系统、数据库及其描述机构、数据库管理系统和有关人员组成,是由这几个方面组成的具有高度组织性的总体。

1) 硬件

数据库系统对计算机硬件除要求 CPU 的处理速度高、内存容量大以外,还要求有足够的外存空间以存储数据库中的数据。

2) 软件

数据库系统中的软件包括操作系统、数据库管理系统及数据库应用系统等。

数据库管理系统(DataBase Management System,DBMS)是数据库系统的核心软件之一。它提供数据定义、数据操作、数据库管理和控制等功能。功能的强弱随系统而异,大系统功能较强、较全,小系统功能较弱、较少。目前较流行的数据库管理系统有 Oracle、Sybase、SQL Server、Access、Visual FoxPro 等。

数据库应用系统是指系统开发人员利用数据库系统资源开发出来的、面向某一类实际应用的应用软件系统。它分为两类:

(1) 管理信息系统。这是面向机构内部业务和管理的数据库应用系统。例如,人事管理系统、教学管理系统等。

(2) 开放式信息服务系统。这是面向外部、提供动态信息查询功能,以满足不同信息需求的数据库应用系统。例如,大型综合科技信息系统、经济信息系统和专业的证券实时行情、商品信息系统等。

无论是哪一类信息系统,从实现技术角度而言,都是以数据库技术为基础的计算机应用系统。

3) 数据库

数据库(Database,DB)是数据库系统中按一定法则存储在外存储器中的大批数据。它不仅包括描述事物的数据本身,而且还包括相关事物之间的联系。

数据库中的数据往往不是像文件系统那样,只面向某一项特定应用,而是面向多种应用,可以被多个用户、多个应用程序共享。其数据结构独立于使用数据的程序,对于数据的增加、删除、修改和检索由系统软件进行统一的控制。

4) 数据库系统的有关人员

数据库系统的有关人员主要有 3 类:最终用户、数据库应用系统开发人员和数据库管理员(Database Administrator,DBA)。最终用户指通过应用系统的用户界面使用数据库的人员,他们一般对数据库知识了解不多。数据库应用系统开发人员包括系统分析员、系统设计员和程序员。系统分析员负责应用系统的分析,他们和用户、数据库管理员相配合,参与系统分析;系统设计员负责应用系统设计和数据库设计;程序员则根据设计要求进行编码。数据库管理员是数据管理机构负责对整个数据库系统进行总体控制和维护,以保证数据库系统正常运行的一组人员。

在数据库系统中,硬件、软件和有关人员之间的层次关系如图 1-1 所示。

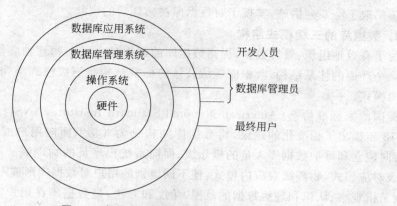

图 1-1 数据库系统层次关系示意图

3. 数据库系统的特点

数据库系统的出现是计算机数据处理技术的重大进步,它具有以下特点。

1) 数据共享

数据共享是指多个用户可以同时存取数据而不互相影响。数据共享包括以下 3 个方面:

(1) 所有用户可以同时存取数据;

(2) 数据库不仅可以为当前的用户服务,也可以为将来的新用户服务;

(3) 可以使用多种语言完成与数据库的接口。

2) 减少数据冗余

数据冗余就是数据重复,数据冗余既浪费存储空间,又容易产生数据的不一致。在非数据库系统中,由于每个应用程序都有自己的数据文件,所以存在着大量的重复数据。

数据库从全局观念来组织和存储数据,数据已经根据特定的数据模型结构化,在数据库中用户的逻辑数据文件和具体的物理数据文件不必一一对应,从而有效地节省了存储资源,减少了数据冗余,增强了数据的一致性。

3) 具有较高的数据独立性

所谓数据独立性,是指数据与应用程序之间彼此独立,它们之间不存在相互依赖的关系。应用程序不必随数据存储结构的改变而变动,这是数据库的一个最基本的优点。

在数据库系统中,DBMS 通过映像实现了应用程序对数据的逻辑结构与物理存储结构之间较高的独立性。数据库的数据独立包括两个方面。

(1) 物理数据独立:数据的存储格式和组织方法改变时,不影响数据库的逻辑结构,从而不影响应用程序。

(2) 逻辑数据独立:数据库逻辑结构的变化(如数据定义的修改、数据间联系的变更等)不影响用户的应用程序。

数据独立性提高了数据处理系统的稳定性,从而提高了程序维护的效益。

4) 增强了数据安全性和完整性保护

数据库加入了安全保密机制,可以防止对数据的非法存取。由于实行集中控制,有利于控制数据的完整性。数据库系统采取了并发访问控制，保证了数据的正确性。另外，数据库系统还采取了一系列措施，实现了对数据库被破坏后的恢复。

4．数据库的三级模式结构

为了有效地组织、管理数据，提高数据库的逻辑独立性和物理独立性，人们为数据库设计了一个严谨的体系结构，数据库领域公认的标准结构是三级模式结构，它包括外模式、模式和内模式。

美国国家标准协会（American National Standard Institute，ANSI）的 DBMS 研究小组于 1978 年提出了标准化的建议，将数据库结构分为 3 级：面向用户或应用程序员的用户级、面向建立和维护数据库人员的概念级、面向系统程序员的物理级。用户级对应外模式，概念级对应模式，物理级对应内模式，使不同级别的用户对数据库形成不同的视图。所谓视图，就是指观察、认识和理解数据的范围、角度和方法，是数据库在用户"眼中"的反映，很显然，不同层次（级别）的用户所"看到"的数据库是不相同的。数据库的三级模式结构如图 1-2 所示。

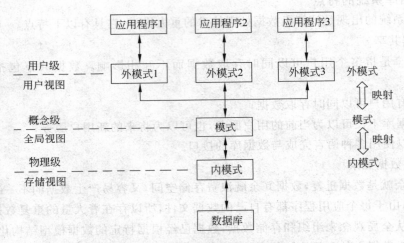

图 1-2　数据库的三级模式结构

1）模式

模式又称概念模式或逻辑模式，对应于概念级。它是由数据库设计者综合所有用户的数据，按照统一的观点构造的全局逻辑结构，是对数据库中全部数据的逻辑结构和特征的总体描述，是所有用户的公共数据视图（全局视图）。它是由 DBMS 提供的数据模式语言（Data Description Language，DDL）来描述、定义的，体现、反映了数据库系统的整体观。

2）外模式

外模式又称子模式，对应于用户级。它是某个或某几个用户所看到的数据库的数据视图，是与某一应用有关的数据的逻辑表示。外模式是从模式导出的一个子集，包含模式中允许特定用户使用的那部分数据。用户可以通过外模式描述语言来描述、定义对应于用户的数据记录（外模式），也可以利用数据操纵语言（Data Manipulation Language，DML）对这些数据记录进行操作。外模式反映了数据库的用户观。

3）内模式

内模式又称存储模式，对应于物理级。它是数据库中全体数据的内部表示或底层描述，是数据库最低一级的逻辑描述,它描述了数据在存储介质上的存储方式和物理结构,对应着实际存储在外存储介质上的数据库。内模式由内模式描述语言来描述、定义,它是数据库的存储观。

在一个数据库系统中,只有唯一的数据库,因而作为定义、描述数据库存储结构的内模式和定义、描述数据库逻辑结构的模式,也是唯一的,但建立在数据库系统之上的应用则是非常广泛、多样的,所以对应的外模式不是唯一的,也不可能是唯一的。

4) 三级模式间的映射

数据库的三级模式是数据在 3 个级别(层次)上的抽象,使用户能够逻辑地、抽象地处理数据而不必关心数据在计算机中的物理表示和存储。实际上,对于一个数据库系统而言,只有物理级数据库是客观存在的,它是进行数据库操作的基础,概念级数据库不过是物理数据库的一种逻辑的、抽象的描述(即模式),用户级数据库则是用户与数据库的接口,它是概念级数据库的一个子集(外模式)。

用户应用程序根据外模式进行数据操作,通过"外模式-模式"映射,定义和建立某个外模式与模式间的对应关系,将外模式与模式联系起来,当模式发生改变时,只要改变其映射,就可以使外模式保持不变,对应的应用程序也可保持不变;另一方面,通过"模式-内模式"映射,定义建立数据的逻辑结构(模式)与存储结构(内模式)间的对应关系,当数据的存储结构发生变化时,只需改变模式-内模式映射,就能保持模式不变,因此应用程序也可以保持不变。

1.1.2 数据模型

数据库需要根据应用系统中数据的性质、内在联系,按照管理的要求来设计和组织。计算机信息处理的对象是现实生活中的客观事物,客观事物是信息之源,是设计和建立数据库的出发点,也是使用数据库的最后归宿。人们把客观存在的事物以数据的形式存储到计算机中,经历了对现实生活中事物特征的认识、概念化到计算机数据库里的具体表示的逐级抽象过程。

1. 实体及联系

1) 实体

从数据处理的角度看,现实世界中的客观事物称为实体,它可以指人,如一个教师、一个学生等,也可以指物,如一本书、一张桌子等。它不仅可以指实际的物体,还可以指抽象的事件,如一次借书、一次奖励等;还可以指事物与事物之间的联系,如学生选课、客户订货等。

一个实体具有不同的属性,属性描述了实体某一方面的特性。例如,教师实体可以用教师编号、姓名、性别、出生日期、职称、基本工资、研究方向等属性来描述。每个属性可以取不同的值。例如,对于某一教师,其编号为 10101、姓名为张三、性别为男、出生日期为 1970 年 10 月 16 日、职称为教授、基本工资为 1980 元、研究方向为网络信息系统,这些分别为教师实体各属性的取值。属性值的变化范围称作属性值的域。如性别属性的域为(男,女),职称属性的域为(助教,讲师,副教授,教授)等。由此可见,属性是个变量,属性值是变量所取的值,而域是变量的变化范围。

由上可见,属性值所组成的集合表征一个实体,相应的这些属性的集合表征了一种实体的类型,称为实体型。例如教师编号、姓名、性别、出生日期、职称、基本工资、研究方向等表征教师实体的实体型。同类型的实体的集合称为实体集。

在 Visual FoxPro 中,用"表"来表示同一类实体,即实体集,用"记录"来表示一个具体的实体,用"字段"来表示实体的属性。显然,字段的集合组成一个记录,记录的集合组成一个表。相应于实体型,则代表了表的结构。

2) 实体间的联系

实体之间的对应关系称为实体间的联系,它反映了现实世界事物之间的相互关联。例如,图书和出版社之间的关联关系为:一个出版社可出版多种书,同一种书只能在一个出版社出版。

实体间的联系是指一个实体集中可能出现的每一个实体与另一个实体集中多少个具体实体存在联系。实体之间有各种各样的联系,归纳起来有 3 种类型。

- 一对一联系($1:1$)。如果对于实体集 A 中的每一个实体,实体集 B 中有且只有一个实体与之联系;反之亦然,则称实体集 A 与实体集 B 具有一对一联系。例如,一所学校只有一个校长,一个校长只在一所学校任职,校长与学校之间的联系是一对一的联系。

- 一对多联系($1:n$)。如果对于实体集 A 中的每一个实体,实体集 B 中有多个实体与之联系;反之,对于实体集 B 中的每一个实体,实体集 A 中至多只有一个实体与之联系,则称实体集 A 与实体集 B 有一对多的联系。例如,一所学校有许多学生,但一个学生只能就读于一所学校,所以学校和学生之间的联系是一对多的联系。

- 多对多联系($m:n$)。如果对于实体集 A 中的每一个实体,实体集 B 中有多个实体与之联系,而对于实体集 B 中的每一个实体,实体集 A 中也有多个实体与之联系,则称实体集 A 与实体集 B 之间有多对多的联系。例如,一个读者可以借阅多种图书,任何一种图书可以为多个读者借阅,所以读者和图书之间的联系是多对多的联系。

2. 数据模型

数据模型是对客观事物及其联系的数据描述,反映实体内部和实体之间的联系。由于采用的数据模型不同,相应的数据库管理系统也就完全不同。在数据库系统中,常用的数据模型有层次模型、网状模型和关系模型 3 种。

1) 层次模型

层次模型用树形结构来表示实体及它们之间的联系。在这种模型中,数据被组织成由"根"开始的"树",每个实体由根开始沿着不同的分支放在不同的层次上。树中的每一个结点代表实体型,连线则表示它们之间的关系。根据树形结构的特点,建立数据的层次模型需要满足两个条件:

- 有且仅有一个结点没有父结点,这个结点即根结点;
- 其他结点有且仅有一个父结点。

事实上,许多实体间的联系本身就是自然的层次关系,如一个单位的行政机构、一个家庭的世代关系等。图 1-3 是学校实体的层次模型。

层次模型具有层次清晰、构造简单、易于实现等优点。但由于受到如上所述两个条件的限制,它可以比较方便地表示出一对一和一对多的实体联系,而不能直接表示出多对多的实

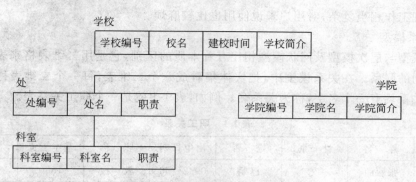

图 1-3　学校实体的层次模型

体联系,对于多对多的联系,必须先将其分解为几个一对多的联系,才能表示出来。因而,对于复杂的数据关系,实现起来较为麻烦,这就是层次模型的局限性。

采用层次模型来设计的数据库称为层次数据库。层次模型的数据库管理系统是最早出现的数据库管理系统,它的典型代表是 IBM 公司的 IMS（Information Management System）系统,这是世界上最早出现的大型数据库系统。

2）网状模型

在现实世界中事物之间的联系更多的是非层次关系的,用层次模型表示非树形结构是很不直接的,网状模型则可以克服这一弊端。

网状数据模型用以实体型为结点的有向图来表示各实体及它们之间的联系。其特点是:

- 可以有一个以上的结点无父结点;
- 至少有一个结点有多于一个的父结点。

例如,教学实体的网状模型可以用图 1-4 来表示。

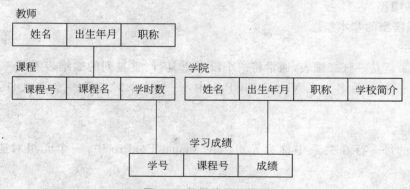

图 1-4　数据的网状模型

由于树形结构可以看成是有向图的特例,所以网状模型要比层次模型复杂,但它可以直接用来表示"多对多"联系。然而由于技术上的困难,一些已实现的网状数据库管理系统（如DBTG）中仍然只允许处理"一对多"联系。

在以上两种数据模型中,各实体之间的联系是用指针实现的,其优点是查询速度高。但当实体集和实体集中实体的数目都较多时（这对数据库系统来说是理所当然的）,众多的指针使得管理工作相当复杂,对用户来说使用也比较麻烦。

3）关系模型

关系模型与层次模型及网状模型相比有着本质的区别,它是用二维表格来表示实体及其相互之间的联系。在关系模型中,把实体集看成一个二维表,每一个二维表称为一个关系。每个关系均有一个名字,称为关系名。例如,表1-1就是一个职工关系表。

表1-1　职工关系

编　号	姓　名	性　别	婚　否	出生日期	职　称	基本工资	简　历
21001	张丽丽	女	已婚	09/24/56	教　授	1890	
21002	王　鹏	男	已婚	11/26/77	讲　师	1680	
21003	周太蕃	男	未婚	12/23/85	助　教	1540	
21004	李　道	男	已婚	01/27/65	副教授	1760	
21005	王盈霞	女	未婚	07/15/87	助　教	1560	

虽然关系模型比层次模型和网状模型出现得晚,但是因为它建立在严格的数学理论基础上,所以是目前十分流行的一种数据模型。自20世纪80年代以来,新推出的数据库管理系统几乎都支持关系模型,本书讨论的 Visual FoxPro 就是一种关系数据库管理系统。

1.1.3　关系数据库

关系数据库系统是支持关系数据模型的数据库系统,现在普遍使用的数据库管理系统都是关系数据库管理系统。要学习 Visual FoxPro,就需要理解和掌握有关关系数据库的基本概念。

1. 关系模型

1）关系模型的基本概念

（1）关系。

一个关系就是一张二维表,通常将一个没有重复行、重复列的二维表看成一个关系,每个关系都有一个关系名。在 Visual FoxPro 中,一个关系对应于一个表文件,其扩展名为. dbf。

（2）元组。

二维表的每一行在关系中称为元组。在 Visual FoxPro 中,一个元组对应表中一个记录。

（3）属性。

二维表的每一列在关系中称为属性,每个属性都有一个属性名,属性值则是各个元组属性的取值。在 Visual FoxPro 中,一个属性对应表中一个字段,属性名对应字段名,属性值对应于各个记录的字段值。

（4）域。

属性的取值范围称为域。域作为属性值的集合,其类型与范围由属性的性质及其所表示的意义具体确定。同一属性只能在相同域中取值。

（5）关键字。

关系中能唯一区分、确定不同元组的属性或属性组,称为该关系的一个关键字。单个属性组成的关键字称为单关键字,多个属性组合的关键字称为组合关键字。需要强调的是,关键字的属性值不能取"空值"。所谓空值,就是"不知道"或"不确定"的值,因而空值无法唯一地区分、确定元组。

表 1-1 中"编号"属性可以作为单关键字,因为编号不允许重复。而"姓名"及"出生日期"等则不能作为关键字,因为职工中可能出现重名或出生日期相同。但如果所有同名职工的出生日期不同,则可将"姓名"和"出生日期"组合成为组合关键字。

（6）候选关键字。

关系中能够成为关键字的属性或属性组可能不是唯一的。凡在关系中能够唯一区分、确定不同元组的属性或属性组,称为候选关键字。例如,如果在表 1-1 中还有一个"身份证号"属性,则"编号"和"身份证号"都是候选关键字。

（7）主关键字。

在候选关键字中选定一个作为关键字,称为该关系的主关键字。关系中主关键字是唯一的。

（8）外部关键字。

如果关系中某个属性或属性组并非关键字,但却是另一个关系的主关键字,则称此属性或属性组为本关系的外部关键字。关系之间的联系是通过外部关键字实现的。

（9）关系模式。

对关系的描述称为关系模式,其格式为:

关系名 (属性名 1,属性名 2,…,属性名 n)

关系既可以用二维表格来描述,也可以用数学形式的关系模式来描述。一个关系模式对应一个关系的结构。在 Visual FoxPro 中,也就是表的结构。

与表 1-1 对应的关系,其关系模式可以表示为:

职工 (编号,姓名,性别,婚否,出生日期,职称,基本工资,简历)

2）关系的基本特点

在关系模型中,关系具有以下基本特点:

（1）关系必须规范化,属性不可再分割。

规范化是指关系模型中每个关系模式都必须满足一定的要求,最基本的要求是关系必须是一张二维表,每个属性值必须是不可分割的最小数据单元,即表中不能再包含表。例如,表 1-2 就不能直接作为一个关系。因为该表的应发工资一列有 3 个子列,这与每个属性不可再分割的要求不符。只要去掉应发工资项,而将基本工资、奖金和津贴直接作为基本的数据项就可以了。

（2）在同一个关系中不允许出现相同的属性名。Visual FoxPro 不允许同一个表中有相同的字段名。

（3）关系中不允许有完全相同的元组。

（4）在同一关系中元组的次序无关紧要。也就是说,任意交换两行的位置并不影响数据的实际含义。

表 1-2　不能作为关系的表格示例

姓　　名	部　　门	职　　称	应 发 工 资		
			基本工资	奖　　金	津　　贴
高贵田	信息学院	教授	1980	1300	2800
陈东山	信息学院	讲师	1680	1200	1800

(5) 在同一关系中属性的次序无关紧要。任意交换两列的位置也并不影响数据的实际含义,不会改变关系模式。

以上是关系的基本性质,也是衡量一个二维表格是否构成关系的基本要素。在这些基本要素中,有一点是关键,即属性不可再分割,也即表中不能有表。

3) 关系模型的优点

(1) 数据结构单一。

在关系模型中,不管是实体还是实体之间的联系,都用关系来表示,而关系都对应一张二维数据表,数据结构简单、清晰。

(2) 关系规范化,并建立在严格的理论基础上。

构成关系的基本规范要求关系中每个属性不可再分割,同时关系建立在具有坚实的理论基础的严格数学概念基础上。

(3) 概念简单,操作方便。

关系模型最大的优点就是简单,用户容易理解和掌握,一个关系就是一张二维表格,用户只需用简单的查询语言就能对数据库进行操作。

2. 关系数据库

以关系模型建立的数据库就是关系数据库(Relational Database,RDB)。关系数据库中包含若干个关系,每个关系都由关系模式确定,每个关系模式包含若干个属性和属性对应的域,所以,定义关系数据库就是逐一定义关系模式,对每一关系模式逐一定义属性及其对应的域。

一个关系就是一张二维表格,表格由表格结构与数据构成,表格的结构对应关系模式,表格每一列对应关系模式的一个属性,该列的数据类型和取值范围就是该属性的域。因此,定义了表格就定义了对应的关系。

在 Visual FoxPro 中,与关系数据库对应的是数据库文件(.dbc 文件),一个数据库文件包含若干个表(.dbf 文件),表由表结构与若干个数据记录组成,表结构对应关系模式。每个记录由若干个字段构成,字段对应关系模式的属性,字段的数据类型和取值范围对应属性的域。

下面看一个关系模型的实际例子:"学生-选课-课程"关系模型。

设有学生管理数据库,其中有学生、课程、选课 3 个表,如图 1-5 所示。约定一个学生可以选修多门课,一门课也可以被多个学生选修,所以学生和课程之间的联系是多对多的联系。通过选课表把多对多的关系分解为两个一对多关系,选课表在这里起一种纽带的作用,有时称作"纽带表"。在 Visual FoxPro 中,3 个表之间的关系如图 1-6 所示。

由以上例子可见,关系模型中的各个关系模式不是随意组合在一起的,要使得关系模型准确地反映事物及其之间的联系,需要进行关系数据库的设计。

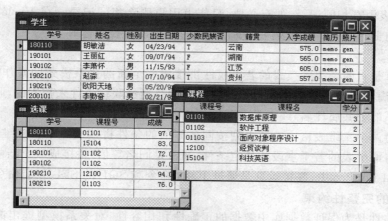

图 1-5　学生管理数据库中的表

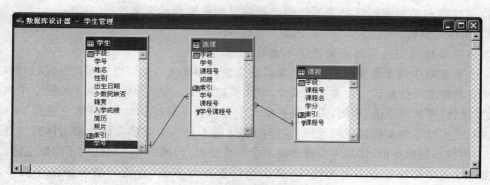

图 1-6　表之间的关系

3. 关系运算

在关系数据库中查询用户所需数据时,需要对关系进行一定的关系运算。关系运算主要有选择、投影和联接 3 种。

1) 选择

选择运算是从关系中查找符合指定条件元组的操作。以逻辑表达式指定选择条件,选择运算将选取使逻辑表达式为真的所有元组。选择运算的结果构成关系的一个子集,是关系中的部分元组,其关系模式不变。

选择运算是从二维表格中选取若干行的操作,在表中则是选取若干个记录的操作。在 Visual FoxPro 中,可以通过命令子句 FOR<逻辑表达式>、WHILE<逻辑表达式>和设置记录过滤器实现选择运算。

2) 投影

投影运算是从关系中选取若干个属性的操作。投影运算从关系中选取若干个属性形成一个新的关系,其关系模式中属性个数比原关系少,或者排列顺序不同,同时也可能减少某些元组。因为排除了一些属性后,特别是排除了原关系中的关键字属性后,所选属性可能有相同值,出现相同的元组,而关系中必须排除相同元组,从而有可能减少某些元组。

投影是从二维表格中选取若干列的操作,在表中则是选取若干个字段。因 Visual

FoxPro 允许表中有相同记录,如有必要,只能由用户删除相同记录。在 Visual FoxPro 中,通过命令子句 FILEDS<字段表>和设置字段过滤器实现投影运算。

3) 联接

联接运算是将两个关系模式的若干属性拼接成一个新的关系模式的操作,在对应的新关系中,包含满足联接条件的所有元组。联接过程是通过联接条件来控制的,联接条件中将出现两个关系的公共属性名,或者具有相同语义、可比的属性。

联接是将两个二维表格中的若干列按同名等值的条件拼接成一个新二维表格的操作。在表中则是将两个表的若干字段按指定条件(通常是同名等值)拼接成一个新的表。

在 Visual FoxPro 中,联接运算是通过 JOIN 命令和 SQL 的 SELECT 命令来实现的。

4. 关系的完整性约束

关系完整性是为保证数据库中数据的正确性和相容性,对关系模型提出的某种约束条件或规则。完整性通常包括实体完整性、参照完整性和用户定义完整性(又称域完整性),其中实体完整性和参照完整性是关系模型必须满足的完整性约束条件。

1) **实体完整性**

实体完整性是指关系的主关键字不能取"空值"。

一个关系对应现实世界中一个实体集。现实世界中的实体是可以相互区分、识别的,即它们应具有某种唯一性标识。在关系模式中,以主关键字作为唯一性标识,而主关键字中的属性(称为主属性)不能取空值,否则,表明关系模式中存在着不可标识的实体(因空值是"不确定"的),这与现实世界的实际情况相矛盾,这样的实体就不是一个完整实体。按实体完整性规则要求,主属性不能取空值,如果主关键字是多个属性的组合,则所有主属性均不能取空值。

如表 1-1 中将编号作为主关键字,那么该列不得有空值,否则无法对应某个具体的职工,表格不完整,对应关系不符合实体完整性规则的约束条件。

2) **参照完整性**

参照完整性是定义建立关系之间联系的主关键字与外部关键字引用的约束条件。

关系数据库中通常都包含多个存在相互联系的关系,关系与关系之间的联系是通过公共属性来实现的。所谓公共属性,是指一个关系 R(称为被参照关系或目标关系)的主关键字,同时又是另一关系 K(称为参照关系)的外部关键字。如果参照关系 K 中外部关键字的取值,要么与被参照关系 R 中某元组主关键字的值相同,要么取空值,那么在这两个关系间建立关联的主关键字和外部关键字引用,符合参照完整性规则要求。如果参照关系 K 的外部关键字也是其主关键字,根据实体完整性要求,主关键字不能取空值,因此参照关系 K 外部关键字的取值实际上只能取相应被参照关系 R 中已经存在的主关键字值。

在学生管理数据库中,如果将选课表作为参照关系,学生表作为被参照关系,以"学号"作为两个关系进行关联的属性,则"学号"是学生关系的主关键字,是选课关系的外部关键字。选课关系通过外部关键字"学号"参照学生关系。

3) **用户定义完整性**

实体完整性和参照完整性适用于任何关系型数据库系统,它主要是针对关系的主关键字和外部关键字取值必须有效而做出的约束。用户定义完整性则是根据应用环境的要求和实际的需要,对某一具体应用所涉及的数据提出约束性条件。这一约束机制一般不应由应用程序提供,而应由关系模型提供定义并检验。用户定义完整性主要包括字段有效性约束和记录有效性约束。

1.1.4 数据库设计步骤

按照规范设计的方法,考虑数据库及其应用系统开发全过程,将数据库设计分为以下 6 个阶段:

- 需求分析;
- 概念结构设计;
- 逻辑结构设计;
- 物理结构设计;
- 数据库实施;
- 数据库运行与维护。

在数据库设计过程中,需求分析和概念设计可以独立于任何 DBMS 进行。逻辑设计和物理设计与选用的 DBMS 密切相关。

数据库设计开始之前,首先必须选定参加设计的人员,包括系统分析员、数据库设计人员、应用开发人员、数据库管理员和用户代表。系统分析和数据库设计人员是数据库设计的核心人员,他们将自始至终参与数据库设计,他们的水平决定了数据库系统的质量。用户和数据库管理员在数据库设计中也是举足轻重的,他们主要参加需求分析和数据库的运行和维护,他们的积极参与(不仅仅是配合)不但能加速数据库设计,而且也是决定数据库设计质量的重要因素。应用开发人员(包括程序员和操作员)分别负责编制程序和准备软硬件环境,他们在系统实施阶段参与进来。

如果所设计的数据库应用系统比较复杂,还应该考虑是否需要使用数据库设计工具以及选用何种工具,以提高数据库设计质量并减少工作量。

1. 需求分析阶段

进行数据库设计首先必须准确了解与分析用户需求(包括数据与处理)。需求分析是整个设计过程的基础,是最困难、最耗费时间的一步。作为"地基"的需求分析是否做得充分与准确,决定了在其上构建数据库"大厦"的速度与质量。需求分析做得不好,甚至会导致整个数据库设计返工重做。

2. 概念结构设计阶段

概念结构设计是整个数据库设计的关键,它通过对用户需求进行综合、归纳与抽象,形成一个独立于具体 DBMS 的概念模型。

3. 逻辑结构设计阶段

逻辑结构设计是将概念结构转换为某个 DBMS 所支持的数据模型,并对其进行优化。

4. 物理结构设计阶段

物理结构设计是为逻辑数据模型选取一个最适合应用环境的物理结构(包括存储结构和存取方法)。

5. 数据库实施阶段

在数据库实施阶段,设计人员运用 DBMS 提供的数据库语言及其宿主语言,根据逻辑设计和物理设计的结果建立数据库,编制与调试应用程序,组织数据入库,并进行试运行。

6. 数据库运行和维护阶段

数据库应用系统经过试运行后即可投入正式运行。在数据库系统运行过程中必须不断地对其进行评价、调整与修改。

设计一个完善的数据库应用系统是不可能一蹴而就的,它往往是上述 6 个阶段的不断反复。

需要指出的是,这个数据库设计步骤既是数据库设计的过程,也包括了数据库应用系统的数据过程。在设计过程中把数据库的设计和对数据库中数据处理的设计紧密结合起来,将这两个方面的需求分析、抽象、设计、实现在各个阶段同时进行,相互参照,相互补充,以完善两方面的设计。事实上,如果不了解应用环境对数据的处理要求,或没有考虑如何去实现这些处理要求,是不可能设计一个良好的数据库结构的。

1.1.5　数据库系统的体系结构与开发工具

开发一个数据库应用系统,需要了解数据库应用系统的体系结构,掌握一种数据库管理系统并熟悉一种开发工具。随着数据库技术的飞速发展,可供选择的方案很多。作为初学者,有一些总体了解是十分必要的。

1. 数据库系统的体系结构

数据库系统的体系结构大体上分为 4 种模式:单用户模式、主从式多用户模式、客户机/服务器模式(Client/Server,C/S)和 Web 浏览器/服务器模式(Browser/Server,B/S)。

1) 单用户数据库系统

单用户数据库系统将数据库、DBMS 和应用程序装在一台计算机上,由一个用户独占系统,不同系统之间不能共享数据。这是应用最早、最简单的数据库系统。

2) 主从式多用户数据库系统

主从式多用户数据库系统将数据库、DBMS 和应用程序装在主机上,多个终端用户使用主机上的数据和程序。在这种结构中,所有处理任务都由主机完成,用户终端本身没有应用逻辑。当终端用户数目增加到一定程度时,主机任务过分繁重,造成瓶颈,用户请求响应慢。

3) C/S 数据库系统

计算机网络技术的发展,使计算机资源的共享成为可能。C/S 数据库系统不仅可以实现对数据库资源的共享,而且可以提高数据库的安全性。在 C/S 数据库系统中,客户机提供用户操作界面,运行业务处理逻辑;服务器专门用于执行 DBMS 功能,提供数据的存储和管理。在 C/S 结构中,客户端应用程序通过网络向数据库服务器发出操作命令,服务器根据命令进行相应数据操作后,只将结果返回给用户,从而显著减少了网络上的数据传输量,提高了系统的性能。

传统的 C/S 结构数据库系统是两层的。随着数据库应用的发展,又出现了三层客户机/服务器结构。在三层结构中,第一层是客户端,提高系统的用户操作界面;第二层是应用服务器,处理业务逻辑;第三层是数据库服务器,实现对数据的存储、访问。三层结构把业务处理逻辑从客户端独立出来,减少了客户端的复杂程度,在一些业务量大的系统中得到了广泛应用。

4) B/S 数据库系统

随着 Internet 技术的发展,出现了 Web 数据库,Web 数据库的访问采用 B/S 结构,如

图 1-7 所示。在 B/S 结构中,客户端采用标准通用的浏览器,服务器端有 Web 服务器和数据库服务器。用户通过浏览器,按照 HTTP 协议向 Web 服务器发出请求,Web 服务器对浏览器的请求进行处理,将用户所需信息返回到浏览器。Web 服务器端通常提供中间件来连接 Web 服务器和数据库服务器。中间件的主要功能是提供应用程序服务,负责 Web 服务器和数据库服务器间的通信。

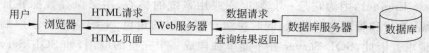

图 1-7　Web 数据库体系结构

2. 常见的数据库管理系统

目前常用的数据库管理系统有许多种,如 Microsoft Access、Visual FoxPro、SQL Server、Oracle、Sybase、Informix 等。根据它们的功能,可分为两大类:小型数据库管理系统和大型数据库管理系统。

1) 小型数据库管理系统

（1）Access。

Access 是 Office 办公软件中的重要组成部分,是目前比较流行的小型桌面数据库管理系统,适合初学者学习使用。Access 具有关系数据库管理系统的基本功能。使用它可以方便地利用各种数据源,生成窗体(表单)、查询、报表和应用程序等。

Access 采用了与 Windows 和 Microsoft Office 系列软件完全一致的风格,用户可以通过菜单和对话框操作,不用编写任何命令便能有效地实现各种功能的操作,完成数据库管理任务。Microsoft Office 的一个集成化的程序设计语言是 VBA(Visual Basic for Applications),使用 VBA 可以创建非常实用的数据库应用系统。

Access 支持大部分 SQL 标准,通过 ODBC(开放式数据库互连标准)与其他数据库相连,提供了灵活、可靠、安全的客户/服务器解决方案。随着 Internet 网络应用的发展,Access 还增加了使用信息发布 Web 向导和用 HTML 格式导出对象的功能。

（2）Visual FoxPro。

Visual FoxPro 是新一代小型数据库管理系统的代表,它以强大的性能、完整而又丰富的工具、较高的处理速度、友好的界面以及完备的兼容性等特点,受到广大用户的欢迎。Visual FoxPro 提供了一个集成化的系统开发环境,它使数据的组织与操作变得简单方便。它在语言体系方面作了强大的扩充,不仅支持传统的结构化程序设计,而且支持面向对象程序设计,并拥有功能强大的可视化程序设计工具。利用可视化的设计工具和向导,用户可以快速创建表单、菜单、查询和打印报表。

相对于其他数据库管理系统而言,Visual FoxPro 的最大特点是自带编程工具,由于其程序设计语言和 DBMS 的结合,它很适合于初学者学习和便于教学,这是 Visual FoxPro 成为常见的数据库教学软件的原因之一。本书便以 Visual FoxPro 9.0 为背景,介绍数据库的基本操作和数据库应用系统开发的方法。

2) 大型数据库管理系统

（1）SQL Server。

SQL Server 作为 Microsoft 在 Windows 平台上开发的数据库,一经推出就以其易用性得到了很多用户的青睐。区别于 Visual FoxPro、Access 等小型数据库,SQL Server 是一个大型分布式客户/服务器结构的关系型数据库管理信息系统,目前应用的版本为 SQL Server 2000、SQL Server 2005、MySQL 等,为面向不同的应用还分为企业版、标准版和个人版等。

Microsoft SQL Server 支持传统的关系数据库组件,如数据库、表,还支持存储过程、视图等现代数据库常用组件,对 SQL 语言也完全兼容。SQL Server 通常也被称为数据库引擎(Database Engine),因为它是一套数据库应用系统的核心,用来保存数据并且提供一套方法来操纵、维护和管理这些数据,同时扮演着服务器的角色,来响应来自客户端的连接和数据访问请求。因此,SQL Server 并不能单独构成一个完整的应用,如 SQL Server 并不提供图形用户界面(Graphic User Interface,GUI)、报表等设计工具,这些工作通常由数据库前端开发工具完成,开发好的数据库客户端程序接收用户数据输入和查询请求,通过网络传给 SQL Server,保存在数据库中或由 SQL Server 执行查询命令,前端程序等待接收数据并显示在终端界面。

(2) Oracle。

Oracle 是一个最早商品化的关系数据库管理系统,自从 20 世纪 70 年代末发行第一个版本以来,已有多个版本。目前的主要产品是 1999 年推出的 Oracle 8i,Oracle 8i 又分为标准版、企业版和个人版。后期的产品还有 2001 年推出的 Oracle 9i 和 2004 年推出的 Oracle 10g 等。

Oracle 作为一个通用的数据库管理系统,不仅具有完整的数据管理功能,还是一个分布式数据库系统,支持各种分布式功能,特别是支持 Internet 应用。Oracle 提供了基于角色(Role)分工的安全保密管理,在数据库完整性检查、安全性、一致性方面都有良好的表现;支持大量多媒体数据;提供了与第三代高级语言的接口软件 Pro * 系列,能在 C、C++ 等主语言中嵌入 SQL 语句及过程化语句,对数据库中的数据进行操纵。加上它有许多优秀的前台开发工具,如 PowerBuilder、SQL * Forms、Visual Basic 等,可以快速开发生成基于客户端 PC 平台的应用程序,并具有良好的移植性。

3. 常见的数据库开发工具

随着计算机技术不断发展,各种数据库编程工具也在不断发展。程序开发人员可以利用一系列高效的、具有良好可视化的编程工具去开发各种数据库软件,从而达到事半功倍的效果。目前,一些专有数据库厂商都提供了数据库编程工具,如 Sybase 的 Power ++、Oracle 的 Developer 2000 等,但比较流行的还是 Delphi、Visual Basic、PowerBuilder 等通用语言,这几个开发工具各有所长、各具优势。如 Visual Basic 采用的是 BASIC 语言,简单易学,与微软产品有很强的结合力;Delphi 有出色的组件技术、编译速度快,采用面向对象的 Pascal 语言有极高的编译效率与直观易读的语法;PowerBuilder 拥有作为 Sybase 公司专利的强大的数据窗口技术,提供与大型数据库的专用接口。Visual FoxPro 在中国也有大量的用户基础。对于初学者,可以根据自己的需要加以选择。

目前,最常用的 Web 数据库系统的开发技术有 ASP(Active Server Page)、JSP(Java Server Page)和 PHP(Personal Home Page)。ASP 是一个 Web 服务器端的开发环境,利用它可以产生和执行动态的、互动的、高性能的 Web 服务应用程序。ASP 采用脚本语言 VBScript 或 JavaScript 作为自己的开发语言。JSP 是 Sun 公司推出的新一代 Web 应用开发技术,它可以在 Servlet 和 JavaBeans 的支持下,完成功能强大的 Web 应用程序。PHP 是一种跨平台的服务器端的嵌入式脚本语言。它大量借用 C、Java 和 Perl 语言的语法,并加入了自己的特性,使 Web 开发者能够快速写出动态页面。ASP、JSP 和 PHP 都提供在 HTML 代码中混合某种程序代码,并有语言引擎解释执行程序代码的能力。但 JSP 代码被编译成 Servlet 并由 Java 虚拟机解释执行,这种编译操作仅在对 JSP 页面的第一次请求时发生。在 ASP、PHP、JSP 环境下,HTML 代码主要负责描述信息的显示样式,而程序代码则用来描述处理逻辑。普通的 HTML 页面只依赖于 Web 服务器,而 ASP、PHP、JSP 页面需要附加的语言引擎分析和执行程序代码。程序代码的执行结果被重新嵌入到 HTML 代码中,然后一起发送给浏览器。三者都是面向 Web 服务器的技术,客户端浏览器不需要任何附加的软件支持。

1.2 Visual FoxPro 概述

1.2.1 Visual FoxPro 的发展历史

Visual FoxPro 简称 VFP,是 Microsoft 公司推出的数据库开发软件,用它来开发数据库,既简单又方便。Visual FoxPro 源于美国 Fox Software 公司推出的数据库产品 FoxBase,在 DOS 上运行,与 xBase 系列相容。FoxPro 原来是 FoxBase 的加强版,最高版本为 2.6,Fox Software 被 Microsoft 公司收购并加以发展,使其可以在 Windows 上运行,并且更名为 Visual FoxPro。目前最新版为 Visual FoxPro 9.0。在桌面型数据库应用中,处理速度极快,是日常工作的得力助手。

Visual FoxPro 的发展历程如下:

1975 年,美国工程师 Ratliff 开发了一个在个人计算机上运行的交互式数据库管理系统。

1980 年,Ratliff 和 3 个销售精英成立了 Aston-Tate 公司,直接将软件命名为 dBASE Ⅱ 而不是 dBASEⅠ。后来这套软件经过维护和优化,升级为 dBASE Ⅲ。

1986 年,Fox Software 公司在 dBASE Ⅲ 的基础上开发出了 FoxBASE 数据库管理系统。后来 Fox Software 公司又开发了 FoxBASE+、FoxPro 2.0 等版本。这些版本通常被称为 xBase 系列产品。

1992 年,Microsoft 公司在收购 Fox Software 公司后,推出 FoxPro 2.5 版本,有 MS-DOS 和 Windows 两个版本。使程序可以直接在基于图形的 Windows 操作系统上稳定运行。

1995 年,推出了 Visual FoxPro 3.0 数据库管理系统。它使数据库系统的程序设计从面向过程发展成面向对象,是数据库设计理论发展过程中的一个里程碑。

1996 年,Microsoft 公司推出了 Visual FoxPro 5.0 版本,Visual FoxPro 是面向对象的数据库开发系统,同时也引进了 Internet 和 Active 技术。

1998 年,在推出 Windows 98 操作系统的同时推出了 Visual FoxPro 6.0。

近年来,Visual FoxPro 7.0、Visual FoxPro 8.0 和 Visual FoxPro 9.0 也相继推出,这些版本都增强了软件的网络功能和兼容性。同时,Microsoft 公司推出了 Visual FoxPro 的中文版本。

Visual FoxPro 9.0 是创建和管理高性能的 32 位数据库应用程序和组件的工具;于 2007 年发布,是 Visual FoxPro 的最新版本。

1.2.2　Visual FoxPro 9.0 的安装、启动与退出

软件一般都要安装到硬盘才能运行,安装时除复制文件外,还要进行还原文件、检查用户合法性、检查机器配置和修改系统配置文件等工作,所以往往要使用安装程序(setup.exe)将系统文件安装到硬盘。

1. Visual FoxPro 的运行环境

功能强大,但是它对系统的要求并不苛刻,对运行环境的基本要求如下:

(1) 处理器——奔腾级别或更高的处理器。

(2) 内存——64MB 以上。

(3) 硬盘空间——随安装组件的多少而定。

(4) 显示器——VGA 或更高分辨率的显示器。

(5) 一个鼠标、一个光驱。

(6) 操作系统——Windows XP 或更高版本。

2. Visual FoxPro 的安装

Visual FoxPro 9.0 可以通过 CD-ROM 或网络进行安装。这里仅介绍从 CD-ROM 安装的方法。安装步骤如下:

(1) 将 Visual FoxPro 9.0 的系统光盘放入 CD-ROM 驱动器,在"我的电脑"或"资源管理器"中双击 setup.exe 文件,或在 Windows 桌面上单击"开始"按钮,选择"运行"选项,输入 F:\SETUP(假定 CD-ROM 驱动器号是 F),并按 Enter 键。运行 setup.exe 文件后,进入 Visual FoxPro 安装过程。

(2) 按照安装向导的提示,单击 1 prerequisites 选项,进入所需文件的安装界面,如图 1-8 所示。

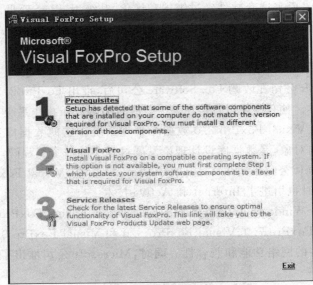

图 1-8　安装过程 1

安装完成后,提示如图 1-9 所示,单击 Done 按钮,再次进入图 1-8 所示界面,继续下一步安装。

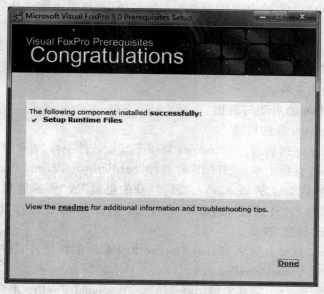

图 1-9　安装过程 2

(3) 单击 2 Visual FoxPro 选项,进入正式安装 Visual FoxPro 9.0 界面。首先需要选择接受协议并输入产品密钥,如图 1-10 所示。

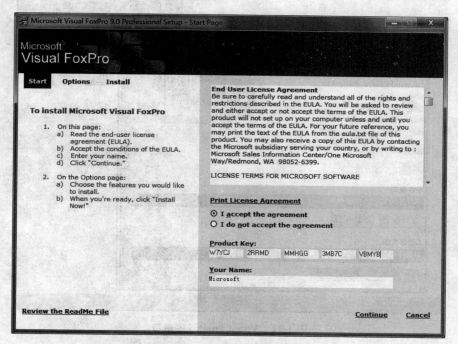

图 1-10　安装过程 3

只有输入正确的产品序列号以后,才能单击 Continue 按钮继续安装过程。

(4) 为 Visual FoxPro 9.0 应用程序选择安装位置。默认情况下,Visual FoxPro 安装在 C:\Program Files\ 目录下,如果需要改变安装路径,可以单击默认路径后面的按钮进行更改。

(5) 安装完成后,单击 Done 按钮自动回到图 1-8 所示的界面。如果需要更新升级当前安装的 Visual FoxPro 9.0,可选择 3 Service Releases 选项进入升级安装。如不需要,则直接单击 Exit 按钮退出安装。

3. Visual FoxPro 的启动与退出

1) Visual FoxPro 9.0 的启动

Visual FoxPro 9.0 的启动与 Windows 环境下其他软件一样,有 3 种常见方法:

(1) 在 Windows 桌面上单击"开始"→"程序"→Microsoft Visual FoxPro 9.0 命令。

(2) 运行系统的启动程序 vfp9.exe。通过"我的电脑"或"资源管理器"去查找这个程序,然后双击它。或单击"开始"按钮,选择"运行"选项,在弹出的"运行对话框"中输入启动程序的文件名,单击"确定"按钮。

(3) 在 Windows 桌面上建立 Visual FoxPro 9.0 系统的快捷方式图标,只要在桌面上双击该图标即可启动 Visual FoxPro 9.0。

启动 Visual FoxPro 后,屏幕上即出现 Microsoft Visual FoxPro 窗口,如图 1-11 所示,此为 Visual FoxPro 主窗口。它的出现,表示已成功地进入 Visual FoxPro 操作环境。

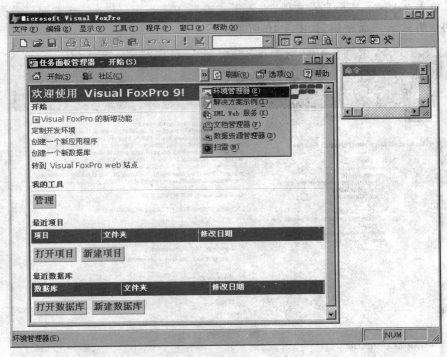

图 1-11   Visual FoxPro 主窗口

Visual FoxPro 9.0 在打开的同时会打开一个任务面板管理器,显示常见的任务信息和对话框的链接,让你可以从这里开始工作。

2) Visual FoxPro 9.0 的退出

当使用完 Visual FoxPro 后,应当按步骤正常地退出系统,而不要采取直接关机等非正常手段结束工作。退出 Visual FoxPro 有 5 种常用的方法:

(1) 在 Visual FoxPro"文件"菜单项下,选择"退出"命令;

(2) 在 Visual FoxPro 命令窗口输入 QUIT 命令并按 Enter 键;

(3) 单击 Visual FoxPro 主窗口右上角的"关闭"按钮;

(4) 单击主窗口左上角的控制菜单图标,从弹出的菜单中选择"关闭"命令,或者双击控制菜单图标;

(5) 同时按下 Alt 和 F4 键。

1.2.3　Visual FoxPro 开发环境简介

要熟练、高效地使用软件,首先要熟悉软件的开发环境,即软件的用户界面。Visual FoxPro 的用户界面由菜单栏、工具栏、命令窗口和状态栏等构成。

1. Visual FoxPro 系统菜单

1) Visual FoxPro 菜单的约定

Visual FoxPro 主窗口的菜单栏中通常包含 8 个菜单项,每个菜单项的弹出式菜单包含一些选项。图 1-12 显示了 Visual FoxPro 的若干菜单项。下面说明 Visual FoxPro 系统菜单的统一约定。

图 1-12　Visual FoxPro 的若干菜单项

(1) 带"省略号"的菜单项。

如果在菜单项右方紧跟一个"省略号"(…),表示选择该项后将弹出一个对话框,等待用户继续选择。

(2) 带向右箭头的菜单项。

有些菜单项后面带有一个向右箭头,表示选择该项会打开一个子菜单。

（3）有"对号"的菜单项。

如果菜单项被选择后在其左方出现一个"对号"（√），表示该项在当前有效。若要使它失效，只需再将它选择一次，使"对号"消失即可。

（4）灰色菜单项。

当菜单项以灰色显示时，表示该项在当前条件下不能使用，例如，如果现在未打开任何文件，则"文件"菜单项下的"保存"、"另存为"将呈现灰色，因为此时无文件需要保存。

（5）热键和快捷键。

热键和快捷键均用于键盘操作。前者指菜单项中带下画线的字母，例如"文件"菜单项中的 F，"格式"菜单项中的 O 等。后者常出现在菜单项名称的右方，一般采用组合键的形式，例如，"文件"菜单项下的"新建"为 Ctrl＋N，"打开"为 Ctrl＋O 等。如果用户记住了这些键，直接用它们来选择菜单项，比逐级选择更省时间。

2）Visual FoxPro 菜单项的功能

（1）"文件"菜单。

"文件"菜单用于新建、打开、保存和打印以及退出 Visual FoxPro 等操作。

（2）"编辑"菜单。

"编辑"菜单提供了许多编辑功能。在编辑窗口编辑 Visual FoxPro 程序文件时，选取某个菜单项就可完成某项操作，如剪切、复制、粘贴、查找、替换等。

"编辑"菜单还允许插入在其他非 Visual FoxPro 应用程序中创建的对象，如文档、图形、电子表格等。使用 Microsoft 的对象链接与嵌入（OLE）技术，可以在通用型字段中嵌入一个对象或者将该对象与创建它的应用程序链接起来。

只有处于通用型字段的编辑窗口时，"编辑"菜单中的"插入对象"、"对象"、"链接"选项才是可选的。

（3）"显示"菜单。

"显示"菜单主要是显示 Visual FoxPro 的各种控件和设计器，如表单控件、表单设计器、查询设计器、视图设计器、报表控件、报表设计器、数据库设计器等。

（4）"格式"菜单。

"格式"菜单提供一些排版方面的功能，允许用户在显示正文时选择字体和行间距，检查在正文编辑窗口中的拼写错误，确定缩进和不缩进段落等。

（5）"工具"菜单。

"工具"菜单提供了表、查询、表单、报表、标签等项目的向导模块，并提供了 Visual FoxPro 系统环境的设置。

（6）"程序"菜单。

"程序"菜单用于程序运行控制、程序调试等。

（7）"窗口"菜单。

"窗口"菜单用于 Visual FoxPro 窗口的控制。单击"窗口"菜单中的"命令窗口"，可打开命令窗口，进入命令编辑方式。

（8）"帮助"菜单。

在菜单栏的最右边是"帮助"菜单，该菜单为用户提供帮助信息。

2. Visual FoxPro 命令窗口

1）命令窗口的隐藏与激活

启动后，命令窗口被自动设置为活动窗口，在窗口左上角出现插入光标，等待用户输入命令。若要把处于活动状态的命令窗口隐藏起来，使之在屏幕上不可见，可以选择"窗口"→"隐藏"选项或单击命令窗口右上角的"关闭"按钮。命令窗口被隐藏后，按快捷键 Ctrl ＋ F2，或选项"窗口"→"命令窗口"选项，则命令窗口被激活，将再现在主窗口上。

2）命令窗口的使用

（1）Visual FoxPro 的命令工作方式。

在命令窗口中输入一条命令，Visual FoxPro 即刻执行该命令，并在主窗口显示命令的执行结果，然后返回命令窗口，等待用户的下一条命令。

例如，在命令窗口输入以下两条命令（见图 1-13）：

```
?8 * 11
?? (8+9)/2
```

将立即在主窗口显示执行结果：88 和 8.50。

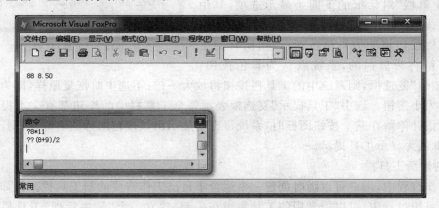

图 1-13　Visual FoxPro 命令工作方式

这里用到了 Visual FoxPro 中最简单的一条命令——表达式输出命令。关于表达式将在第 2 章介绍，这里先介绍该命令。

命令格式：

```
?|??<表达式表>
```

该命令的功能是依次计算并显示各表达式的值。?与??的区别在于：?在显示表达式内容之前，先发送出一个回车换行符；而?? 则不发出回车换行符，从光标当前位置开始输出。

（2）命令窗口的自动响应菜单操作功能。

当在 Visual FoxPro 菜单中选择某个菜单选项时，Visual FoxPro 会把与该操作等价的命令自动显示在命令窗口。对于初学者来说，这也是学习 Visual FoxPro 命令的一种好方法。

（3）命令窗口的命令记忆功能。

在内存设置一个缓冲区，用于存储已执行过的命令。通过使用命令窗口右侧的滚动条，或用键盘的上、下光标移动键能把光标移至曾执行过的某个命令上。这不仅可用于命令的查看、重复执行,而且对于纠正错误、调试程序是非常有用的。

3. Visual FoxPro 工具栏

　　工具栏指的是将大多数常用的功能或工具操作放入该栏中,以方便用户的操作和查询。在 Visual FoxPro 9.0 中有许多设计器,每种设计器都有一个或多个工具栏。在操作时,可以根据需要在屏幕上放置多个工具栏,通过把工具栏停放在屏幕的上部、底部或两边,可以

定制工作环境。Visual FoxPro 9.0 能够记忆工具栏的位置,再次进入 Visual FoxPro 时,工具栏将位于关闭时所在的位置上。

　　1) 显示或隐藏工具栏

　　若需要显示或隐藏某个工具栏,可以单击"显示"菜单项,再选择"工具栏"选项,此时出现图 1-14 所示的"工具栏"对话框。选择或清除相应的工具栏,然后单击"确定"按钮,便可显示或隐藏选定的工具栏。

　　在"工具栏"对话框的下面是显示选项,其中有 3 个复选框。选中"彩色按钮"复选框表示系统中的工具栏按钮将变为彩色按钮;否则所有的工

图 1-14　"工具栏"对话框

具栏按钮都将为黑白的,系统默认为彩色按钮。选中"大按钮"复选框,则系统中的工具栏按钮将放大一倍;不选中时恢复原样,即为小按钮,系统默认为小按钮。选中"工具提示"复选框表示每个工具栏中的按钮都有文本提示功能,即把鼠标指针停留在某个按钮图标时,系统将自动显示出该按钮图标的名称;否则不显示名称,系统默认为显示工具提示。

　　2) 创建新工具栏

　　在操作过程中,用户可以随时创建一个适合于自己工作需要的新工具栏。例如,在开发学生管理系统过程中,可以把常用的工具集中在一起,建立一个"学生管理"工具栏,其操作步骤如下:

　　(1) 单击"显示"→"工具栏"选项,在"工具栏"对话框中单击"新建"按钮,出现图 1-15 所示的"新工具栏"对话框。

　　(2) 输入新工具栏名称,本例中输入"学生管理",并单击"确定"按钮,出现图 1-16 所示的"定制工具栏"对话框,与此同时,在屏幕窗口上也出现了"学生管理"工具栏。

　　(3) 在"定制工具栏"对话框的最左边是"分类"列表框,选择该列表框中的任何一类,其右侧便显示该类相关的所有按钮。

　　(4) 用户根据需要选择分类,并在该分类中选择所需的工具按钮,当选中了某一个按钮后,用鼠标将其拖动到"学生管理"工具栏下即可。所创建的"学生管理"工具栏如图 1-17 所示。生成该工具栏后,其打开和使用方法与其他工具栏相同。

　　(5) 关闭"定制工具栏"对话框。

　　3) 修改现有工具栏

　　Visual FoxPro 9.0 包含的工具栏有常用、数据库设计器、调色板、布局、打印预览、查询设计器、报表控件、报表设计器等,默认情况只有"常用"工具栏可见,用户可以对 Visual

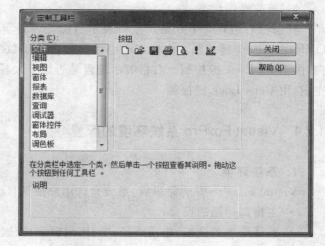

图 1-15　"新工具栏"对话框　　　　　　　图 1-16　"定制工具栏"对话框

图 1-17　"学生管理"工具栏

FoxPro 9.0 系统内的工具栏进行修改,其操作步骤如下:

(1) 单击"显示"→"工具栏"选项。

(2) 选择某个需要修改的工具栏名称,并单击"定制"按钮,出现图 1-16 所示的"定制工具栏"对话框,根据需要选择某个按钮分类,并选择某个具体的按钮,用鼠标将其拖至该工具栏中,即可增加该按钮。当不需要某个按钮时,直接用鼠标在该工具栏中选择某个按钮将它拖至工具栏框外即可。

(3) 修改完毕后,单击"定制工具栏"对话框中的"关闭"按钮,该工具栏将按用户所修改后的内容被保存在系统的工具栏中。

对于系统定义的工具栏,用户修改后需要恢复时,首先在"工具栏"对话框中选中该工具栏,再单击"重置"按钮即可得到恢复。当删除某个"工具栏"时(只适用于用户创建的工具栏),只要在"工具栏"对话框中选中该工具栏名称,单击"删除"按钮并确认,该工具栏即被删除。

4. Visual FoxPro 状态栏

Visual FoxPro 状态栏位于屏幕底部,用于显示当前操作的有关信息及当前操作状态,为用户操作提供帮助。

1) 菜单项的功能

当选择了某一菜单项时,就会在状态栏显示该选项的功能,使用户能及时了解所选命令的作用。例如在"文件"菜单中选择"打开"命令时,状态栏将显示"打开已有文件",选择"退出"命令时将显示"退出 Visual FoxPro"等。

2) 系统对用户的反馈信息

Visual FoxPro 命令执行后,系统在状态栏向用户反馈有关执行情况。

3）当前操作状态

状态栏右边有 3 个方格。左格表示当前是否处于插入方式，若是则为空白，否则显示 OVR，由 Insert 键控制。中格表示小键盘是否处于数字方式，若是则显示 Num，否则为空白，由 Num Lock 键控制。右格表示键盘是否处于大写字母方式，若是则显示 Caps，否则为空白，由 Caps Lock 键控制。

1.2.4　Visual FoxPro 系统环境的配置

1. 系统环境

Visual FoxPro 安装完毕后，系统允许用户根据自己的习惯定制开发环境，其中包括：

- 主窗口标题的设置；
- 默认选项的设置，包括路径、项目、编辑器、调试器和工具选项的设置；
- 临时文件设置；
- 拖放操作的域映射设置；
- 其他选项设置。

这些设置决定了 Visual FoxPro 的行为和外观。例如，可以建立 Visual FoxPro 所用文件的默认位置，指定如何在编辑窗口中显示源代码以及日期与时间格式等。

用户可以采用交互式的方法或编程来改变 Visual FoxPro 的设置，也可以构建自己的配置文件，这样 Visual FoxPro 会在启动时载入。

对 Visual FoxPro 配置所做的更改可以是临时的（仅在当前工作期内有效），也可以是永久的（它们将变为下次启动 Visual FoxPro 时的默认值）。如果是临时设置，那么它们被保存在内存中并在退出 Visual FoxPro 时释放。如果是永久设置，那么它们将被永久保存在 Windows 的注册表中。启动 Visual FoxPro 时，系统从 Windows 系统注册表中相应的关键字项目中读取配置信息，并根据这些配置来设置系统。在读完注册表后，Visual FoxPro 会检查其配置文件 config.fpw。这个文件中保存了 Visual FoxPro 的配置信息，用于建立 Visual FoxPro 的运行环境。检查 config.fpw 时，系统从其中读出配置信息并覆盖表中相应的默认设置。Visual FoxPro 启动以后，还可以使用"选项"对话框或运行 SET 命令，通过编辑 Visual FoxPro 的配置文件进行附加的配置设定。

2. 使用"选项"功能实现系统配置

单击菜单栏"工具"→"选项"命令，出现图 1-18 所示的"选项"对话框。

在"选项"对话框中共有 14 个选项卡，分别对应不同的环境设置，各选项卡的功能如表 1-3 所示。

用户可根据需要选择某一个或多个选项卡，并设置其参数即可得到系统的各种配置。

3. 保存设置

1）将设置保存为仅在当前工作期有效

在"选项"对话框中根据用户的需要选择各选项卡中的参数，单击"确定"按钮，关闭"选项"对话框。

通过以上的方法，可以将设置参数保存为仅在当前工作期有效，在当前工作期内，它们一直起作用，直到退出 Visual FoxPro 或直到再次更改它们为止。

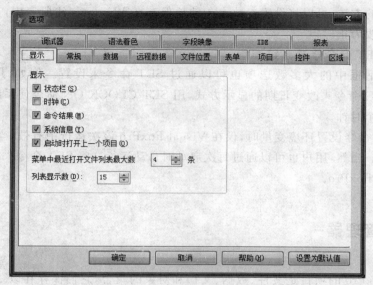

图 1-18　"选项"对话框

表 1-3　"选项"对话框中的选项卡

选 项 卡	功　能
显示	界面选项,比如是否显示状态栏、时钟、命令结果或系统信息
常规	数据输入与编程选项,比如设置警告声音,是否记录编译错误,是否自动填充新记录,使用什么定位键,调色板使用什么颜色以及改写文件之前是否警告
数据	表选项,比如是否使用 Rushmore 优化,是否使用索引强制唯一性,备注块大小,查找的记录计数器间隔以及使用什么锁定选项
远程数据	远程数据访问选项,比如连接超时限定值,一次拾取记录数目以及如何使用 SQL 更新
文件位置	Visual FoxPro 默认目录位置,比如帮助文件存储在何处以及辅助文件存储在何处
表单	表单设计器选项,比如网格面积、所用刻度单位、最大设计区域以及使用何种模板
项目	用于设定项目创建管理时的一些初始值和默认值
控件	在"表单控件"工具栏中的"查看类"按钮提供的有关可视类库和 ActiveX 控件选项
区域	设置日期、世界区域、货币及数字格式
调试器	调试器显示及跟踪选项,比如使用什么字体与颜色
语法着色	区分程序元素所用的字体及颜色,例如注释与关键字
字段映像	从数据环境设计器、数据库设计器或项目管理器中向表单拖动表或字段时创建何种控件
IDE	集成开发环境的设置,包括指定文件的扩展名、外观和性能等
报表	报表有关的设置,如对表达式生成器、网格、字体等的设置

2) 将设置保存为永久性有效

在"选项"对话框中更改设置,单击"设置为默认值"按钮,再单击"确定"按钮,关闭"选项"对话框。

通过以上的方法,可以将设置参数永久性地保存在 Windows 注册表中,直到使用同样的方法再次更改为止。

4. 运行 SET 命令修改系统配置

"选项"对话框中的大多数选项也可以通过 SET 命令来设置。例如,用户可以通过 SET DATE TO 命令来改变日期的显示方式,用 SET CLOCK ON 命令使系统启动时在状态栏中显示一个时钟。

使用 SET 命令设置环境变量时,仅在 Visual FoxPro 该次运行中有效,当退出系统时,设置全部丢失。当然,用户也可以通过每次启动时自动运行这些 SET 命令来按照自己的意愿配置 Visual FoxPro。

1.3 项目管理器

Visual FoxPro 的项目是文件、数据、文档和对象的集合,它们保存在以 .pjx 为扩展名的项目文件中。开发一个应用程序,通常首先要建立一个项目文件,然后逐步向项目文件中添加数据库表、程序、表单等对象,最后对项目文件进行编译(连编),生成一个单独的 .app 或 .exe 程序文件。"项目管理器"是 Visual FoxPro 中处理数据和对象的主要组织工具,在建立表、数据库、查询、表单、报表以及应用程序时,可以用"项目管理器"来组织和管理文件。本节介绍项目管理器的使用。

1.3.1 创建和打开项目文件

创建项目文件同创建其他类型的文件一样,其操作步骤如下:

(1)单击"文件"菜单项中的"新建"命令,在"新建"对话框中,选定"文件类型"为"项目",然后单击"新建"按钮,将弹出"创建"对话框。

(2)在"创建"对话框中,输入项目文件名并确定项目文件的存放路径,单击"保存"按钮。此时"创建"对话框关闭,打开"项目管理器"窗口,如图 1-19 所示。

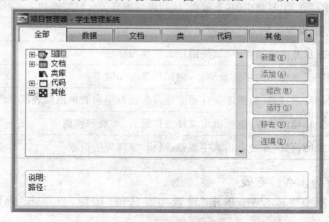

图 1-19 "项目管理器"窗口

要打开已有的项目文件，单击"文件"菜单中的"打开"命令，在"打开"对话框中，选择或直接输入项目文件路径和项目文件名，单击"确定"按钮。此时也将出现图 1-19 所示的"项目管理器"窗口。

1.3.2 项目管理器的界面

新建或打开一个项目文件时，就会出现图 1-19 所示的"项目管理器"窗口，该窗口以树状的分层结构显示各个项目，还包括项目管理器的选项卡和命令按钮。

1. 项目管理器的选项卡

从图 1-19 可见，项目管理器有 6 个选项卡，分别是"全部"、"数据"、"文档"、"类"、"代码"和"其他"，每个选项卡用于管理某一类型文件。

1）"全部"选项卡

该选项卡显示和管理以上所述所有类型的文件。

2）"数据"选项卡

该选项卡包含了一个项目中的所有数据：数据库、自由表、查询和视图。

3）"文档"选项卡

该选项卡中包含了处理数据时所用的全部文档，即输入和查看数据所用的表单，以及打印表和查询结果所用的报表及标签。

4）"类"选项卡

该选项卡显示和管理由类设计器建立的类库文件。

5）"代码"选项卡

该选项卡包含了用户的所有代码程序文件：程序文件、API 库文件、应用程序等。

6）"其他"选项卡

该选项卡显示和管理下列文件：菜单文件、文本文件、由 OLE 等工具建立的其他文件（如图形、图像文件）。

2. 项目管理器的命令按钮

项目管理器中有许多命令按钮，并且命令按钮是动态的，选择不同的对象会出现不同的命令按钮。下面介绍常用命令按钮的功能。

1）"新建"按钮

创建一个新文件或对象，新文件或对象的类型与当前所选定的类型相同。此按钮与"项目"菜单的"新建文件"命令的作用相同。

注意："文件"菜单中的"新建"命令可以新建一个文件，但不会自动包含在项目中。而使用项目管理器中的"新建"命令按钮，或"项目"菜单中的"新建文件"命令，建立的文件会自动包含在项目中。

2）"添加"按钮

把已有的文件添加到项目中。此按钮与"项目"菜单中的"添加文件"命令的作用相同。

3）"修改"按钮

在相应的设计器中打开选定项进行修改，例如可以在数据库设计器中打开一个数据库进行修改。此按钮与"项目"菜单中的"修改文件"命令的作用相同。

4）"浏览"按钮

在"浏览"窗口中打开一个表，以便浏览表中内容。此按钮与"项目"菜单中的"浏览文件"命令的作用相同。

5）"运行"按钮

运行选定的查询、表单或程序。此按钮与"项目"菜单中的"运行文件"命令的作用相同。

6）"移去"按钮

从项目中移去选定的文件或对象。Visual FoxPro 将询问是仅从项目中移去此文件，还是同时将其从磁盘中删除。此按钮与"项目"菜单中的"移去文件"命令的作用相同。

7）"打开"按钮

打开选定的数据库文件。当选定的数据库文件打开后，此按钮变为"关闭"。此按钮与"项目"菜单中的"打开文件"命令的作用相同。

8）"关闭"按钮

关闭选定的数据库文件。当选定的数据库文件关闭后，此按钮变为"打开"。此按钮与"项目"菜单中的"关闭文件"命令的作用相同。

9）"预览"按钮

在打印预览方式下显示选定的报表或标签文件内容。此按钮与"项目"菜单中的"预览文件"命令的作用相同。

10）"连编"按钮

连编一个项目或应用程序，还可以连编一个可执行文件。此按钮与"项目"菜单中的"连编"命令的作用相同。

1.3.3　项目管理器的操作

在项目管理器中，各个项目都是以树状分层结构来组织和管理的。项目管理器按大类列出包含在项目文件中的文件。在每一类文件的左边都有一个图标形象地表明该种文件的类型，用户可以扩展或压缩某一类型文件的图标。在项目管理器中，还可以在该项目中新建文件，对项目中的文件进行修改、运行、预览等操作，同时还可以向该项目中添加文件，把文件从项目中移去。

1．在项目管理器中新建或修改文件

1）在项目管理器中新建文件

首先选定要创建的文件类型（如数据库、数据库表、查询等），然后单击"新建"按钮，将显示与所选文件类型相应的设计工具。对于某些项目，还可以选择利用向导来创建文件。

以用项目管理器新建表为例，操作步骤为：

打开已建立的项目文件，出现"项目管理器"窗口，选择"数据"选项卡中的"数据库"下的表，然后单击"新建"按钮，出现"新建表"对话框，单击"新建表"按钮，出现"创建"对话框，确定需要建立表的路径和表名，单击"保存"按钮后，出现表设计器窗口。

2）在项目中修改文件

若要在项目中修改文件，只要选定要修改的文件名，再单击"修改"按钮。例如，要修改一个表，先选定表名，然后单击"修改"按钮，该表便显示在表设计器中。

2. 向项目中添加或移去文件

1）向项目中添加文件

要在项目中加入已经建立好的文件，首先选定要添加文件的文件类型，如选择"数据"选项卡中的"数据库"选项，再单击"添加"按钮，在"打开"对话框中，选择要添加的文件名，然后单击"确定"按钮。

2）从项目中移去文件

在项目管理器中，选择要移去的文件，如选择"数据"选项卡中"数据库"选项下的数据库文件。单击"移去"按钮，此时将打开一个提示对话框，询问"把数据库从项目中移去还是从磁盘上删除？"。若想把文件从项目中移去，则单击"移去"按钮；若想把文件从项目中移去，并从磁盘上删除，则单击"删除"按钮。

值得注意的是：当把一个文件添加到项目时，项目文件中所保存的并非是该文件本身，而仅是对这些文件的引用。因此，对于项目文件的任何文件，既可以利用项目管理器对其进行操作，也可以单独对其进行操作，并且一个文件可同时属于多个项目文件。

3. 项目文件的连编与运行

连编是将项目中所有的文件连接编译在一起，这是大多数系统开发都要做的工作。这里先介绍有关的两个重要概念。

1）主文件

主文件是"项目管理器"的主控程序，是整个应用程序的起点。在 Visual FoxPro 中必须指定一个主文件，作为程序执行的起始点。它应当是一个可执行的程序，这样的程序可以调用相应的程序，最后一般应回到主文件中。

2）"包含"和"排除"

"包含"是指应用程序的运行过程中不需要更新的项目，也就是一般不会再变动的项目。它们主要有程序、图形、窗体、菜单、报表、查询等。

"排除"是指已添加在"项目管理器"中，但又在使用状态上被排除的项目。通常，允许在程序运行过程中随意地更新它们，如数据库表。对于在程序运行过程中可以更新和修改的文件，应将它们修改成"排除"状态。

指定项目的"包含"与"排除"状态的方法是：打开"项目管理器"，选择菜单栏的"项目"→"包含/排除"命令；或者通过右击，在弹出的快捷菜单中，选择"包含/排除"命令。

在使用连编之前，要确定以下几个问题：

（1）在"项目管理器"中加进所有参加连编的项目，如数据库、程序、表单、菜单、报表以及其他文本文件等；

（2）指定主文件；

（3）对有关数据文件设置"包含/排除"状态；

（4）确定程序（包括表单、菜单、程序、报表）之间明确的调用关系；

（5）确定程序在连编完成之后的执行路径和文件名。

在上述问题确定后，即可对该项目文件进行编译。通过设置"连编选项"对话框的"选项"，可以重新连编项目中的所有文件，并对每个源文件创建其对象文件。同时在连编完成之后，可指定是否显示编译时的错误信息，也可指定连编应用程序之后，是否立即运行它。连编的具体实例请参阅第 12 章。

1.3.4 定制项目管理器

用户可以改变项目管理器窗口的外观。例如,可以移动项目管理器的位置,改变它的大小,也可以折叠或拆分项目管理器窗口以及使项目管理器中的选项卡永远浮在其他窗口之上。

1. 移动和缩放项目管理器

项目管理器窗口和其他 Windows 窗口一样,可以随时改变窗口的大小以及移动窗口的显示位置。将鼠标放置在窗口的标题栏上并拖曳鼠标即可移动项目管理器。将鼠标指针指向项目管理器窗口的顶端、底端、两边或角上,拖动鼠标便可以扩大或缩小它的尺寸。

2. 折叠和展开项目管理器

项目管理器右上角的向上箭头按钮用于折叠或展开项目管理器窗口。该按钮正常时显示为向上箭头,单击该向上箭头时,项目管理器折叠为仅显示选项卡,同时该按钮变为向下箭头,称为还原按钮,如图 1-20 所示。

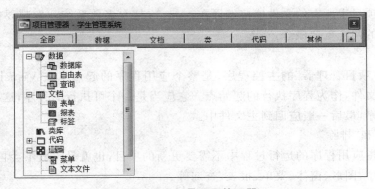

图 1-20 折叠项目管理器

在折叠状态,选择其中一个选项卡将显示一个较小窗口。小窗口不显示命令按钮,但是在选项卡中右击,可以看到弹出的快捷菜单中增加了"项目"菜单中各命令按钮功能的选项。如果要恢复包括命令按钮的正常界面,单击"还原"(向下箭头)按钮即可。

3. 拆分项目管理器

折叠项目管理器窗口后,可以进一步拆分项目管理器,使其中的选项卡成为独立、浮动的窗口,可以根据需要重新安排它们的位置。

首先单击向上箭头按钮折叠项目管理器,然后选定一个选项卡,将它拖离项目管理器,如图 1-21 所示。当选项卡处于浮动状态时,在选项卡中右击,可以看到弹出的快捷菜单增加了"项目"菜单中的选项。

对于从项目管理器窗口中拆分出的选项卡,单击选项卡上的图钉图标,可以钉住该选项卡,将其设置为始终显示在屏幕的最顶层,不会被其他窗口遮挡。再次单击图钉图标便取消其"顶层显示"设置。

若要还原拆分的选项卡,可以单击该选项卡上的"关闭"按钮,也可以用鼠标将拆分的选项卡拖曳回项目管理器窗口中。

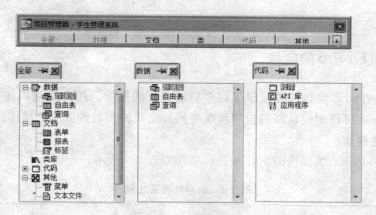

图 1-21 拆分选项卡

4. 停放项目管理器

将项目管理器拖到 Visual FoxPro 主窗口的顶部就可以使它像工具栏一样显示在主窗口的顶部。停放后的项目管理器变成了窗口工具栏区域的一部分,不能将其整个展开,但是可以单击每个选项卡来进行相应的操作。对应停放的项目管理器,同样可以从中拖开选项卡。图 1-22 为停放后的项目管理器,拖动到左侧的"其他"选项卡上面的图钉图标已经钉住,表示处于顶层显示状态。

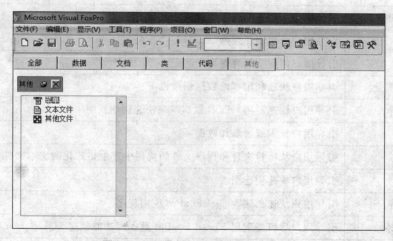

图 1-22 工具栏区域中的项目管理器

对于停放的项目管理器,在选项卡中右击,从弹出的快捷菜单中选择"拖走"命令解除停放。

1.4 向导、设计器、生成器简介

Visual FoxPro 9.0 提供了多种可视化设计工具,包括向导(Wizard)、设计器(Designer)和生成器(Builder)。使用它的各种向导、设计器和生成器,可以更简便、快速、灵活地进行应用程序的开发。

1.4.1   Visual FoxPro 的向导

Visual FoxPro 系统为用户提供了许多功能强大的向导。用户通过系统提供的向导设计器，不用编程就可以创建良好的应用程序界面并完成许多对数据库的操作。

1. 向导的种类

Visual FoxPro 系统提供的向导种类及功能如表 1-4 所示。

表 1-4   向导种类及功能

名 称	功 能
表向导	引导用户在 Visual FoxPro 表结构的基础上快速创建新表
报表向导	引导用户利用单独的表来快速创建报表
一对多报表向导	引导用户从相关的表中快速创建报表
标签向导	引导用户快速创建标签
分组/总计报表向导	引导用户快速创建分组统计报表
表单向导	引导用户快速创建表单
一对多表单向导	引导用户从相关的表中快速创建表单
查询向导	引导用户快速创建查询
交叉表向导	引导用户创建交叉表查询
本地视图向导	引导用户快速利用本地数据创建视图
远程视图向导	引导用户快速利用 ODBC 数据源来快速创建视图
导入向导	引导用户导入或者添加数据
文档向导	引导用户从项目文件和程序文件的代码中产生格式化的文本文件
图表向导	引导用户快速创建图表
应用程序向导	引导用户快速创建 Visual FoxPro 应用程序
SQL 升迁向导	引导用户尽可能利用 Visual FoxPro 数据库功能创建 SQL Server 数据库
数据透视表向导	引导用户快速创建数据透视表，数据透视表是一个交互式的工作表工具，用于使总结和分析已有表的数据简单化
安装向导	引导用户从文件中创建一整套安装磁盘

2. 向导的启动与操作

向导的操作由一系列对话框组成，在用户完成每一步对话框中提出的问题后，向导将创建相应的文件或执行相应的任务。

单击菜单栏中的"工具"→"向导"菜单项，出现"向导"子菜单，选中某一个向导，然后按照出现的提示操作，如图 1-23 所示。

启动向导后，要依次回答每一对话框提出的问题，即回答完当前对话框的问题后，单击

图 1-23　向导的启动

"下一步"按钮转到下一个步骤,如果操作中有错误,可单击"上一步"按钮查看或修改前一对话框的内容。到达最后一步时,单击"完成"按钮退出向导。

1.4.2　Visual FoxPro 的设计器

Visual FoxPro 系统提供的设计器,为用户提供了一个友好的操作界面。利用各种设计器使得创建表、数据库、表单、查询以及报表等操作变得轻而易举。

1. 设计器的种类

Visual FoxPro 系统提供的设计器的种类及功能如表 1-5 所示。

表 1-5　设计器种类及功能

名　称	功　能
表设计器	创建表并设置表索引
数据库设计器	建立数据库,查看并创建表间的关系
查询设计器	创建基于本地表的查询
视图设计器	创建基于远程数据源的可更新的查询,即视图
表单设计器	创建表单以便查看并编辑表中的数据
报表设计器	创建报表以便显示和打印数据
标签设计器	创建标签布局以便打印标签
连接设计器	为远程视图创建连接
菜单设计器	创建菜单栏或者快捷菜单
数据环境设计器	帮助用户可视地创建和修改表单、表单集以及报表的数据环境

2. 设计器的启动

单击菜单栏中的"文件"→"新建"命令,出现"新建"对话框,选择需创建文件的类型,然后单击"新建文件"按钮,系统将打开相应的设计器。

1.4.3 Visual FoxPro 的生成器

Visual FoxPro 系统提供的生成器，可以简化创建和修改用户界面程序的设计过程，提高软件开发的质量。每个生成器都由一系列选项卡组成，允许用户访问并设置所选对象的属性。用户可以将生成器生成的用户界面直接转换成程序代码，把用户从逐条编写程序、反复调试程序的工作中解放出来。

1. 生成器的种类

Visual FoxPro 系统提供的生成器种类及功能如表 1-6 所示。

表 1-6 生成器种类及功能

名 称	功 能	名 称	功 能
自动格式生成器	用于格式化一组控件	网格生成器	用于建立网格
组合框生成器	用于建立组合框	列表框生成器	用于建立列表框
命令组生成器	用于建立命令按钮组	选项组生成器	用于建立选项按钮组
编辑框生成器	用于建立编辑框	文本框生成器	用于建立文本框
表达式生成器	创建并编辑表达式	参照完整性生成器	用于建立参照完整性规则
表单生成器	用于建立表单		

2. 生成器的启动

首先进入设计用户界面状态（如表单设计器界面），然后选择组合框、命令组、编辑框等控件，拖到表单界面上，要选择哪一个生成器，只需要选中此控件，右击出现图 1-24 所示的快捷菜单，选择"生成器"命令，则这个控件相对应的生成器即被启动。

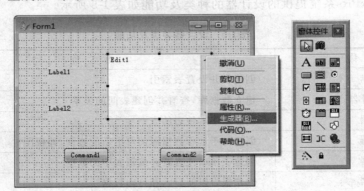

图 1-24 生成器的启动

1.5 Visual FoxPro 的命令语法规则

Visual FoxPro 向用户提供了丰富的命令，大部分命令可以从键盘上直接输入并使系统执行，以完成各种操作，其中有一部分是专为程序方式提供的，暂且称之为语句。由于

Visual FoxPro 的命令多,且它们的功能各异,所以对于初学者来说,事先要确切了解各命令的意义,正确理解命令的结构,才能在使用时准确无误。

1.5.1　命令符号约定

Visual FoxPro 命令通常由两部分组成:第一部分是命令动词,它的词意指明了该命令的功能;第二部分包含有几个跟随在命令动词后面的短语,这些短语通常用来对所要执行的命令进行某些限制性的说明。

本书使用了几个常用的命令符号,下面介绍其含义约定。

(1) <>:必选参数表示符。由这一对符号括起的部分是用户必须提供的参数,但不要输入这对表示符本身。

(2)〔 〕:任选参数表示符。由这一对符号括起的部分由用户决定是否选择,可以选,也可以不选。括起的部分也称作选择项或可选项,但不包括这对表示符本身。

(3)|:二选一表示符。表示用户可从本符号左右两项中选择一项。

(4)…:省略符号。表示在一个命令或函数表达式中,某一部分可以按同一方式重复。

(5)&&:注释符号。符号后的内容为注释。

(6);:命令行中的分号符。表示命令的接行符,分号符前后内容是同一条命令中的语句成分。

1.5.2　命令语法规则

Visual FoxPro 命令的语法规则主要有:

(1) 每个命令必须以一个命令动词开头,而命令中的各个子句可以按任意次序排列。

(2) 命令行中各个词应以一个或多个空格隔开,如果两个词之间嵌有双撇号、单撇号、括号、逗号等分界符,则空格可以省略。但应注意,.T. 或 .F. 两个逻辑值中的小圆点与字母之间不许有空格。

(3) 一个命令行的最大长度是 254 个字符。如果一个命令太长,一行写不下,可以使用续行符“;”,然后回车,在行末进行分行,并在下一行继续书写。即一个命令行可以分为若干个连续的物理行,其中除最后一个以外,各物理行应以分号结束。各物理行的长度之和不得超过 254 个字符。

(4) 命令行的内容可以用英文字母的大写、小写或大小混写。

(5) 命令动词和子句中的短语可以用其前 4 个以上字母缩写表示,例如,DISPLAY STRUCTURE 可简写为 DISP STRU。

(6) 不可用 A 到 J 之间的单个字母作表名,因为它们已被保留用作工作区名称;也不可用操作系统所规定的输出设备名去作文件名。

(7) 尽量不要用命令动词、短语等 Visual FoxPro 的保留字作文件名、字段名、变量名等,以免发生混乱。

(8) 一行只能写一条命令,每条命令的结束标志是回车键。

习题

1. 试说明数据与信息的区别和联系。
2. 简述数据库的三级模式结构。
3. 数据库系统的特点是什么？
4. 实体之间的联系有哪几种？分别举例说明。
5. 数据库有哪几种常用的数据模型？Visual FoxPro 属于哪一类？
6. 关系数据库管理系统的 3 种基本关系运算是什么？
7. 简述数据库设计的步骤。
8. 数据库系统的体系结构有哪几种？常见的数据库开发工具有哪些？
9. 简述 Visual FoxPro 用户界面的组成与特点。
10. Visual FoxPro 有几种操作方式？各有何特点？
11. 简述 Visual FoxPro 的可视化设计工具。
12. 简述项目管理器的主要功能。
13. 项目管理器有几个选项卡？每个选项卡的作用是什么？
14. 项目管理器有哪些常用的命令按钮？它们的作用是什么？
15. 建立一个项目文件，在项目管理器中完成添加、新建、修改和浏览文件等操作。

第 2 章 Visual FoxPro 的数据及其运算

2.1 Visual FoxPro 的数据类型

数据类型是一个十分重要的概念,也是 Visual FoxPro 程序设计的基础。因为在对数据进行处理时,不同类型的数据是不能一起运算的,所以需要熟练掌握数据类型的划分及其作用。

数据是反映客观事物属性的记录。定义一个数据的类型,就是对其存储和使用方式的确定。在 Visual FoxPro 中,数据类型分为两大类:一类是适用于变量和数组以及数据表的字段,也称为通用数据类型,包括字符型、货币型、日期型、日期时间型、逻辑型、数值型 6 种;另一类是仅用于表的字段的数据类型,包括双精度型、浮点型、整型、通用型和备注型。下面就数据的存储形式和操作使用方式来介绍这些数据类型。

1. Character(字符型,用字母 **C** 表示)

字符型数据(又称字符串)是由字母、汉字、数字等键盘上可输入的任意字符组成,长度范围是 0~254 个字符,其中一个汉字占两个字节,其他字符占一个字符,使用时必须用定界符括起来。字符型数据是不能参与算术运算。

2. Numeric(数值型,用字母 **N** 表示)

数值型数据(用来表示数量)是由数字 0~9、小数点(.)和正负号(+或-)组成,其长度范围是 1~20 位,每个数据在内存中占 8 个字节(64 位),在数据库表中用 1~20 位来表示。数值型数据可以是整数和小数,但不能是分数,取值范围为 $-0.999\,999\,999\,9E-19$ ~ $+0.999\,999\,999\,9E+20$。

在 Visual Foxpro 中具有数值特征的数据类型还有整型(I)、浮点型(F)和双精度型(D),且只能用于字段变量。

- 整型(I):整型数据(Interger)是不包含小数点部分的数值型数据,只用于数据表中的字段类型的定义,它是以二进制形式存储的,固定占 4 个字节,取值范围: $-2\,147\,483\,647$ ~ $2\,147\,483\,647$。

- 浮点型(F):浮点型数据(Float)是数值型数据的一种,与数值型数据完全等价,只是在存储形式上采取浮点格式,在内存中占 8 个字节,在数据表中用 1~20 位来表示,取值范围: $-0.999\,999\,999\,9E-19$ ~ $+0.999\,999\,999\,9E+20$。

- 双精度型(D):双精度型数据(Double)是更高精度的数值型数据,可以精确到小数点后 15 位,用于数据表中对字段类型的定义,采用固定 8 个字节浮点格式存储,取值范围: $+/-4.940\,656\,458\,412\,47E-324$ ~ $+/-8.988\,465\,674\,311\,5E+307$。

3．Currency（货币型，用字母 Y 表示）

货币型数据是用来保存货币金额数字的，是为存储货币值而使用的一种数据，其数据长度固定为 8 个节字。默认保留 4 位小数，若超过 4 位，系统自动进行四舍五入处理。指定货币类型时，应使用"＄"符号。如 n＝＄15.88。

4．Date（日期型，用字母 D 表示）

日期型数据（Data）是用来表示日期的数据，系统规定其长度固定为 8 位。系统默认格式为" MM/DD/YY（即月/日/年）"，其中（年度也可是 4 位），取值范围为 01/01/0001～12/31/9999，也可用 Visual Foxpro 的命令，如 SET DATE、SET MARK 和 SET CENTURY 等改成其他设置。

5．DateTime（日期时间型，用字母 T 表示）

日期时间型数据（DataTime）用来表示日期和时间。系统默认格式为"｛MM/DD/YY hh:mm:ss Am/Pm｝（即月/日/年时：分：秒 上午/下午）"，长度固定为 8 位，取值范围：日期为 01/01/0001～12/31/9999，时间为 00:00:00AM～23:59:59PM。

6．Logical（逻辑型，用字母 L 表示）

逻辑型数据（Logical）是描述客观事物真假的数据，表示逻辑判断的结果。它只有逻辑真（.T.）和逻辑假（.F.）两个值。系统规定其长度为 1 位，输入时，可以用 T、t、Y 或 y 来输入逻辑真（.T.），用 F、f、N 或 n 来输入逻辑假（.F.）。

7．Memo（备注型，用字母 M 表示）

备注型数据（又叫记忆型、注释型）用于存放较多字符的数据。其长度系统定义为 4 位（存放一个指针）。它能接受一切字符数据，当数据中定义一个备注字段时，系统自动生成一个与表文件同名但扩展名为.FPT 的备注文件。

8．General（通用型，用字母 G 表示）

通用型数据用来存放电子表格、图像、声音等 OLE 对象的数据。其长度系统定义为 4 位（存放一个指针）。通用型数据内容与备注型相同，也是存放在扩展名为 FPT 的备注文件中。

9．二进制字符型和二进制备注型

这两种数据是以二进制格式存储的数据类型，只能用于表中字段数据的定义。

2.2　Visual FoxPro 的常量与变量

2.2.1　常量

常量指在操作过程中或程序运行过程中其值保持不变的一种数据。VFP 中常量类型有 6 种：字符型、数值型、逻辑型、货币型、日期型和日期时间型的常量。

1．字符型常量

字符型常量也称为字符串，是用定界符（单撇号、双撇号或中括号）括起来的一串字符。定界符不作为字符串的一部分，如果某种定界符本身也是字符串的内容，则需要用另一种定界符该字符串定界。

例 2.1　在命令窗口按如下格式输入，观察窗口工作区的显示结果。

```
?"How are you!"
?[姓名]
?'2015102136'
?["VFP"]
```

注意：不包含任何字符的字符串""叫空串，它与包含空格的字符串"　"不同。

2. 数值型常量

数值型常量就是用阿拉伯数字、正负号、数字与小数点组成的常数。数值型数据之间可以进行数学运算。整数、小数或用科学记数法表示的数都是数值型。

在 VFP 中数值型常量中小数有两种表示方法：小数形式和指数形式。如：75、-3.75、$0.625E-5$。

例 2.2　在命令窗口按如下格式输入，观察窗口工作区的显示结果。

```
? 1234
? 3.14
? -1.634
? 3E-6
? 3.46E2
```

3. 逻辑型常量

逻辑型常量用来描述对事物状态的判断结果，只有两个值："真"值和"假"值，用 .T./.t./.Y./.y. 来表示逻辑真（True），用 .F./.f./.N./.n. 来表示逻辑假。前面两个句点作为逻辑型常量的定界符，是必不可少的，否则会被误认为变量名。

例 2.3　在命令窗口按如下格式输入，观察窗口工作区的显示结果。

```
?.t.
?.Y.
?.n.
?.F.
```

注意：字母前后的圆点不能省略。

4. 货币型常量

货币型常量与数值型常量类似（不能采用指数形式），只是需加上一个前置符 $。如果货币型常量小数多于 4 位，那么系统将自动进行四舍五入。

例 2.4　在命令窗口按如下格式输入，观察窗口工作区的显示结果。

```
? $3.7644567
? $875
```

5. 日期型常量

日期型数据是一种由数字的固定格式表示的特殊类型。

日期型常量的书写格式：{^yyyy-mm-dd}，年、月、日三部分之间用分隔符（一）、（/）、（.）或空格隔开。

日期型常量的显示格式：默认格式为 mm/dd/yy（月/日/年），显示格式受格式设置语句的影响。

例 2.5　在命令窗口按如下格式输入,观察窗口工作区的显示结果。

```
? {^2015-10-01}
? {^2009/10/2}
? {^2015 10 20}
? {^2014.10.01}
```

例 2.6　在命令窗口输入命令后再输入上例,观察窗口工作区的显示结果。

```
SET DATE ANSI
```

例 2.7　在命令窗口输入命令后再输入上例,观察窗口工作区的显示结果。

```
SET CENT ON
```

例 2.8　在命令窗口输入命令,观察窗口工作区的显示结果。

```
SET STRICTDATE TO 0
? {^2015/11/2}
? {15/11/2}                    && 观察结果是否正确。正确
SET STRICTDATE TO 1
? {^2015/11/2}
? {15/11/2}                    && 观察结果是否正确。出错
SET STRICTDATE TO 2
? {^2015/11/2}
? {15/11/2}                    && 观察结果是否正确。出错
```

6. 日期时间型常量

日期型数据是一种由数字的固定格式表示的特殊类型,与日期型常量相似,也需用{ } 括起来。

日期时间型常量的书写格式:{^yyyy-mm-dd hh:mm:ss},年、月、日三部分之间用分隔符(—)、(/)、(.)或空格隔开,hh:mm:ss 为时、分、秒,三部分之间用冒号分隔。

例 2.9　在命令窗口按如下格式输入,观察窗口工作区的显示结果。

```
? {^2015-10-11 9:30:5}
? {^2015/11/2 13:30}
```

7. 日期格式设置

(1) 日期格式中的世纪值设置:

```
SET CENTURY ON|OFF|TO [n Century]
```

其中,ON 表示日期值输出时显示 10 位,年份占 4 位。

TO [n Century]指定日期数据所对应的世纪值,n 是一个 1~99 的整数。

(2) 设置日期显示格式:

```
SET DATE [TO] AMERICAN|ANSI|BRITISH|FRENCH|GERMAN|ITALIAN|JAPAN|USA|MDY|DMY|YMD
|SHORT|LONG
```

（3）严格的日期格式：

`{^yyyy- mm- dd[,][hh[:mm[:ss]][a|p]]}`

（4）设置日期分隔符：

`SET MARK TO [日期分隔符]`

（5）日期格式检测设置：

`SET STRICTDATE TO [0|1|2]`

其中，0 代表不进行严格的日期格式检测。1 代表进行严格的日期格式检测（默认值）。2 代表进行严格的日期格式检测，且对 CTOD 和 CTOT 函数格式也有效。

注意：常量可以在 VFP 的命令窗口中通过以下命令创建或释放：

```
#DEFINE 常量名 常量值            && 常量的创建
#UNDEF 常量名                    && 常量的释放
```

常量名的取名规则是以字母或下画线开始，后面可以跟任意个字母或数字的字符串（在 VFP 的常量名中字母的大小写是不区分的）。

常量值是指常量名所代表的数值，如 #DEFINE PI 3.14。一旦通过"#DEFINE 常量名 常量值"命令定义了一个常量名，则在以后的应用中可以用此常量名代表常量出现，但不能对符号常量重新赋值，直到遇见"#UNDEF 常量名"命令释放定义或程序结束为止。

2.2.2 变量

变量是在命令操作或程序执行的过程中其值可以改变的量。Visual FoxPro 的变量分为字段变量和内存变量两大类。由于表中的各条记录对同一字段名可能取值不同，所以表中的字段名就是变量，称为字段变量；而内存变量是在内存中分配一个存储区域，变量的值就存放在这个存储区内。与其他高级语言不同，在 Visual FoxPro 中，变量的类型是可以改变的，变量的类型取决于变量值的类型，也即是可以把不同类型的数据赋给同一个变量。

1. 变量三要素

变量三要素为变量名、变量类型、变量值。

如：

`price=$12.87`   &&price 是变量名；$表明变量类型为货币型；12.87 是变量值。

2. 变量命名规则

（1）使用字母、汉字、下画线和数字命名，不能含有空格等其他特殊字符。

（2）必须以字母或下画线开头。

（3）为避免误解、混淆，不能使用 Visual Foxpro 系统的保留字。

（4）文件名的命名应遵循操作系统的约定。

（5）在给变量命名时可以使用类型代号作为变量名的首字母，如 cStud、nChj、dChshrq 分别代表字符型、数值型、日期型变量名。

3. 变量分类

变量分为字段变量、内存变量(简单内存变量、数组变量和系统变量)。

1) 字段变量

字段变量(又称字段名变量)是指数据表中的各字段名,它是表中最基本的数据单元,随着记录的不同各字段其对应的内容是变化的。

2) 内存变量

(1) 内存变量的概念。

内存变量是一种独立于数据库之外的变量,是内存中存储一个数据的位置名称,在这个存储位置中存放的数据在操作期间通过这个名称来读和写。

(2) 内存变量的类型。

内存变量的类型取决于所存放数据的类型,内存变量的类型有字符型、数值型、货币型、逻辑型、日期型和日期时间型。

(3) 内存变量命名规则。

内存变量名由字母、数字和下画线组成,不能以下画线开头,不允许有空格。最长不超过 254 个字符。

注意:若内存变量和字段变量重名,内存变量的格式变为 M.xm 或 M—>xm。

(4) 给内存变量赋值。

给内存变量赋值的同时也建立了内存变量,最常用的赋值命令有两种。

命令格式:

<内存变量名>=<表达式>

或

```
STORE <表达式>TO <内存变量名表>
```

如:

```
a1=12
STORE 12 TO a1,a2,c
```

(5) 输出和显示内存变量的值。

命令格式:

```
?<表达式表>
```

或

```
??<表达式表>
```

功能:计算并显示表达式的值。

?:表示结果值显示在下一行;

??:结果显示在同一行。

当有多个表达式时各表达式间用逗号分隔。

示例:

```
? a1,a2,c
?? a1,a2,c
```

例 2. 10　在命令窗口输入下列内容,观察结果。

```
a1 =10
?a1
name="张华"
? name
STORE 12 TO a1,a2,c
??a1,a2,c
```

(6) 输出显示内存变量。

命令格式:

```
LIST MEMORY [LIKE <通配符>][TO PRINT]
```

或

```
DISPLAY MEMORY [LIKE <通配符>][TO PRINT]
```

功能:显示当前每个已经定义的内存变量的名称、数据类型和其值。若选择[TO PRINT]选项,则将当前显示的内容打印出来。

例 2. 11　在命令窗口输入下列内容,观察结果。

```
LIST MEMORY
        disp MEMORY
LIST MEMORY LIKE a *
```

(7) 保存内存变量。

命令格式:

```
SAVE TO <文件名> [ALL LIKE<通配符> |EXCEPT<通配符>]
```

功能:将当前已经定义的内存变量的全部或指定的那一部分存入到内存变量文件中。系统将自动生成扩展名为. MEM 的文件。内存变量被该命令保存后,并没有被“清除”,仍具有当前值。

例 2. 12　在命令窗口输入下列内容:

```
SAVE TO BL
SAVE TO CL ALL EXCEPT a *
```

(8) 恢复内存变量。

命令格式:

```
RESTORE FROM <文件名> [ADDITIVE]
```

功能:恢复指定的内存变量文件中保存的所有内存变量,即当前可使用的内存变量包括已恢复的这些变量。

若使用 ADDITIVE,系统不清除当前的所有内存变量,并追加文件中的内存变量;

若省略 ADDITIVE,则执行后只有内存变量文件中保存的那些变量。

如:

RESTORE FROM BL

（9）内存变量的清除。

命令格式：

CLEAR MEMORY
RELEASE [<内存变量表>][ALL [LIKE|EXCEPT <通配符>]]

功能：清除内存变量并释放相应的内存空间。

其中第一条命令是清除所有的内存变量，等同于 RELEASE ALL；第二条命令是清除指定的内存变量。

3）数组变量

数组也是一种内存变量，是内存中连续的一片区域，它是由一系列元素组成，每个数组元素可通过数组名及相应的下标来访问，每个元素相当于一个简单变量。数组变量不同于简单变量需先定义，后使用。并在 Visual FoxPro 中，一个数组中各元素的数据类型可以不同。

（1）数组的定义。

命令格式：

DIMENSION <数组名>(<下标上界 1>[,<下标上界 2])[,…]
DECLARE <数组名>(<下标上界 1>[,<下标上界 2])[,…]

下标上界是一数值量，下标的下界由系统统一规定为 1。

例如：

dime a(5),b(2,3)

（2）数组的赋值。

可以使用赋值命令给数组元素赋值，例如，

a(5)=7

也可以给整个数组的各个元素赋以相同的值，例如，

b=73

注意：

• 在没有向数组元素赋值之前，数组元素的初值均为逻辑假(.F.)；
• 在一切使用简单内存变量的地方，均可使用数据元素；
• 在赋值和输入语句中使用数组名时，表示将同一个值同时赋给该数组的全部数组元素；
• 在同一个运行环境下，数组名不能与简单变量名同名；
• 在赋值语句中的表达式位置不能出现数组名；
• 可以用一维数组的形式访问二维数组。

例 2.13　在命令窗口输入下列内容，并观察结果。

DIMENSION X(3),Y(3,2)
X(2)={^2015.7.22}

```
Y(1,2)="112"
Y(2,1)=123
Y(3,1)=.T.
Y(2,2)=$65
Y(1,1)={^2015.6.20}
? X(1),X(2),X(3)
? Y(1,1),Y(1,2)
? Y(2,1),Y(2,2)
? Y(3,1),Y(3,2)
? Y(1),Y(2),Y(3),Y(4),Y(5),Y(6)
```

4) 系统变量

系统变量是由 VFP 自身提供的内存变量,与一般变量的使用方法相同,但系统变量名都是以下画线开始,用于控制鼠标、打印机等外部设备和屏幕输出格式,或者处理有关计算器、日历、剪贴板等方面的信息。因此在定义内存变量名时,不能以下画线开始。

例如,

```
_CLIPTEXT="面向 21 世纪普通高等教育规划教材"
```

2.3　Visual FoxPro 的运算符与表达式

操作符(也称为运算符)用来对相同类型的数据进行操作,根据数据的类型,操作符要分类如下:

- 数值操作符(也称算术运算符)。
- 日期时间操作符(也称日期时间运算符)。
- 字符操作符(也称字符串运算符)。
- 关系操作符(也称关系运算符)。
- 逻辑操作符(也称逻辑运算符)。

表达式是由常量、变量和函数通过特定的运算符连接起来的式子。表达式的形式包括:

- 单一的运算对象(如变量、常量或函数)。
- 由运算符将运算对象连接起来形成的式子。

对于合法的表达式,按照运算规则均能计算出表达式的值,在 Visual FoxPro 中提供了 5 种表达式,它们分别为算术表达式、字符表达式、日期时间表达式、关系表达式和逻辑表达式。下面介绍这 5 种表达式。

2.3.1　算术运算符及算术表达式

算术表达式由算术运算符、数值型常量、数值型内存变量、数值型数组、数值类型的字段和返回值为数值型数据的函数组成,结果为数值型数据。

格式:

<表达式 1><算术运算符><表达式 2>

算术运算符及其含义和优先级如表 2-1 所示。

表 2-1 算术运算符优先级及示例一览表

优先级	运 算 符	含 义	示 例	结 果
1	( )	括号	(4+2)*(8−5)	18
2	−	负号	−3^2	−9
3	**和^	乘方	4**3	64
4	*、/、%	乘、除、求余	5%3*6/3	4
5	+、−	加、减	3+8−4	7

例 2.14 计算并显示表达式 −6 * 3^/3%2+20 的值。

? −6 * 3^2/3%2+20   && 显示结果为 20.00

注意：取余 % 运算在两个操作数符号相同与相异时是有区别的。

如：

```
10%6=4
−10%−6=−4 && 原因：−10%−6=−1 * (10%6)=−3
−10%7=4 && 原因：−10%6=−10%−6+6=4
10%−7=−4 && 原因：10%−7=10%7+ (−7)=−4
```

2.3.2 字符串运算符及字符串表达式

字符串表达式是用字符运算符（+或−）将字符型数据连接起来的式子，其运算结果仍然是字符型数据。字符串运算符有两种。

1. 连接运算

"+"：将两个字符串连接起来形成一个新的字符串。

"−"：是去掉前一字符串的尾空格，然后与后面字符串连接起来，并把去掉的尾空格放到结果串的末尾。

例 2.15 在命令窗口输入下列内容，并观察结果。

```
?" 数据库       "+"技术及应用"        && 结果为：数据库     技术及应用
?"数据库       "−"技术及应用"        && 结果为：数据库技术及应用
?"学  号    "−"11501"−"0201"    && 结果为：学  号 115010201
```

2. 包含运算

<字符串 1>$<字符串 2>

包含运算的结果是逻辑值：若<字符串 1>包含在<字符串 2>之中，其表达式值为 .T.，否则为 .F.。

2.3.3　日期时间运算符及日期表达式

日期时间表达式中可以使用运算符＋和－,但对日期时间表达式的格式有一定的限制,不能任意组合。合法的日期时间表达式如表 2-2 所示。

表 2-2　日期时间运算符及示例一览表

运算符	说　明	示　　例	结　　果
＋	相加	? {^1999/04/23}＋3 ? {^1999/04/23 9:20:30}＋3	04/26/99 04/26/99 9:20:30AM
－	相减	? {^1999/04/23}－3 ? {^1999/04/23}－{^1999/04/10} ? {^1999/10/01 10:00}－{^1999/10/01 9:00}	04/20/99 13 3600

注意:

- 日期和数字相减得到的是与数字相差的日期。
- 日期和日期相加减得到的是相差的天数。
- 日期时间型和日期时间型相减得到的是相差的秒数。
- 日期(日期时间型)和日期(日期时间型)相加无意义,出错。

2.3.4　关系运算符及关系表达式

关系表达式通常也称简单逻辑表达式,是由关系运算符将两个相同类型(可以是字符型、数值型和日期型)的运算对象连接起来而形成。格式如下:

<表达式 1><关系运算符><表达式 2>

进行关系运算时,关系运算符两边的数据类型应相同。关系运算可以进行数值比较、字符比较、日期比较。关系运算的结果是逻辑值 .T. 或.F.,关系运算符的优先级相同,其含义及示例如表 2-3 所示。

表 2-3　关系运算符及示例一览表

运　算　符	说　明	示　　例	结　果
＜	小于	? 3＊4＜10 ?"技术"＜"应用"	.F. .T.
＞	大于	? 7＞5	.T.
＝	等于	?^2015-04-20}＝{^2015-04-26}	.F.
＜＞或♯或!＝	不等于	? 5＜＞9	.T.
＜＝	小于或等于	? 3＊3＜＝6	.F.
＞＝	大于或等于	? 15＞＝80/4	.T.
＝＝	字符串精确比较	?"AB"＝＝"AB"	.F.
$	子串包含测试	?"Fox" $ "Visual Foxpro"	.T.

注意：

- 数值型数据和货币型数据：按数值大小进行比较，包括负号。

  日期时间型数据：按年、月、日的先后进行比较，越早的日期或时间越小，越晚越大。

  逻辑型数据：.T. 比 .F. 大。

  字符型数据：按"工具"菜单中"选项"的设置进行比较，默认按字符的 ASCII 码值的大小进行比较，汉字按拼音顺序进行比较。

- 精确等于"=="：只有在两字符串完全相同时才为真；

  非精确等于"="：当等号右边的串与等号左边的串的前几个字符相同时，运算结果才为真。

- 通过 SET EXACT ON|OFF 设置，在 OFF 状态下，= 和 == 不相同；但在 ON 状态下，= 和 == 是相同的。

例 2.16 在命令窗口输入下列内容，并观察结果。

```
SET EXACT OFF
zc="教授□□"
?zc="教授"                    && 结果为 .F.
?"教授"=zc                    && 结果为 .F.
?"教授"==LEFT(zc,4)          && 结果为 .T.
?zc=="教授"                   && 结果为 .F.
?"教授"="副教授"              && 结果为 .F.
?"副教授"="教授"              && 结果为 .F.
?"教授王丽"="教授"            && 结果为 .T.
```

2.3.5 逻辑运算符及逻辑表达式

逻辑表达式是由逻辑运算符将逻辑型数据连接起来的式子。它实际是一个判断条件，结果为一个逻辑值。格式如下：

<关系表达式 1><逻辑运算符><关系表达式 2>

逻辑运算符的优先级与运算规则如表 2-4 所示。

表 2-4　逻辑运算符优先级一览表

优先级	运算符	说　明	优先级	运算符	说　明
1	()	括号	3	.AND.	逻辑与
2	.NOT. 或 !	逻辑非	4	.OR.	逻辑或

说明：

- 运算符两边可以有小圆点也可无小圆点。
- NOT 是单目运算，只作用于后面的一个逻辑操作数。NOT L：若操作数 L 为真，则返回假；否则返回真。
- AND 是双目运算。L1 AND L2：逻辑型操作数 L1 和 L2 同时为真，表达式值为真；

只要其中一个为假，则结果为假。

- OR 也是双目运算。L1 OR L2：逻辑型操作数 L1 和 L2 中只要有一个为真，表达式即为真；只有 L1 和 L2 均为假时，表达式才为假。

例 2.17 学生表的结构如下：

学生 (学号 C6，姓名 C8，性别 C2，出生日期 D，电话号码 C18，籍贯 C10，系科 C6，统招否 L，总分 N10，简历 M，照片 G)

针对学生表，写出下列条件。

(1) 姓"孔"的学生。

条件 1：AT("孔",姓名)＝1

条件 2：SUBSTR(姓名,1,2)＝"孔"

(2) 20 岁以下的学生。

条件 1：DATE()-出生日期＜＝20 * 365

条件 2：YEAR(DATE())－ YEAR(出生日期)＜＝20

(3) 家住湖南或湖北的学生。

条件 1："湖"＄籍贯

条件 2：AT("湖",籍贯)＞0

(4) 非统招学生。

条件 1：NOT 统招否

条件 2：统招否＝.F.

(5) 总分在 580 分以上的湖南或湖北的学生。

条件 1：入学成绩＞580 AND"湖"＄籍贯

条件 2：入学成绩＞580 AND AT("湖",籍贯)＞0

(6) 20 岁以下的统招学生。

YEAR(DATE())－ YEAR(出生日期)＜＝20 AND 统招否

2.3.6 运算符的优先级

前面介绍了各种表达式及其所使用的运算符，同时介绍了各种运算符内部之间的优先先级。而不同类的运算符也可能出现在同一个表达式中，这时它们之间的优先顺序为：算术运算符—字符串运算符—日期运算符—关系运算符—逻辑运算符。另外括号作为运算符是可以嵌套的，也可用来改变其他运算符的运算次序。有时在表达式的适当地方插入括号，是为了提高程序的可读性。

例 2.18 在命令窗口输入下列内容，并观察结果。

```
?! (5<3)or"abc">"bb"and{^2009.1.1}<{^2010.1.1}          && 结果为 .T.
```

为了提高本条命令的可读性，可将上面的命令改写为：

```
?!(5<3)or("abc">"bb")and({^2009.1.1}<{^2010.1.1})          && 结果为 .T.
```

例 2.19 在命令窗口输入下列内容，并观察结果。

```
a=3
b=7
c=.t.
? a<=b.and..not.c                    && 结果为.F.
```

例 2. 20　在命令窗口输入下列内容,并观察结果。

```
a=3
b=1
? (a-b)/(a+b)                        && 结果为: 0.5000
```

2.4　Visual FoxPro 的内部函数

Visual FoxPro 提供了大量函数,每个函数实现某项特定的功能或完成某种运算。充分正确地使用函数,可简化操作和程序,增强数据处理功能。函数是用程序来实现的一种数据运算或转换。每一个函数都有选定的数据运算或转换功能,它往往需要若干个自变量,即运算对象,但是只能有一个结果,这个结果称为函数值或函数返回值。

1. 函数调用形式

函数名([参数表])

函数名后的括号()不能省。参数表用方括号括起来表示可省,即有些函数不需要参数。

2. 函数分类

(1) 数值函数。

(2) 字符函数。

(3) 日期和时间函数。

(4) 数据类型转换函数。

(5) 测试函数。

2.4.1　数值函数

数值函数用来进行数值计算,函数的返回值均是数值型。

1. 绝对值函数

格式:

ABS(<expN>)

功能:返回数值型表达式<expN>的绝对值。

如:ABS(−876)是求−876 的绝对值,结果是 876。

2. 平方根函数

格式:

SQRT(<expN>)

功能：返回＜expN＞的算术平方根值，＜expN＞的值必须大于 0。

如：

```
? SQRT(49)          && 结果为：7
? SQRT(4 * 9)       && 结果为：6
```

3. 取整函数

取整函数有多个，其格式与功能如表 2-5 所示。

表 2-5　取整函数的格式与功能

格　式	功　能
INT(＜expN＞)	取＜expN＞的整数部分
CEILING(＜expN＞)	取大于或等于指定表达式的最小整数
FLOOR(＜expN＞)	取小于或等于指定表达式的最大整数

如：

```
? INT(43.62)
? CEILING(43.62)
? FLOOR(43.62)
? INT(-43.62)
? CEILING(-43.62)
? FLOOR(-43.62)
```

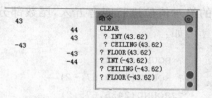

图 2-1　取整函数

结果如图 2-1 所示：

4. 求余数函数

格式：

```
MOD(<expN1>,<expN2>)
```

功能：返回＜expN1＞除以＜expN2＞所得的余数。余数符号和＜expN2＞相同。

当＜expN1＞和＜expN2＞同号时，函数值为两数相除的余数；

当＜expN1＞和＜expN2＞异号时，函数值为两数相除的余数加上除数

如：

```
? MOD(17,5)
? MOD(-17,-5)
? MOD(-17,5)
? MOD(17,-5)
```

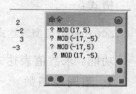

图 2-2　求余数函数

结果如图 2-2 所示。

5. 求最大值函数和最小值函数

格式：

```
MAX(<表达式 1>,<表达式 2>,…,<表达式 n>)
```

MIN(<表达式 1>,<表达式 2>,…,<表达式 n>)

功能：MAX 求 n 个表达式中的最大值。

MIN 求 n 个表达式中的最小值。

说明：<表达式表>中的各表达式的值应是相同的数据类型（N、C、Y、D、T），且至少有两个表达式。对 expC,根据每个字符的 ASCII 码值的大小进行比较。

如：

```
? MAX(43,89)                    && 结果为：89
? MIN("ABCK","ABCF")           && 结果为：ABCF
```

6. 四舍五入函数
格式：

```
ROUND(<expN1>,<expN2>)
```

功能：设 expN2＝n。函数对<expN1>求值,并保留 n 位小数,从 n＋1 位小数起进行四舍五入。如果 n<0（指定的小数位数为负数）,该函数在<expN1>的值的整数部分按 n 的绝对值位进行四舍五入,尾数部分都是 0。

如：

```
? ROUND(11,2)
? ROUND(2435.67,-2)
??ROUND(2435.675,2)
```

结果如图 2-3 所示。

图 2-3　四舍五入函数

7. 指数函数
格式：

```
EXP(<数值型表达式>)
```

功能：求以 e 为底,以数值表达式为指数的值。

8. 对数函数
格式：

```
LOG(<数值型表达式>)
```

功能：求数值表达式的自然对数。

格式：

```
LOG10(<数值型表达式>)
```

功能：求数值表达式以 10 为底的对数。

9. 圆周率函数
格式：

```
PI()
```

功能：返回圆周率的值。

10. 随机函数

格式：

RAND()

功能：返回(0,1)之间的一个随机数。

2.4.2　字符函数

字符函数是处理字符型数据的函数,其自变量或函数值中至少有一个是字符型数据。通常一个汉字按两个半角西文字符处理。

1. 求字符串长度函数

格式：

LEN(<expC>)

功能：返回<expC>的长度,长度的单位是半角字符个数,一个全角字符为 2 个半角字符,若是空串,则长度为 0。一个汉字是 2 个字符。

如：

? LEN("ABCDEFG")　　　　　　　　&& 结果为: 7
? LEN("中华人民共和国")　　　　　&& 结果为: 14

2. 取子字符串函数

(1) 取左子字符串函数。

格式：

LEFT(<expC>,<expN>)

功能：在<expC>中,从左端开始截取<expN>个字符组成新字符串。

如：

? LEFT("中华人民共和国",4)　　　　&& 结果为: 中华

(2) 取右子字符串函数。

格式：

RIGHT(<expC>,<expN>)

功能：在<expC>中,从右端开始截取<expN>个字符组成新字符串。

如：

? RIGHT('我爱我们的祖国',4)　　　　&& 结果为: 祖国

(3) 取子字符串函数。

格式：

SUBSTR(<expC>,<expN1>[,<expN2>])

功能：从字符表达式<expC>的第<expN1>个字符开始,取<expN2>个字符,组成

新字符串。可代替 LEFT 和 RIGHT 的功能。

如：

```
? SUBSTR("我爱我们的祖国",5,4)          && 结果为：我们
xm="李小四"
? SUBSTR(xm,1,2),LEFT(xm,2)           && 结果为：李  李
```

3．求子字符串位置函数

格式：

```
AT(<expC1>,<expC2>)
ATC(<expC1>,<expC2>)
```

功能：查找<expC1>在<expC2>中的起始位置，如果没有找到，则返回数值 0。

　　　　ATC 函数在子串比较时不区分字母大小写。

如：

```
xm="李小四"
? AT("李",xm)                        && 结果为：1
? AT("PRO","Visual FoxPro")          && 结果为：0
? ATC("PRO","Visual FoxPro")         && 结果为：11
```

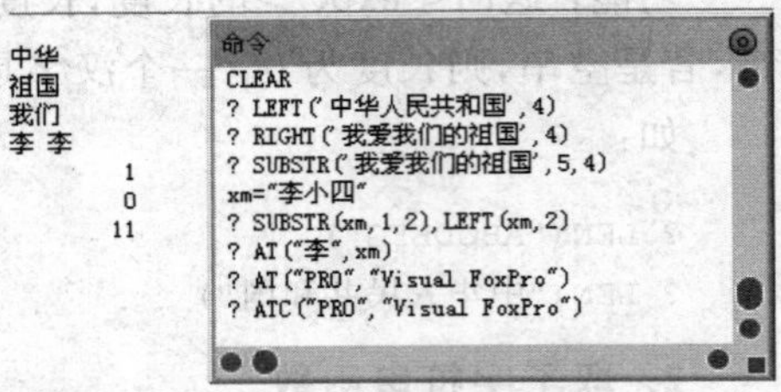

字符函数结果如图 2-4 所示。

```
命令
CLEAR
? LEFT('中华人民共和国',4)
? RIGHT('我爱我们的祖国',4)
? SUBSTR('我爱我们的祖国',5,4)
xm="李小四"
? SUBSTR(xm,1,2),LEFT(xm,2)
? AT("李",xm)
? AT("PRO","Visual FoxPro")
? ATC("PRO","Visual FoxPro")
```

中华
祖国
我们
李 李
　　　1
　　　0
　　　11

图 2-4　字符函数

4．删除字符串前后空格函数

删除字符串前后函数格式与功能如表 2-6 所示
（□代表空格）。

表 2-6　删除字符串前后空格函数的格式与功能

格　式	功　能
LTRIM(<expC>)	去除<expC>的前导空格
RTRIM(<expC>)	去除<expC>的尾部空格
ALLTRIM(<expC>)	去除<expC>的前、后所有的空格

如：

```
? LTRIM("□□□大学生□□□")              && 结果为：大学生□□□
? RTRIM("□□□大学生□□□")              && 结果为：□□□大学生
? ALLTRIM("□□□大学生□□□")            && 结果为：大学生
```

5．产生空格函数

格式：

```
SPACE(<expN>)
```

功能：生成若干个空格。空格数由<expN>的值确定。

如：

```
name=SPACE(8)
? LEN(name)                                    && 结果为：8
```

6. 大小写字母转换函数
格式：

```
UPPER(<expC>)
```

功能：将＜expC＞中的小写字母转换成大写字母。
格式：

```
LOWER(<expC>)
```

功能：将＜expC＞中的大写字母转换成小写字母。
如：

```
? UPPER("a")                                   && 结果为：A
? LOWER("Y")                                   && 结果为：y
```

7. 宏替换函数 &
宏替换函数 &，又称宏替换运算符，它将字符型内存变量或字符型数组变量的值置换出来。
格式：

```
&<字符型内存变量>[.<字符表达式>]
```

功能：将字符型内存变量的值替换出来。
如：

```
        i="1"
        j="2"
x12="Good"
Good=MAX(96/01/02,65/05/01)
    ? x&i.&j,&x12
```

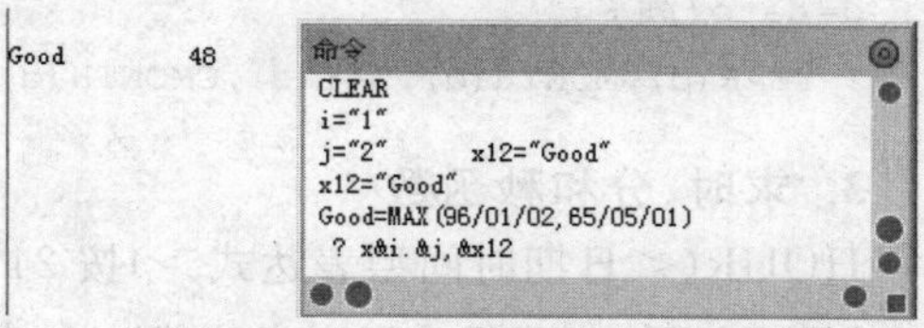

结果如 2-5 图所示。

图 2-5　宏替换函数

8. 字符串替换函数
格式：

```
STUFF(<字符式 1>,<数值式 1>,<数值式 2>,<字符式 2>)
```

功能：用＜字符式 2＞去替换＜字符式 1＞中由＜数值式 1＞开始的＜数值式 2＞个字符。
如：

```
store "中国景德镇"to x
? STUFF(x,5,6,"北京")                          && 结果为：中国北京
```

9. 产生重复字符函数
格式：

REPLICATE(<字符型表达式>,<数值型表达式>)

功能：重复给定字符若干次,次数由数值型表达式给定。

2.4.3 日期和时间函数

1. 求系统日期和时间函数

DATE()：返回当前系统日期。

TIME()：返回当前系统时间。

DATETIME()：返回当前系统日期和时间。

如：

```
? DATE()                        && 结果为：12/25/15
? TIME()                        && 结果为：17:11:38
? DATETIME()                    && 结果为：12/25/15 17:12:10 PM
```

2. 求年份、月份和天数函数

YEAR(<日期型表达式>|<日期时间型表达式>)：从表达式中求出年份的数值。

MONTH(<日期型表达式>|<日期时间型表达式>)：从表达式中求出月份的数值。

DAY(<日期型表达式>|<日期时间型表达式>)：从表达式中求出日期的数值。

CMONTH(<日期时间型表达式>)：从表达式中求出月份名。

如：

```
d=date()
? YEAR(d),MONTH(d),DAY(d),CMONTH(d)  && 结果为：2015 12 25 十二月 (英文版：december)
```

3. 求时、分和秒函数

HOUR(<日期时间型表达式>)按 24 小时制：从表达式中求出小时数值。

MINUTE(<日期时间型表达式>)：从表达式中求出分数值。

SEC(<日期时间型表达式>)：从表达式中求出秒数值。

如：

```
x=datetime()
? x                             && 结果为：12/254/15 17:27:06 PM
? HOUR(x),MINUTE(x),SEC(x)       && 结果为：17 27 6
```

4. 求星期函数

DOW(<日期型表达式>|<日期时间型表达式>)：从表达式中求出星期的数值。

CDOW(<日期型表达式>|<日期时间型表达式>)：从表达式中求出星期名。

如：

```
x=date()
? DOW(x)                        && 结果为：5
? CDOW(x)                       && 结果为：星期五 (英文版：friday)
```

2.4.4　数据类型转换函数

数据类型转换函数用来将不同数据类型数据进行相互转换。

1. 将字符转换成 ASCII 码的函数

格式：

ASC(<字符型表达式>)

如：

? ASC("B78"),asc("中国")　　　　　　&& 结果为：66 54992

2. 将 ASCII 值转换成相应字符函数

格式：

CHR(<数值型表达式>)

如：

? CHR(97)　　　　　　　　　　&& 结果为：a

3. 将数值型数据转换成字符型数据

格式：

STR(<数值型表达式>[,长度][,小数值])

功能：将数值型数据转换成字符型数据,长度和小数值分别指出结果字符串的长度和小位的位数。

如：

```
x=-466.848
? STR(x)                  && 显示结果为：□□□□□□-467
? STR(x,10,2)             && 显示结果为：□□□-466.85
? STR(x,7)                && 显示结果为：□□□-467
? STR(x,12)               && 显示结果为：□□□□□□□□-467
? STR(x,4)                && 显示结果为：-467
? STR(x,3)                && 显示结果为：" ***",无法在指定的位数显示有效数值
x=1234567890123456789.789
? x                       && 显示结果为：1234567890123457000.000
? STR(x)                  && 显示结果为：1.234E+18
```

说明：若不指定长度,则默认占 10 位宽度,指定长度不足时,显示数据溢出,用 * 表示。

4. 将字符串转换成数值函数：

格式：

VAL(<字符型表达式>)

功能：将由数字、正负号、小数点组成的字符串转换为数值。转换时遇上非上述字符就

停止。

如：

```
? VAL("2012jingdezhen")        && 结果为：2012.00
? VAL("Visual FoxPro6.0")      && 结果为：0.00
```

5. 将字符串转换成日期或日期时间函数

（1）字符型转成日期型或日期时间型。

格式：

CTOD(<字符型表达式>)

功能：将字符型数据转成日期型数据。

格式：

CTOT(<字符型表达式>)

功能：将字符型数据转成日期时间型数据。

（2）将日期型或日期时间型转成字符型。

格式：

DTOC(<日期或日期时间型表达式>)[,1]

功能：将日期或日期时间型数据转换成字符型数据，若选参数 1，则输出格式为年月日：yyyymmdd。

格式：

DTOS(<日期或日期时间型表达式>)

功能：将日期或日期时间型数据转换成字符型数据，输出格式为年月日：yyyymmdd。

格式：

TTOC(<日期或日期时间型表达式>)[,1|2]

功能：将日期时间型数据转换成指定格式字符型数据，若选参数 1，则输出格式为年月日时分秒：yyyymmddhhmmss；若选参数 2，则仅返回时间部分。

（3）将日期型与日期时间型相互转换。

格式：

DTOT(<日期型表达式>)

功能：将日期数据转换成日期时间型数据。

格式：

TTOD(<日期时间型表达式>)

功能：将日期时间型数据转换成日期型数据。

如：

```
set date to ymd
```

```
t=datetime()
? t,dtoc(t),dtoc(t,1)
                    && 结果为：15/12/26 09:34:08 AM 15/12/26 20151226
? ttoc(t),ttoc(t,1),ttoc(t,2)
                    && 结果为：15/12/26 09:34:08 AM 20151226093408 09:34:08 AM
```

2.4.5 测试函数

在数据处理的过程中，用户往往需要了解操作对象的状态。如要使用的文件是否存在、数据库的当前记录号是多少、检索是否成功等，特别是在运行应用程序时，需要根据测试的结果来决定下一步的动作。因此在 Visual FoxPro 中提供了一些用来测试的函数，下面介绍这些函数。

1. 空值（NULL）测试函数

格式：

ISNULL(<表达式>)

功能：测试函数测试表达式的值是否为 NULL。

格式：

EMPTY(<表达式>)

功能：测试函数测试表达式的值是否为"空"。

2. 数据类型测试函数

格式：

TYPE(<表达式>)

功能：测式＜表达式＞值的类型。

数据类型测试函数可能得到的返回值如表 2-7 所示。

表 2-7　数据类型测试函数

返回值	数据类型	返回值	数据类型
C	字符型或备注型	G	通用型
N	数值型	D	日期型
Y	货币型	T	日期时间型
L	逻辑型	X	NULL 值
O	对象型	U	未定义

3. 表的测试函数

（1）表文件尾测试函数。

格式：

EOF([<工作区号>|表别名])

功能：判断记录指针是否指向打开的文件尾。

（2）表文件首测试函数。

格式：

BOF([<工作区号>|表别名])

功能：判断记录指针是否指向打开的文件头。

（3）记录号测试函数。

格式：

RECNO([<工作区号>|表别名])

功能：判断记录指针所指向记录的记录号。

（4）记录个数测试函数。

格式：

RECCOUNT([<工作区号>|表别名])

功能：返回已打开的数据库文件的记录个数。

（5）记录删除测试函数。

格式：

DELETED([<工作区号>|表别名])

功能：测试记录指针所指向的记录是否有删除标记。

4．文件测试函数

格式：

FILE(<文件名>)

功能：判断指定文件是否存在。

5．条件测试函数

格式：

IIF(<条件>,<表达式 1>,<表达式 2>)

功能：当条件为.T.时,返回表达式 1 的值,否则返回表达式 2 的值。

2.4.6　信息提示函数

格式：

MESSAGEBOX(提示文本[,对话框类型[,对话框标题]])

说明：对话框类型一般为按钮数值＋图标形状值＋默认值;对话框的类型及含义如表 2-8 所示。信息框中各按钮的返回值如表 2-9 所示。

表 2-8 对话框的类型及含义

组成部分	值	含 义
按钮值	0	只显示"确定"按钮
	1	显示"确定"、"取消"按钮
	2	显示"终止"、"重试"、"忽略"按钮
	3	显示"是"、"否"、"取消"按钮
	4	显示"是"、"否"按钮
	5	显示"重试"、"取消"按钮
图标形状值	16	显示红色叉号错误图标
	32	显示蓝色问号图标
	48	显示黄色惊叹号图标
	64	显示蓝色信息图标
默认值	0	默认第 1 个按钮
	256	默认第 2 个按钮
	512	默认第 3 个按钮

表 2-9 信息框中各按钮的返回值

选择按钮	返回值	选择按钮	返回值
确定	1	忽略	5
取消	2	是	6
终止	3	否	7
重试	4		

习题

一、选择题

1. 下列函数中函数值为字符型的是( )。

    A. DATE()   B. TIME()   C. YEAR()   D. DATETIME()

2. 下面的数据类型默认为.F.的是( )。

    A. 数值型   B. 字符型   C. 逻辑型   D. 日期型

3. 下面的表达式中,不是常量的是( )。

    A. 〔This is a book〕   B. $123.5

    C. abc   D. {^2008-10-08}

4. 在命令窗口中输入下面信息,则输出结果为( )。

```
x="A   "
? iif("A"=x,x-"BCD",x+"BCD")
```

    A. A   B. BCD   C. A BCD   D. ABCD

5. 下列表达式中,结果总是逻辑值的是( )。

    A. 关系表达式   B. 日期时间型表达式

    C. 数值表达式   D. 字符表达式

6. 在 VFP 中,字符型数据的最大长度是( )。

    A. 8   B. 255   C. 没有限制   D. 254

7. 以下对表达式的描述中,正确的是( )。

    A. 对表达式中所有的运算符来说,都应该从左到右运算

    B. 逻辑运算符只能对逻辑型值进行运算

    C. 关系运算符左右两端的表达式类型可以不一致

    D. 表达式是使用了特定运算符的式子,所以单独的一个常量不能称为表达式

8. 下列表达式中,结果值为.F. 的是( )。

    A. '90'>[100]   B. "李小梅"<"张小梅"

    C. 120<170   D. {^2012/2/10}+100<{2012/4/10}

9. 以下赋值语句正确的是( )。

    A. store 12+8 to A,B   B. store 3,2 to A,B

    C. A=2,B=3   D. A,B=8

10. 设 a=100,b=120,c="a+b",则表达式 100+&c 的值是( )。

    A. 100+a+b   B. 100100120   C. 错误提示   D. 320

11. 设变量 PI=3.1415926,执行命令? ROUND(PI,3)后屏幕显示结果为( )。

    A. 3.1   B. 3.141   C. 3.142   D. 3.140

12. 设 STR="VF 是一种关系型数据库管理系统",则可以输出"VF 是一种关系型数据库管理系统"的命令是( )。

    A. ? STR-"一种关系"

    B. ? RIGHT(STR,14)+LEFT(STR,4)

    C. ? SUBSTR(STR,1,4)+SUBSTR(STR,14,11)

    D. ? SUBSTR(STR,1,4)+RIGHT(STR,14)

13. 下列选项中不能返回逻辑值的是( )。

    A. BOF()   B. EOF()   C. RECNO()   D. FILE()

14. 下列( )数据类型是内存变量特有而字段变量所没有的。

    A. 字符型   B. 备注型   C. 逻辑型   D. 屏幕型

15. 已知 D1 和 D2 均为日期型变量,下列表达式中不合法的是( )。

    A. D1+D2   B. D1-D2   C. D1-100   D. D2+10

16. 在 Visual FoxPro 中,执行 STROE"10/11/89" to x 命令后,函数 CTOD(x)的数据类型是( )。

    A. 字符型   B. 日期型   C. 数值型   D. 浮点型

17. 日期型数据长度固定为( )。

A. 4 B. 6 C. 8 D. 10

18. 以下变量名不合法的是(　　)。

A. 常量 B. _FoxPro C. MM100 D. Visual FoxPro

19. 表达式 17%4 的结果是(　　)。

A. 4 B. 1 C. 0 D. 表达式错误

20. 如下程序的输出结果是(　　)。

```
S1= "计算机等级考试"
S2= "等级考试"
? S1$ S2
```

A. 4 B. .T. C. 7 D. .F.

二、填空题

1. VFP 中的变量分为两大类,它们是_____和_____。

2. 执行命令? UPPER("foxbase")的显示结果是_____。

3. 计算今天和 2008 年 8 月 8 日相差的天数的表达式_____。

4. 执行 DIMENSION m(3,5)后,二维数组 m 中有_____个元素,如果以一维数组的形式访问该二维数组,则一维数组元素 m(10)与二维数组元素_____为同一变量。

5. 执行下列操作的结果为_____。

```
x= [42+20]
? x
```

6. 执行命令 A=150>105 后,内存变量 A 的数据类型是_____,其值是_____。

7. 与数学表达式 $x^2+\dfrac{x+2}{y-5}$ 等价的 VFP 算术表达式为_____。

8. 执行? DAY({^2012-08-20})命令后显示的结果是_____。

9. 设 A="20",B="A"? &B+"10"的结果为_____。

10. 表达式"windows"=="Windows"的结果为_____。

三、操作题

建立表 2-10 所示的内存变量,并将所有的内存变量保存到当前文件夹下(文件名为 MAB. MEM)。

表 2-10　内存变量

变量名	变量类型	变量值
x	C	"等级考试"
y	N	86
z	L	.T.
a	D	2011. 12. 31

第3章 表的基本操作

数据库管理系统首先要做的工作就是建立数据表。在关系数据库中,一个关系对应一个二维表,表文件的扩展名是.dbf,简称 Table。表可分为:

(1) 数据库表——属于某一数据库的表;

(2) 自由表——不属于任何数据库独立存在的表。

本章主要介绍 Visual FoxPro 中提供的菜单和命令方式对自由表进行的各种操作。

3.1 表的建立

如图 3-1 所示,自由表文件由两部分组成:表结构和数据的记录。建表的次序一般是:表结构设计→表结构的建立→表数据的输入。

学生信息表
Student.dbf
表中的字段(列)表中的记录(行)

学号	姓名	性别	出生日期	电话号码	籍贯	系科	统招否	总分	简历	照片
150001	魏青	男	01/03/97	8512346	山东	物理	T	565	memo	gen
150002	李冬兰	女	02/04/97	8512357	安徽	化学	F	570	memo	gen
150003	万云华	男	03/04/97	8512346	湖北	计算机	F	600	memo	gen
150004	刘延胜	男	04/06/96	8512345	山东	数学	T	590	memo	gen
150005	席敦	男	05/12/97	8512343	江西	中文	F	571	memo	gen
150006	贺志强	男	06/28/97	8512342	安徽	历史	T	582	memo	gen
150007	谭彩	女	07/06/97	8512358	江西	物理	F	614	memo	gen
150008	孔令婿	女	08/08/96	8512355	安徽	数学	T	637	memo	gen
150009	李静	女	09/20/97	8512354	湖北	计算机	T	624	memo	gen
150010	康小丽	女	10/30/96	8512356	山东	外语1	T	638	memo	gen
150011	谢晓飞	男	10/30/97	8512346	江西	中文	F	617	memo	gen
150012	陈鲤颖	女	11/30/96	8512357	湖南	计算机	T	574	memo	gen
150013	蒋艺	男	03/03/98	8512344	湖北	物理	F	584	memo	gen
150014	凌艳清	女	09/30/97	8512355	江西	物理	T	591	memo	gen

Student (Stu\Student)　　　　记录:1/16　　　　记录已解除锁定

图 3-1　学生信息表

下面来介绍表、记录和字段的概念。

表(Table):是关系数据库中的一个最重要的对象,表是由字段(列)和记录(行)构成的一个二维结构,表是以文件的形式存放在磁盘上的,所以称为"表文件",其扩展名为.DBF。表是记录的集合。

表是数据库管理系统中最基本的单位,其中第一行为记录的"型",也就是表头或表的标题,它构成了表的结构。其他行为记录的值,构成了表的数据,每一条记录由一个或多个相关字段组成。用来唯一识别一条记录的一个或多个字段,称为关键字。如图 3-1 中学生信息表中的学号(不允许有相同的学号)。

记录(Record):关系数据库中,描述一个对象的数据,即二维表中的一"行"。记录是字段的集合,表中有多少行就有多少条记录。

字段(Field):关系数据库中,把对象的每一个属性,即二维表中的一"列"称为一个字段,它是表中可进行处理的最小数据单位。每一个字段代表一组数据(即所有记录的同一属性下的数据)。

3.1.1　表的结构设计

确定字段以及字段的参数,包括字段名称、类型、宽度、小数位数以及是否允许为空等。

1. 字段名(Field Name)

字段的名称必须以汉字、字母或下画线开头。数据库表的字段名最多不超过 128 个字符,但自由表中的字段名不得超过 10 个字符。

2. 字段类型(Type)

字段类型指定字段存储的数据类型。视具体情况而定。

3. 字段宽度(Width)

字段宽度是指字段允许存放的最大字节数或数值位数。字符型、数值型、浮动型这 3 种字段的宽度根据所存数据的具体情况规定。其他类型由系统统一规定,它们是货币型、日期型、日期时间型字段宽度均为 8 字节,逻辑型字段宽度为 1 字节,备注型字段和通用型字段宽度均为 4 字节。

4. 小数位数(Dec)

只有数值型与浮动型字段才有小数位数,小数位数至少应比该字段的宽度值小 2。若字段值是整数,则应定义小数位数为 0。双精度型字段允许输入小数,但不需事先定义小数位数,小数点将在输入数据时输入。

5. 索引

指定是否以该字段为关键字建立索引(升序或降序),索引主要用于记录排序。

6. 是否允许为空

表示是否允许字段接受空值(NULL)。空值是指无确定的值,它与空字符串、数值 0 等是不同的。例如,表示成绩的字段,空值表示没有确定成绩,0 表示 0 分。一个字段是否允许为空值与字段的性质有关,例如作为关键字的字段是不允许为空值的。

根据图 3-1,建立学生信息表。表结构设计如同设计一张表格,设计时首先要给这张表设计一个表名(如 student.dbf);再确定表中有哪些字段(如学号、姓名、性别等);接着根据每个字段所要写入的信息确定字段的类型(如字符型、数值型、日期型等);最后确定字段的宽度,如果是数值型还要确定小数点的位数。根据图 3-1,确定学生信息表包含有 11 个字段,分别为:

(1) 学号,字符型,宽度为 6;指定为索引;

(2) 姓名,字符型,宽度为 8;

（3）性别，字符型，宽度为 2；

（4）出生日期，日期型，系统自动将宽度设为 8；

（5）电话号码，字符型，宽度为 18；

（6）籍贯，字符型，宽度为 10；

（7）系科，字符型，宽度为 6；

（8）统招否，逻辑型，系统自动将宽度设为 1；

（9）总分，数值型，宽度为 10，小数位数为 0；

（10）简历，备注型，系统自动将宽度设为 4；

（11）照片，通用型，系统自动将宽度设为 4。

3.1.2　建立表的结构

打开 Visual FoxPro 后，先设置默认路径，选择"工具"菜单中的"选项"命令，从"文件位置"选项卡中找到相应的默认路径，"选项"对话框如图 3-2 所示。单击"修改"按钮打开图 3-3 所示对话框，更改或选择相关路径 ⋯，以后所建的文件都在此路径下。

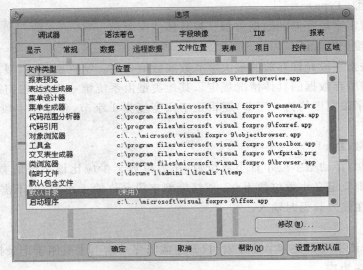

图 3-2　默认路径设置

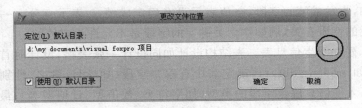

图 3-3　默认路径更改对话框

建立自由表可采用两种方式：菜单方式和命令方式。下面分别介绍这两种方式。

1. 菜单方式

（1）打开 Visual FoxPro，在主窗口的菜单栏选择"文件"→"新建"命令，或者直接按 Ctrl＋N 快捷键，出现"新建"对话框，如图 3-4 所示。

（2）在"新建"对话框中，选中"文件类型"选项组中的"表"单选按钮，再单击"新建文件"按钮，出现图 3-5 所示的"创建"对话框。

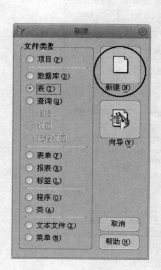

图 3-4　"新建"对话框

图 3-5　"创建"对话框

（3）在"保存在"下拉列表框中选取表文件要保存的磁盘位置；在"输入表名"文本框中输入要建立的表的名称（student.dbf）；在"保存类型"下拉列表框中选择"表/DBF（*.dbf）"。单击"保存"按钮，系统就保存了该表，并在磁盘上生成一个文件名为 student.dbf 的表文件。将出现图 3-6 所示的"表设计器"对话框。

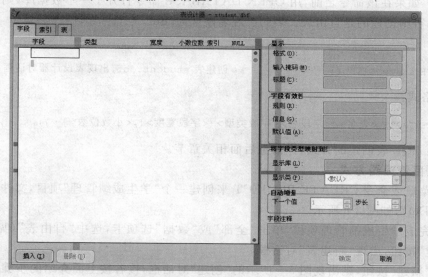

图 3-6　"表设计器"对话框的"字段"选项卡

（4）在"表设计器"对话框中，显示了"字段"、"索引"、"表"3 个选项卡，"确定"、"取消"、"插入"和"删除"4 个按钮。系统默认显示"字段"选项卡，在这个选项卡中依次输入本节定义好的字段名、字段类型和字段宽度等信息，如图 3-7 所示。输入完所有的字段后，单击"确定"按钮，完成表结构的设计。

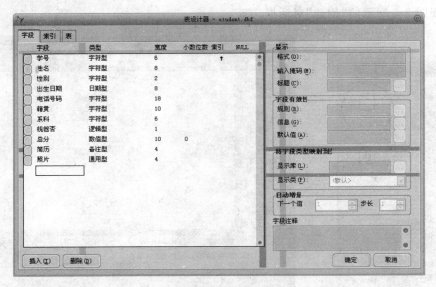

图 3-7 在"字段"选项卡中输入字段

2. 命令方式

（1）格式：

```
CREATE<表名>
```

功能：打开表设计器，创建表。

说明：如果在该命令之前，用 OPEN DATABASE 命令打开了一个数据库，则创建的是数据库表；否则创建的是自由表。表的扩展名默认为.dbf。

例：

```
CREATE student[.dbf]              && 创建表 student.dbf,出现表设计器对话框
```

（2）格式：

```
CREATE TABLE <表名> (<字段名><字段类型> (<字段宽度> [,<小数位数>]…))
```

功能：SQL 表创建的方式，详情见后面相关章节。

3. 项目管理器方式

通过菜单或命令 CREATE PROJECT 来创建一个"学生成绩管理"项目，文件的类型为"项目（.PJX）"，如图 3-8 所示。

创建完成学生成绩管理项目，单击"全部"或"数据"选项卡，选中"自由表"（见图 3-9），单击"新建"按钮，出现"新建表"对话框。

单击"新建"按钮，则出现图 3-5 所示的"创建"对话框，接着按上面介绍的步骤创建表的结构。

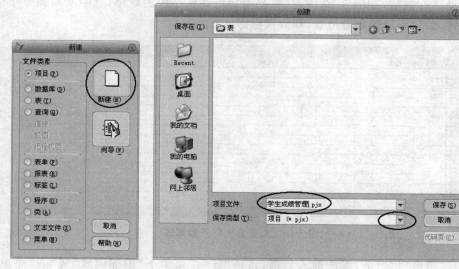

图 3-8 项目管理器的创建

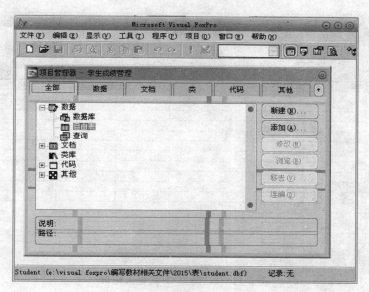

图 3-9 利用项目管理器创建表

3.1.3 向表输入记录

定义好表结构就可以向表中添加数据记录了,可以手工输入记录,也可从其他文件追加记录。

1. 手工添加数据记录

(1) 打开项目管理器,单击"数据"选项卡,找到要添中记录的数据表(或直接通过"文件"菜单打开数据表),再选择"显示"菜单中的"浏览"命令,即打开数据表的浏览窗口,逻辑型字段自动排在最后,如图 3-10 所示(根据需要可调整字段的顺序,选中所需调整字段,按下鼠标左键,将之拖放到相应位置,释放鼠标即可)。

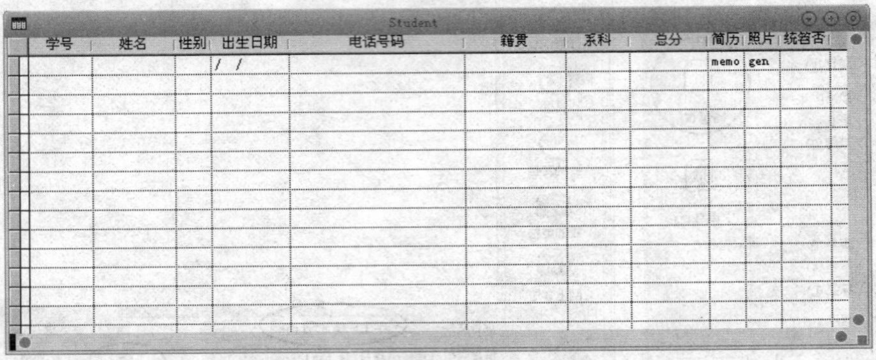

图 3-10　浏览方式打开数据表

（2）在"浏览"状态下,无法输入数据,选择"显示"菜单下"追加模式"或"表"菜单中的"追加新记录"命令,即可向数据表中追加记录,如图 3-11 所示。

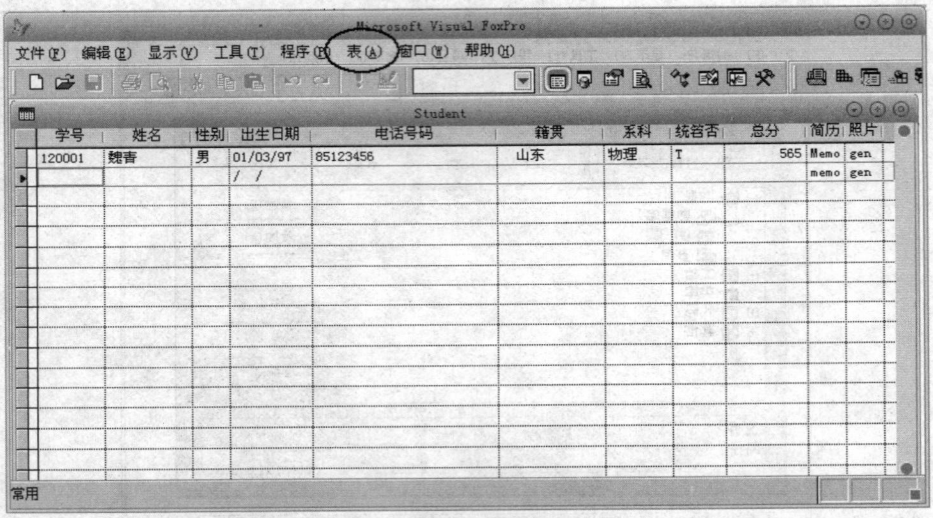

图 3-11　以"浏览"方式输入记录

使用"表"菜单中的"追加新记录"命令,一次只能在表尾添加一条空白记录,添加完记录后,如果还要添加就要再次选择"表"菜单中的"追加新记录"命令;通过"显示"菜单中的"追加模式"命令来添加记录可一直添加下去。

（3）"显示"菜单中的"追加模式"有两种状态:一种是在浏览状态下进行追加,如图 3-11 所示;另一种是在编辑状态下追加,选择"显示"菜单中的"编辑"命令后如图 3-12 所示。这两种方式的作用是相同的,在添加完一条记录后都会自动在数据表尾添加一条空白记录,只是显示方式不同。

在输入数据时,应注意如下几点:

- 逻辑型字段只接受"Y/y"、"T/t"、"N/n"、"F/f"8 个字符,其中"Y/y"、"T/t"代表

图 3-12 以“编辑”方式输入记录

“真”，“N/n”、“F/f”代表“假”。

- 整型字段只接受整数，数值型、浮点型、双精度型以及货币型字段接受小数，但如果这些类型的字段的小数位数设为 0，也只接受整数。

- 输入备注型字段时，要双击备注字段中的“memo”，打开一个编辑窗口，如图 3-13 所示。在此窗口中输入要备注的内容，关闭即可保存并回到数据记录浏览窗口，输入内容后的备注型字段的“memo”变成了“Memo”。

- 通用型字段的输入与备注型字段的输入类似，要双击备注型字段中的“gen”，打开一个编辑窗口，如图 3-14 所示。通用型字段中的数据不可直接用键盘输入，需要使用“插入对象”对话框，如图 3-15 所示，选择或新建一个对象即可。关闭即可保存并回到数据记录浏览窗口，输入内容后的备注型字段的“gen”变成了“Gen”。

图 3-13 备注型编辑窗口

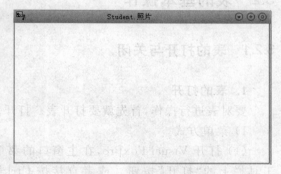

图 3-14 通用型编辑窗口

2. 从其他文件追加记录

（1）打开项目管理器，单击“数据”选项卡，找到要添加记录的数据表，单击“浏览”按钮，打开数据表的浏览窗口。

（2）选择“表”菜单下的“追加记录”命令，打开“追加来源”对话框，如图 3-16 所示。

（3）在“追加来源”对话框的“类型”下拉列表框中可以选择多种类型的文件向数据表追加记录，如数据表、Excel 文件等。

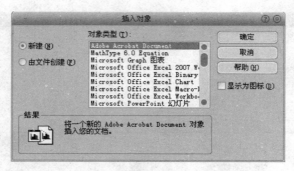

图 3-15 "插入对象"对话框

图 3-16 "追加来源"对话框

（4）选择好文件类型后，在"来源于"编辑框中输入数据文件的路径，或单击右侧的 ⋯ 按钮，使用"打开"对话框来定位数据文件。

3.2 表的基本操作

3.2.1 表的打开与关闭

1. 表的打开

要对表进行操作，首先就要打开表。打开表的方式有菜单方式和命令方式两种。

1）菜单方式

（1）打开 Visual FoxPro，在主窗口的菜单栏中选择"文件"→"打开"命令，或者单击工具栏上的"打开"按钮。或者直接按 Ctrl＋O 快捷键，出现"打开"对话框，如图 3-17 所示。

（2）在图 3-17 中的"查找范围"下拉列表框中选择表所在的目录，"文件类型"设置为"全部文件"或"表"，找到要打开的文件，双击要打开的文件或选中要打开的文件，单击"确定"按钮。

2）命令方式

格式：

USE[<数据库名!>]|<表名>

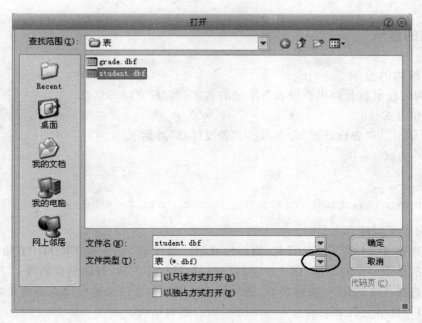

图 3-17　"打开"对话框

功能：打开表。

说明：若数据库表，可以用两种命令方式打开：一是用 USE[<数据库名!>]|<表名>；另一种是先打开数据库 OPEN DATABASE<数据库名>，然后再用 USE<表名>打开表。若是自由表，则可直接使用 USE<表名>打开表。

例 3.1　打开数据库（学生成绩管理）表（学生信息表）。

```
USE 学生成绩管理!student.dbf              && 直接打开数据库表
```

或

```
OPEN DATABASE 学生成绩管理              && 打开数据库"学生成绩管理.dbc"
USE student.dbf                       && 打开数据库中相应的"学生信息表 student.dbf"
```

例 3.2　打开自由表（学生信息表）。

```
USE student.dbf                       && 假定 student.dbf 为一自由表
```

2. 关闭表

1）菜单方式

使用"窗口"→"数据工作期"→"关闭"命令，可关闭表。

2）命令方式

格式：

```
USE
```

功能：关闭当前工作区中的表。

3.2.2 表的显示

1. 表结构的显示
表结构的显示就是列出数据表各字段的名字、类型、宽度等信息。
1）菜单方式
选择"显示"→"表设计器"命令，进入"表设计器"对话框。
2）命令方式
格式：

LIST|DISPLAY STRUCTURE [TO PRINTER [PROMPT]|TO FILE <文件名>]

有关命令子句的含义是：
- 若选择 TO PRINTER 子句，则一边显示一边打印。若包括 PROMPT 命令，则在打印前显示一个对话框，用于设置打印机，包括打印份数、打印的页码等。
- 若选择 TO FILE<文件名>，则在显示的同时将表结构输出到指定的文本文件中。

例 3.3 显示上例学生信息表（student.dbf）的表结构。
在命令窗口输入如下命令：

```
use student.dbf
list stru
```

运行结果（在显示窗口显示）如图 3-18 所示。

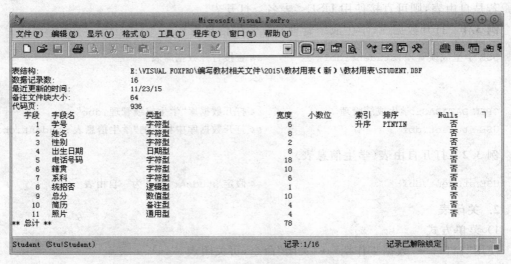

图 3-18 显示学生信息表结构

2. 表记录的显示
介绍表记录显示前，先介绍记录指针的概念。通过 USE<表文件名>命令打开表，就可以通过字段名来引用字段。在 Visual FoxPro 中是用记录的指针来指定记录的。
输入记录时，系统会自动产生一个"记录号"，"记录号"就是记录在表文件中的排序号，通过菜单、鼠标或 GO、SKIP 等命令来改变。使用 USE 命令打开一个表文件时，记录的指针指向第一件记录，当前记录指针停在哪条记录上，该记录就称为"当前记录"。当前指针随着记录指针的改变而改变。

记录的显示可以通过菜单方式和命令方式。

1）菜单方式

通过"显示"菜单中的"浏览"命令显示记录。"浏览"方式一次显示内容较多。显示记录之后可以"显示"菜单中的"编辑"命令来对记录进行编辑。步骤如下：

（1）在命令窗口或通过菜单打开一个表文件。

（2）单击"显示"菜单，选择"浏览"命令（相当于执行 BROWSE 命令），会得到图 3-19 所示界面。

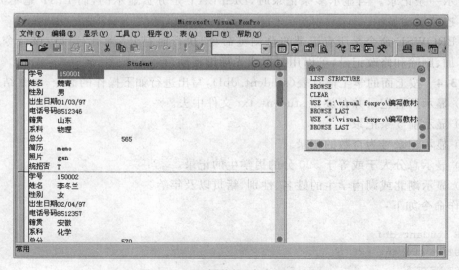

图 3-19　通过"浏览"命令显示记录

（3）在表打开之后，从"显示"菜单中选择"编辑"命令，改变显示方式，如图 3-20 所示。

图 3-20　通过"编辑"命令显示记录

2）命令方式

格式 1：

```
LIST [[FIELDS] <表达式表>] [<范围>] [FOR |[WHILE <条件>]
    [TO PRINTER [PROMPT]|TO FILE <文件名>] [OFF]
```

格式 2：

```
DISPLAY [[FIELDS] <表达式表>] [<范围>] [FOR |WHILE <条件>]
        [TO PRINTER [PROMPT]|TO FILE <文件名>] [OFF]
```

格式 3：

```
BROWSE [[FIELDS]<表达式表>]
```

说明：命令中各子句的含义是：

- FIELDS<表达式表>指定要显示的表达式。表达式可直接使用字段名，也可以是含有字段名的表达式。如果省略 FIELDS 命令，则显示表中所有字段的值。但备注型和通用型字段内容不显示，除非备注型和通用型字段明确地包括在表达式表中。
- 若选定 FOR 子句，则显示满足所给条件的所有记录。若选定 WHILE 子句，则显示直到条件不成立时为止，这时后面即使还有满足条件的记录也不再显示。
- <范围>、FOR 子句和 WHILE 子句用于决定对哪些记录进行操作。如果有 FOR 子句，则默认的范围为 ALL；若有 WHILE 子句，则默认的范围为 REST。
- 选用 OFF 时，表示只显示记录内容而不显示记录号。若省略该项，则同时显示记录号和记录内容。
- TO PRINTER 是将结果送到打印机打印；TO FILE <文件名>是将显示结果送入指定的文件中保存起来。
- LIST 和 DISPLAY 命令的区别是：如果 FOR 子句或 WHILE 子句以及范围全省略，对于 LIST 默认为所有记录，即取 ALL；对于 DISPLAY 默认为当前记录，即显示一条记录。当显示多条记录时，DISPLAY 是分页显示的，而 LIST 是不分页的，连续滚动显示。
- BROWSE 命令是所有记录的总浏览命令，执行时打开"浏览"窗口，该命令可以添加、删除和修改记录，可以用鼠标或光标键移动。

例 3.4 按上面的学生信息表（student. dbf），写出进行如下操作的命令，观察结果。

（1）显示所有记录并存放到 student. txt 文件中去。

（2）显示前 5 条记录。

（3）显示记录号为奇数的记录。

（4）显示总分大于或等于 590 分的男学生的记录。

（5）显示湖北或湖南学生的姓名、性别、籍贯以及年龄。

操作命令如下：

```
USE student.dbf
LIST to student.txt
LIST NEXT 5
```

```
LIST FOR MOD(RECNO( ),2)=1
LIST FOR 总分>=590 AND 性别="男"
LIST 姓名,性别, 籍贯,YEAR(DATE())-YEAR(出生日期) FOR "湖"$籍贯
USE
```

LIST to student. txt 命令的运行结果是在当前的显示窗口显示所有的记录,并在 VFP 默认的目录中生成一个 student. txt 文件,文件的内容如图 3-21 所示。

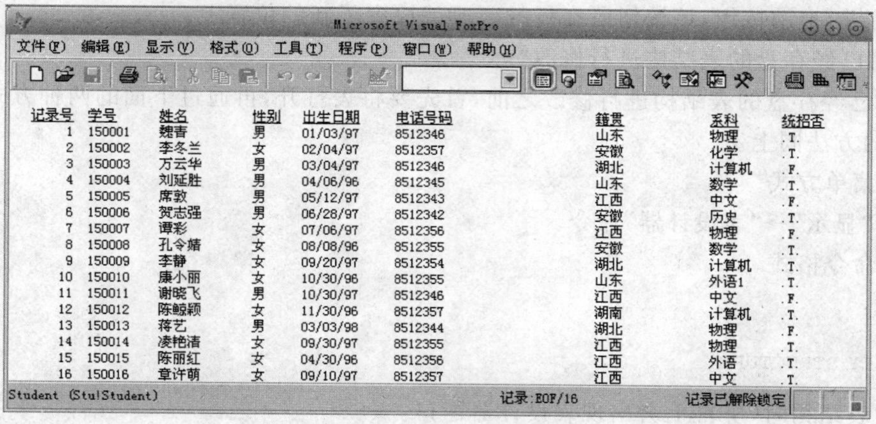

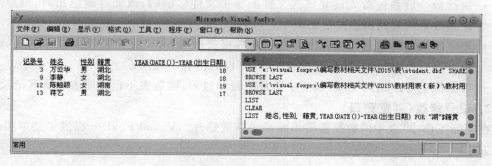

图 3-21　显示学生信息表的记录

"LIST 姓名,性别, 籍贯,YEAR(DATE())−YEAR(出生日期) FOR "湖" $ 籍贯"命令的运行结果如图 3-22 所示。

图 3-22　列出"湖南"和"湖北"的学生

3.2.3　表的修改

1. 结构的修改

1) 在设计时修改表结构

在表设计器中,可以对字段进行定义,以及插入、删除、修改和调整字段的顺序等操作。

- 插入字段。把鼠标指针移到需要插入字段的位置,单击选中字段,再单击"插入"按钮,将在该字段之前插入一个新的字段,输入相关字段信息。插入字段后,原字段后面的字段位置按顺序后移;

- 删除字段。已设置好的字段,随时可以删除,单击要删除的字段,再单击"删除"按钮,该字段就被删除了;
- 更改字段的内容。如要更改字段的信息,直接单击要修改的地方,输入修改后的数据或重新选择;
- 调整字段的顺序。在表设计器字段名的左边,有一排纵向排列的方形按钮,需要调整哪个字段的位置,只要单击该按钮,按钮上将出现一个上下箭头符号,按住鼠标的左键,拖动按钮,该按钮所在行的字段就放到了新的位置上。

2)对已经存盘的表结构进行修改

在对已经存盘的表结构进行修改之前,首先要将表打开,再通过下面的两种方式进行修改,修改的方法同上。

(1)菜单方式。

选择"显示"→"表设计器"命令。

(2)命令格式。

格式:

```
MODIFY STRUCTURE
```

修改表结构时,屏幕上会出现表设计器窗口。

说明:

- 若没有在当前的工作区中打开表,则显示"打开"对话框,允许用户从中选择一个要修改的表;
- 执行命令后系统首先建立该表文件的备份文件(.bak),改完存盘退出时,则原来的记录数据均复制到修改后的表中;
- 把字段从一种数据类型更改为另一种数据类型时,并不完全转换字段的内容,或者根本不转换;如将日期型转为数值型,字段的内容不转换;
- 如果接受对结构的更改,然后中断数据复制过程,则新表不包含原表的所有记录。

2. 记录修改(浏览窗口)

在实际工作中,表中的数据需要不断地更新或修改。Visual FoxPro 提供了菜单和命令两种方式。

1)定制"浏览"窗口

可以重新排列的位置、改变列的宽度、显示或隐藏表格线、把"浏览"窗口拆分为两个窗格。

(1)重新排列,将列标头重新拖到新的位置。或者从"表"菜单中选择"移动字段"命令,然后用光标键移动列,最后按回车键。只是在显示的时候重新排列列的位置,但是并不影响表的结构。

(2)拆分"浏览"窗口。将鼠标指针指向窗口左下角黑色的拆分条,向右拖动拆分条,将"浏览"窗口拆分成两个窗口,可以在其中的任何一处窗口对记录进行"编辑",如图 3-23 所示。

将鼠标指针指向拆分条,拖动拆分条,可以改变窗格的大小。或者从"表"菜单中选择"调整分区大小"命令,然后用光标键移动拆分条。

拆分条

图 3-23 拆分"浏览"窗口

(3) 改变字段显示宽度,在列标头中,将鼠标指针指向两个字段之间的结合点,拖动鼠标调整列的宽度。或者先选定一个字段,然后从"表"菜单中选择"调整字段大小"命令,然后再用左右光标移动列宽,最后按回车键。列宽的调整同样只是显示,对表结构中的字段宽度是不受影响。

(4) 打开或关闭网格线。从"显示"菜单中选择或取消"网格线"命令,可以显示或隐藏"浏览"窗口中各记录之间的网格线。

2) 菜单方式

选择"显示"→"浏览***"或"编辑"命令。

3) 命令方式

格式 1:

BROWSE [FIELDS<字段名 1>[<参数>][,<字段名 2>[<参数>]]…][<范围>] [FOR|WHILE <条件>] [FREEZE <字段名>] [NOAPPEND][LOCK<表达式>][NODELETE][NOEDIT | NOMODIFY] [TITLE<标题字符串>]LAST[]

功能:以窗口方式显示记录,同时还能输入和修改记录。

说明:

(1) [FIELDS <字段名 1>[<参数>][,<字段名 2>[<参数>]]…]子句用于指定在浏览窗口中显示哪些字段。在字段列表中,可以在每一个字段的后面添加若干个参数,这些参数用于对字段做更进一步的控制。

- [:R]用于设置相关字段为只读。
- [:B]定义本字段数据输入范围。
- [:H="字符表达式"]表示将其前的字段用字符表达式代替。

(2) [FREEZE <字段名>]只在指定段范围移动,不可修改。

(3) [NOAPPEND]不能用 Ctrl+Y 键追加记录。

(4) [NODELETE]不能用 Ctrl+T 键删除记录(加删除标志)。

(5) LOCK<表达式>,水平方向翻滚屏幕时,定义屏幕左边不参加滚动的字段数。

（6）TITLE＜标题字符串＞，以＜标题字符串＞指定的标题改写显示于浏览窗口标题栏中的默认表名或别名，否则要浏览的表的名称或别名显示于标题栏中。

（7）LAST：以最后一次的配置浏览。

例 3.5　将学生信息表的学号字段和姓名字段设置为只读，应执行如下命令：

```
USE student.dbf
BROW  FIELD    学号: R, 姓名:R, 性别, 出生日期
```

例 3.6　学生信息表的学号字段和姓名字段分别设置成新的字段标题"studid"和"name"，应执行如下命令：

```
USE  student.dbf
BROW   FIELD    学号: H="studid", 姓名: H="name"
```

例 3.7　将学生信息表的出生日期字段设置成新的字段标题"cs"，另外将浏览窗口标题栏中的表名改为"学生信息"，应执行如下命令：

```
brow fiel 姓名,出生日期=str(year(出生日期),4,0)+"年"+str(mont(出生日期),2,0)+;
"月"+str(day(出生日期),2,0)+"日":h=" cs",入学成绩 titl "学生信息"
```

格式 2：

```
EDIT [FIELDS<字段名 1>][<范围>] [FOR|WHILE <条件>]
CHANGE[FIELDS<字段名 1>][<范围>] [FOR|WHILE <条件>]
```

功能：两条命令的格式、功能是相同的。以竖直编辑窗口显示、编辑与修改改录。

说明：执行命令后，系统打开"编辑"窗口，以竖直格式显示各个字段的内容，此时可对记录内容进行修改，修改过程与输入时的方法相同，修改完毕，按 Ctrl＋W 键存盘退出。

3．成批替换修改

有时对记录数据的修改是有规律的，对这种数据的修改如果仍用 BROWSE 等命令逐个修改就很麻烦，而使用成批替换修改的方法就非常方便。

格式：

```
REPLACE <字段 1> WITH <表达式 1>[ADDITIVE][,<字段 2>WITH <表达式 2> [ADDITIVE]]
[,…][<范围>] FOR |WHILE <条件>]
```

功能：成批修改满足条件的记录，不进入编辑窗口。

说明：

- ＜字段 1＞WITH＜表达式 1＞[ADDITIVE][,＜字段 2＞WITH＜表达式 2＞[ADDITIVE]] [,…]，是指定用＜表达式 1＞的值来代替＜字段 1＞中的数据；是指定用＜表达式 2＞的值来代替＜字段 2＞中的数据；以此类推。
- 若不选择＜范围＞和 FOR 子句或 WHILE 子句，则默认为当前记录。如果选择了 FOR 子句，则＜范围＞默认为 ALL；若选择了 WHILE 子句，则＜范围＞默认为 REST。
- ADDITIVE：只对备注字段有用，把对备注字段的替代内容追加到备注字段的后面，若省略 ADDITIVE，则用表达式的值改写备注字段原有的内容。

例 3.8　写出对学生信息表进行如下操作的命令：

(1) 将山东的学生总分增加 10 分。

(2) 将 10 号记录的出生日期修改为 1996 年 10 月 20 日。

操作命令如下：

```
USE student.dbf
REPLACE  总分  WITH  总分+10  FOR 籍贯="山东"
GO 10                                    && 将记录指针定位到 10 号记录
REPLACE  出生日期  WITH  {^1996-10-20}
```

3.2.4　表记录指针的定位

对于表文件来说，记录指针是一个重要的概念，每个打开的表文件均有一个唯一的记录指针。记录的定位，就是移动记录指针使其指向特定的记录。根据定位的方式，分为绝对定位、相对定位、条件定位和索引定位。

1. 菜单方式

(1) 通过"文件"→"打开"命令打开一个表；

(2) 通过"显示"→"浏览"命令显示表的记录；

(3) 通过"表"→"转至记录"命令，可查看第一个、最后一个、上一个、下一个、记录号和定位信息。

2. 命令的方式

1) 指针绝对定位

绝对定位是将记录指针定位到指定记录。

格式：

```
[GO[TO]] <记录号>|TOP|BOTTOM|<数值表达式>|<整数>
```

功能：将一个已打开的表文件指针移到指定的记录处。

说明：

- 选用 TOP 时，指针定位到首记录；选用 BOTTOM 时，指针定位到末记录上。
- 记录号是指定的记录上。
- <数值表达式>定位到表达式值指定的记录。
- <整数>定位到整数值指定的记录。

例 3.9　绝对定位命令的使用。

```
CLEAR                    && 清除屏幕信息
USE grade.dbf            && 打开成绩表
list
? RECNO()                && 显示当前的记录号：16
GO 8                     && 将记录指针定位到 8 号记录
? RECNO()                && 显示当前的记录号：5
GO BOTTOM                && 将记录指针定位到表尾
? RECNO()                && 显示当前记录号：15
```

运行结果如图 3-24 所示。

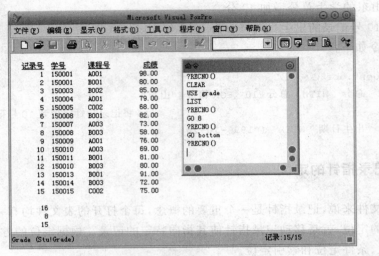

图 3-24　绝对定位命令的使用

2）指针相对定位

相对定位是以当前记录位置为基准，向前或向后移动记录指针。

格式：

SKIP ±<数值表达式>

功能：以当前记录为基准，将记录指针向前或向后移动，移动记录个数由<数值表达式>的值确定，为正时向后移动，为负时向前移动。若省略<数值表达式>，则系统默认表达式值为 1。

例 3.10　相对定位命令的使用。

```
CLEAR                    && 清除屏幕信息
USE course.dbf           && 打开学生信息表
list
? RECNO()                && 显示当前的记录号：10
GO 3                     && 将记录指针定位到 3 号记录
? RECNO()                && 显示当前的记录号：3
SKIP 3                   && 将记录指针向后移 3 条记录
? RECNO()                && 显示当前记录号：6
SKIP -2                  && 将记录指针向前移 2 条记录
? RECNO()                && 显示当前记录号：4
```

运行结果如图 3-25 所示。

3）查询定位

查询定位包括顺序查询和索引查询，这里先介绍顺序查询，索引查询在后面介绍表的索引时介绍。

格式：

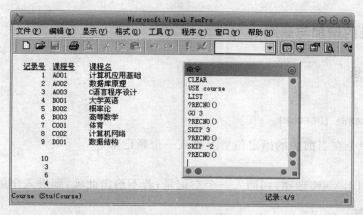

图 3-25 指针相对定位命令的使用

```
LOCAT [<范围>] FOR <条件>|WHILE <条件>
```

功能：查找出所有符合条件的记录并将指针指向第一条符合条件的记录，若要继续，则用 CONTINUE 命令。

说明：若<范围>项省略，则等价于 all，后同。若找到，则 found() 返回.T.，否则返回.F.。

例 3.11 在学生信息表中查询总分小于 600 的女生，显示姓名、总分和年龄。

操作命令如下：

```
USE student.dbf
LOCAT FOR 总分<600 AND 性别="女"
? FOUND()
DISP 姓名,总分,YEAR(DATE())-YEAR(出生日期)
CONTINUE
? RECNO(),姓名,总分,YEAR(DATE())-YEAR(出生日期)
```

结果如图 3-26 所示。

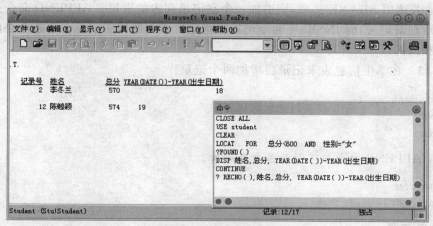

图 3-26 LOCAT 命令的使用

3.2.5 表记录的增加与删除

1. 插入记录

格式：

```
INSERT [BLANK] [BEFORE]
```

功能：该命令在当前表的指定位置上插入一个新记录。

说明：

- 若给出 BLANK 选项，则插入一个空记录；若不给出此项，则进入全屏幕数据记录输入窗口。
- 若给出 BEFORE 选项，则在当前记录的前面插入一个新记录，即插入的新记录成为当前记录，而原来的当前记录及其后面记录的记录号均加 1；若不给出该选项，则在当前记录的后面插入一个新记录。

例 3.12 对学生信息表增加 6 号和 7 号记录。

```
USE student.dbf
GO 6
INSERT BEFORE          && 此时新增加的 6 号记录变成当前记录
INSERT                 && 在 6 号记录之后插入一条新记录，即第 7 号记录
```

2. 追加记录

1）菜单方式

选择"表"→"追加记录"命令。

2）命令方式

格式：

```
APPEND [BLANK]
```

功能：该命令在当前表的末尾追加一个新记录。

说明：若选用 BLANK 选项，则追加一个空记录到表的末尾。APPEND 命令是在当前表的末尾增加新记录，而 INSERT 命令可以在指定位置上增加新记录。两条命令的屏幕操作方式是相同的。

例 3.13 在学生信息表末记录后增加两个记录。

```
USE student.dbf
APPEND
APPEND
```

注意：APPEND 命令与下面两条命令等价。

```
GO  BOTTOM
INSERT
```

3. 删除记录

在 Visual FoxPro 中，有两种意义的删除：一种是物理删除；另一种是逻辑删除。对记

录的删除分两步进行：首先对想要删除的记录加上删除标志(＊)即逻辑删除,并没有真正被删除,需要时仍可以恢复。然后对加了删除标志的记录真正地从表中删除掉,即物理删除。记录一旦被物理删除,是无法恢复的,数据将会永远丢失,因此进行物理删除时一定要慎重。

1) 菜单方式

首先要通过“显示”→“浏览”命令,打开表。

选择“表”→“切换删除标记”命令或按 Ctrl＋T 组合键,可以将当前记录标上删除标记或取消当前记录的删除标记

选择“表”→“删除记录”命令,屏幕上将会出现图 3-27 所示的“删除记录”对话框,在该对话框中输入删除记录的条件,此删除是逻辑删除,而不是物理删除,只是在删除记录前加一个删除标志,若需要时可恢复。

选择“表”→“恢复记录”命令,屏幕上将会出现“恢复记录”对话框,在该对话框中输入恢复记录的条件,恢复后,记录前的标记将不存在。该对话框的操作同“删除”对话框。

选择“表”→“彻底删除”命令后出现是否确认的提示框,如图 3-28 所示。

图 3-27 “删除记录”对话框

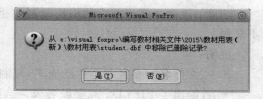

图 3-28 “彻底删除”对话框

2) 命令方式

(1) 给记录加删除标志。

格式：

DELETE [<范围>] [FOR<条件>] [WHILE <条件>]

功能：该命令给指定的记录加上删除标志。若不选择可选项,则仅对当前记录加上删除标志。

(2) 取消删除标记(恢复)。

格式：

RECALL [<范围>] [FOR<条件>] [WHILE<条件>]

该命令取消指定记录上的删除标志,若不选择可选项,则仅取消当前记录的删除标志。

(3) 真正删除记录。

格式：

PACK

功能：该命令清除所有带删除标志的记录。

例 3.14 删除学生表中 4～8 之间的全部记录。

```
USE  学生
GO 4
DELETE NEXT 5
PACK
```

（4）删除全部记录。

格式：

```
ZAP
```

功能：该命令删除当前表的全部记录，只留下表结构。

3.2.6　表的复制

1. 复制表的结构

格式：

```
COPY STRUCTURE TO <文件名>[FIELDS <字段名表>]
```

功能：该命令将当前表的结构复制到指定的表中。仅复制当前表的结构，其记录数据不复制。

说明：

- <文件名>是复制产生的表名，复制后只有结构而无任何记录。
- 若给出了 FIELDS <字段名表>选项，则生成的空表文件中只含有<字段名表>中给出的字段，若省略此项，则复制的空表文件的结构和当前表相同。

2. 复制表

格式：

```
COPY TO <文件名>[FIELDS] <字段名表>[<范围>] [FOR<条件>] [WHILE <条件>] [[TYPE] SDF
|DELIMITED|XLS] [WITH <定界符>|BLANK]
```

功能：该命令将当前表中的数据与结构同时复制到指定的表中，即复制了一个新的表。此命令还可以将当前表复制生成一个其他格式的数据文件。

说明：

- <文件名>表示复制后产生的新的文件名。
- 若选择了 FIELDS<字段名表>，则将<字段名表>中给出的部分字段的数据复制到指定的文件中；若省略此项，则等价于当前表的全部字段。字段名表中还可包含有其他工作区表的字段。
- <范围>和 FOR<条件>、WHILE<条件>决定了对哪些记录进行复制。若省略这些子句，则复制当前表的所有记录。
- 复制含有备注型字段的表时，如果指定要复制该备注型字段，则在复制表的同时，复制相应的备注文件。
- 若选择了 SDF 或 DELIMITED，则将当前表复制成指定的文本文件，默认扩展名为TXT。其格式由 SDF 和 DELIMITED 决定。SDF 为标准格式，记录定长，不用分隔符和定界符,每个记录均从头部开始存放,均以回车符结束。

- DELIMITED 为通用格式,记录不等长,每个记录均以回车符结束。
- 若选用 BLANK,字段之间用一个空格分隔,否则用一个逗号分隔。
- 若选用<定界符>,则字符型数据用指定的<定界符>括起来,否则用双引号括起来。
- 若选择了 XLS,则得到一个 Excel 文件,该文件只能在 Excel 中打开。

例 3.15　对学生信息表进行复制操作,将总分大于 600 分的记录复制到 student_1.dbf 中。

操作命令如下:

```
USE  student.dbf
COPY  TO  student_1  FOR  总分>600
USE  student_1                       && 查看新表的记录
LIST
USE
```

3. 从其他文件向表添加数据

格式:

```
APPEND FROM <文件名>[FIELDS <字段名表>][FOR |WHILE <条件>] [[TYPE]
<文件类型>]
```

功能:该命令将指定文件(源文件)中的数据添加到当前表的尾部。

说明:

- <文件名>说明从哪个文件读取添加数据,即源文件的名字。若没有给出扩展名,则系统认定为 dbf。
- 若给出 FIELDS<字段名表>选项,则数据只添加到在<字段名表>中说明的字段。FOR<条件>或 WHILE<条件>是对源文件记录的限制。
- <文件类型>选 SDF 或 DELIMITED,取决于源文件的格式。
- 要注意源文件中的数据与当前表字段类型、顺序和长度要匹配。

4. 表与数组间的数据传送

指可将表的记录数据传送到数组中而成为数组元素,反过来也可以将数组元素值传送到表而成为记录数据。

1) 将表的记录数据传送到数组

格式:

```
SCATTER [FIELDS <字段名表>] TO <数组名>[MEMO]
```

功能:命令按顺序将当前表当前记录指定字段的内容依次存入数组。第一个字段存入数组的第一个元素中,第二个字段存入数组的第二个元素中,以此类推。

例 3.16　分析下列命令执行后,数组元素值的变化。

```
CLEAR MEMORY
USE student.dbf
```

```
DIMENSION y(5)
STORE 7654 TO y(5)
LIST MEMORY LIKE y?                          && 结果如图 3-29(a)所示
GO 4
SCATTER FIELDS 姓名,出生日期,电话号码,籍贯 TO y
LIST MEMORY LIKE y?                          && 结果如图 3-29(b)所示
```

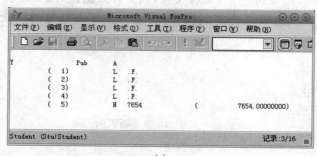

(a)

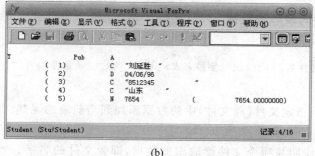

(b)

图 3-29 将表中的数据传送到数组结果

2）将数组数据传送到表记录

格式：

GATHER FROM <数组名>[FIELDS <字段名表>] [MEMO]

功能：命令将数组中的数据作为一个记录传送到当前打开的表中的当前记录。

说明：如果指定 FIELDS <字段名表>短语，则只向指定的字段添加数据，其他字段为空。如果未指定 FIELDS <字段名表>短语，则按字段顺序添加数据。当省略 MEMO 选项时将忽略备注型字段。如果数组元素个数少于指定字段个数，则多余的字段为空；如果数组元素个数多于指定字段个数，则忽略多余的数组元素。当数组元素的数据类型与表相应字段类型不同且不兼容（如数值型数组元素仍能被传送到字符型字段之中，它们虽类型不同却是兼容的）时，该字段将自动被初始化为空值。字符型与数值型的默认空值分别是空格与0，日期型与逻辑型的默认空值为{//}与.F.。

例 3.17 通过数组 y 向学生信息表添加记录。

```
USE student.dbf
APPE BLAN
```

```
DIMENSION y(5)
Y(1)='100100'
STORE "赵小芳" TO y(2)
y(3)="女"
y(4)={^1994-07-23}
STORE .T. TO y(5)
GATHER FROM y
GO BOTT
DISP
```

运行结果如图 3-30 所示。

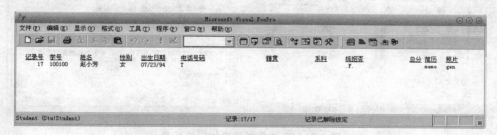

图 3-30　将数组数据传送到表记录结果

3）把表的一批记录同时复制到数组

格式：

`COPY TO ARRAY <数组名>[FIELDS] <字段名表>][<范围>] [FOR<条件>] [WHILE<条件>]`

功能：命令将当前表指定记录中指定字段的数据复制到指定的数组之中。

说明：若可选项都省略，则复制除备注型字段以外的全部记录数据。命令中指定的数组如不存在，Visual FoxPro 会根据需要自动建立此数组，若数组已事先定义好，则该命令将不会自动调整数组的大小以满足要求。可以复制表的单个记录的数据到一个一维数组中，但与 SCATTER 命令不同的是该命令不能把备注型字段的数据复制到数据中。

4）从数组向表添加记录

格式：

`APPEND FROM ARRAY <数组名>[FOR<条件>] [FIELDS <字段名表>]`

功能：命令将满足条件的数组行的数据按记录形式依次添加到当前表中，但它忽略备注型字段。

说明：若选择 FIELDS 子句，则在添加记录时只向其中列出的字段传送数据。命令中指定的数组可以是一维或二维，一维数组一次向表添加一个记录；而二维数组的每一行将添加到表成为一个新记录，所以二维数组的行数即为所添加的新记录个数。若数组所具的列数多于表的字段数，这些多余列的数组元素将被忽略；反过来，若表的字段数多于数组的列数，则多出来的字段被自动赋以空值。类似于单个记录与数组间的数据传送，当数组元素的数据类型与表相应字段类型不同且不兼容时，该字段将自动被赋予空值。

例 3.18　分析下列命令执行后，new.dbf 的内容。

```
USE student.dbf
DIMENSION y(4,5)
COPY TO ARRAY y FOR AT("湖",籍贯)>0 FIEL 学号,姓名,籍贯,性别,总分
COPY STRU TO new FIEL 学号,姓名,籍贯,性别,总分
USE new
APPE FROM ARRA y
LIST
```

运行结果如图 3-31 所示。

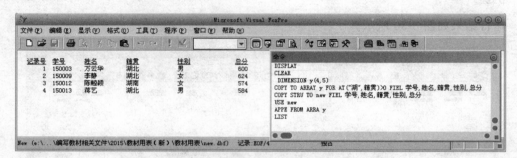

图 3-31   表的复制并追加记录结果

3.3 排序与索引

一般情况下,表中记录是按其输入先后顺序实际存放和操作处理的。有时需要将记录按照一定的顺序重新组织,即将无序的表变成有序的。为此,Visual FoxPro 提供了可对表文件进行物理和逻辑排序的两种方式——排序和索引。

排序的结果是生成一个与原表内容相同,记录的物理排列顺序不同的新表。虽然重新组织了数据记录,但是造成大量的数据冗余。

索引不改变原表文件中记录的物理顺序,而是按某个关键字建立一种对应关系,达到重新组织数据记录的目的。

3.3.1 排序

1. 排序的概念

"排序"是将已建立好的表记录按某一关键字规定的顺序重新排列,产生一个新的表文件,是对表中的记录进行物理排序。这个新的表文件内容可与原来的表文件完全相同,也可以是原来表文件的一部分。"关键字"是用作排序的字段,其类型不能为备注型和通用型。数据从小到大排序称为"升序",反之称为"降序"。若是字符型数据,则按其内部代码的值论大小(ASCII 码)。

2. 排序命令(SORT)

格式:

SORT TO <新表文件名> ON <字段名 1> [[/A|/D] [/C]] [,<字段名 2> [/A|/D] [/C]…]
[ASCENDING|DESCENDING] [<范围>] [FOR|WHILE <条件>] [FIELDS <字段名表>]

功能：将当前表中记录按给定的字段名值由大到小或由小到大的顺序对当前表文件重新排列，并生成一个新的表文件存放排序后的记录。

说明：

- 新文件的默认扩展名为.dbf。
- 若有多个排序字段，先按命令中的<字段名 1>的值进行排序，若<字段名 1>的值相同再按<字段名 2>进行排序，以此类推。其中<字段名 1>为主关键字，这种排序也称为多重排序。
- /A 表示升序，/D 表示降序，默认为升序。/C 表示排序时字母不分大小写（应用于字符型字段），若/C 和/D 或/A 结合起来用时，应写成/AC 或/DC。
- <范围>用于限定 SORT 命令的作用范围，若省略<范围>，则相当于 ALL。
- 若有 FIELDS 项，则生成的新表文件中只含<字段名表>中的字段；若省略，则新表文件的结构与原表文件相同。
- SORT 命令尽管生成了新的排序文件，但原来的表文件依然存在，只是排序文件中的记录的顺序不同。
- 带有删除标记的记录是不参与排序的，显示时原表中还有此记录，但是排序后新表文件中此记录是不存在的。
- ASCENDING 将所有不带/D 的字段指定为升序排列。
- DESCENDING 将所有不带/A 的字段指定为降序排列。如果省略 ASCENDING 或 DESCENDING 参数，则排序顺序默认为升序。

例 3.19　打开学生信息表，显示总分最高的 8 名学生的记录。

```
use student.dbf
Sort on 总分/A  to stu
use stu
List next 8
```

运行结果如图 3-32 所示。

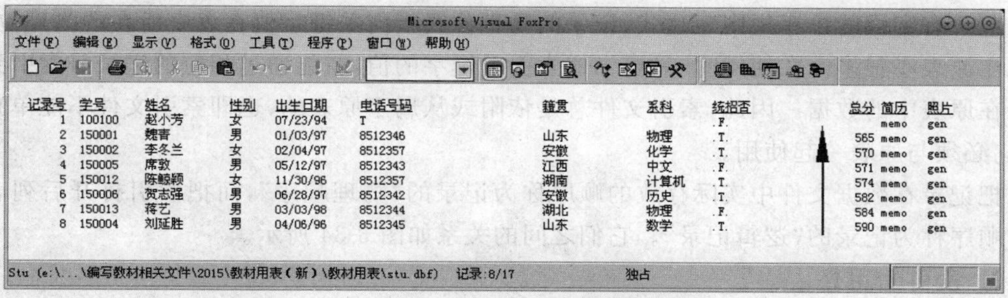

图 3-32　student 表按总分升序排序结果

例 3.20　把 student.dbf 表按总分（升序）、性别和姓名（降序）排列，保存在 stud1.dbf 中。

```
use student.dbf
Sort to stud1 on 总分/a,性别/d ,姓名/d
use stud1
brow
```

运行结果如图 3-33 所示。

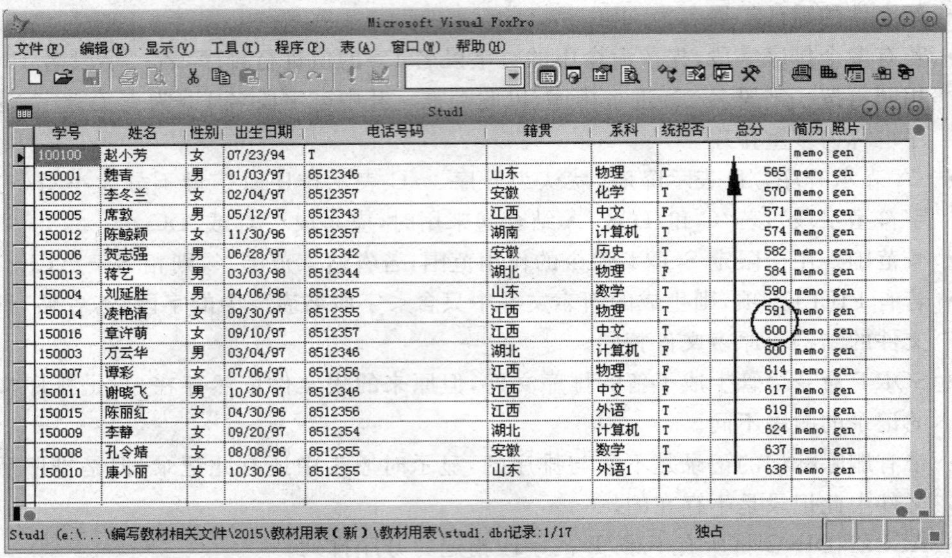

学号	姓名	性别	出生日期	电话号码	籍贯	系科	统招否	总分	简历	照片
100100	赵小芳	女	07/23/94	T					memo	gen
150001	魏吉	男	01/03/97	8512346	山东	物理	T	565	memo	gen
150002	李冬兰	女	02/04/97	8512357	安徽	化学	T	570	memo	gen
150005	席敦	男	05/12/97	8512343	江西	中文	F	571	memo	gen
150012	陈鲸颖	女	11/30/96	8512357	湖南	计算机	T	574	memo	gen
150006	贺志强	男	06/28/97	8512342	安徽	历史	T	582	memo	gen
150013	蒋艺	男	03/03/98	8512344	湖北	物理	F	584	memo	gen
150004	刘延胜	男	04/06/96	8512345	山东	数学	T	590	memo	gen
150014	凌艳清	女	09/30/97	8512355	江西	物理	T	591	memo	gen
150016	章许萌	女	09/10/97	8512357	江西	中文	T	600	memo	gen
150003	万云华	男	03/04/97	8512346	湖北	计算机	F	600	memo	gen
150007	谭彩	女	07/06/97	8512356	江西	物理	F	614	memo	gen
150011	谢晓飞	男	10/30/97	8512346	江西	中文	F	617	memo	gen
150015	陈丽红	女	04/30/96	8512356	江西	外语	T	619	memo	gen
150009	李静	女	09/20/97	8512354	湖北	计算机	T	624	memo	gen
150008	孔令婧	女	08/08/96	8512355	安徽	数学	T	637	memo	gen
150010	康小丽	女	10/30/96	8512355	山东	外语1	T	638	memo	gen

图 3-33　student 表多字段排序结果

3.3.2　索引

1. 索引的概念

建立索引(INDEX)是指对表中的记录进行逻辑排序,即另外建立一个索引关键表达式值与记录号之间的对照表,这个对照表就是索引文件。

索引文件是一个二维表,其中仅有两列数据:关键字值和记录号的物理位置。关键字值是包含有字段的排序规则表达式,记录的物理位置指向关键字值在表中所在的物理位置,因此比原表小很多。在使用时,只要知道索引关键字的值,就能通过相应的记录号索引到该记录在原表中的数据。因此,索引文件总是依附或从属于原表的,也即索引文件不能单独使用,它必须与原表一起使用。

把记录在数据文件中实际存放的顺序称为记录的"物理顺序",而把索引打开后列表显示的顺序称为记录的"逻辑记录"。它们之间的关系如图 3-34 所示。

2. 索引的用处

- 为数据表中的记录建立排序顺序,当查询、打印和显示记录数据时,便会按照索引的顺序来处理。
- 根据主索引或候选索引的唯一特性,可以避免数据的重复输入。
- 建立数据表间的关系,因为要建立数据表之间的关系,必须利用索引关键字作为关

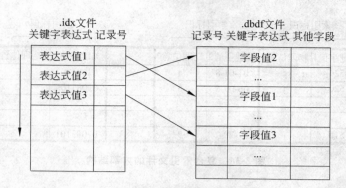

图 3-34　索引文件与原文件关系

联字才行。

- 建立索引以后,使数据查询变得更快速。

注意:

- 索引并未改变表中记录的物理位置,仅仅改变了表中记录的逻辑排序。但是,当用户将建立好的索引文件打开以后,记录的显示顺序或读取处理记录的顺序将会按照索引文件排列的记录顺序进行。这大大提高了记录的检索速度。
- 索引文建立后,要打开才能起作用;另外打开已存在的索引文件时,必须打开与之相对应的表文件,才能检索记录。
- 可以为一个表同时建立多个索引文件,每个索引文件表示处理记录的不同顺序。

3. 索引文件的种类

索引文件分为两类:单索引文件(.IDX)和复合索引文件(.CDX)。其中复合索引文件又分为结构复合索引(与原文件同名)和非结构复合索引(与原文件不同名)。

1) 单索引文件

单一索引文件的内部结构如图 3-35 所示。单一索引文件的扩展名为.idx。

2) 复合索引文件

复合索引文件的扩展名为.CDX,复合索引文件的内部结构如图 3-36 所示。从图中可以看到,复合索引文件可以由多个关键字值和其对应的多个物理位置构成,每一个关键字值和其对应的物理位置构成了一个索引"标识",在复合索引文件中,每一个索引标识等价于一个独立索引文件。也即是复合索引文件等价于多个独立的索引文件。

关键字值	记录的物理位置
502	4
508	6
…	…
524	3
526	5

图 3-35　单一索引文件的内部结构

注意:结构复合索引文件的文件名称与相关的表同名,另外结构复合索引文件将随着相关表的打开而自动打开。

非结构复合索引文件的文件名称与相关的表不同名,另外非结构复合索引文件不会随着相关表的打开而自动打开,要由用户自行打开。

索引标识		索引标识			索引标识n	
关键字值1	物理位置1	关键字值2	物理位置2	…	关键字值n	物理位置n
526	5	01-01-8	4		02083103	3
520	3	06-09-8	5		02083106	2
…	…	…	…		…	…
510	1	11-28-7	3		03083101	1

图 3-36　复合索引文件的内部结构

4. 索引文件的类型

可以在表设计器中定义索引，Visual FoxPro 中的索引分为主索引、候选索引、唯一索引和普通索引 4 种。下面详细介绍几个基本概念。

(1) 索引关键字(索引表达式)：用来建立的一个字段或字段表达式。

注意：*用多个字段建立索引表达式时，表达式的计算结果将影响索引的结果；不同类型字段构成一个表达式时，必须转换数据类型。*

(2) 索引标识(索引名)：即索引关键字的名称，用户命名，但必须以下画线、字母或汉字开头，且不可超过 10 个字。

(3) 主索引：不允许在指定字段和表达式中出现重复值和空值的索引。只有数据库表才能建立。一个数据库表只能建立一个主索引。

(4) 候选索引：与主索引特性相同，不允许在指定字段和表达式中出现重复值和空值的索引。一个表可以建立多个候选索引。若数据库表无主索引时，可以指定一个候选索引为主索引。不只是数据库表，自由表同样可以建立候选索引。

(5) 唯一索引：在指定字段和表达式中可以出现重复值的索引。但在索引文件中仅出现重复值的第一条记录，可以建多个唯一索引。

(6) 普通索引：允许索引字段值重复出现，可作为“一对多”关系中的“多方”(子表)。

说明：

- 主索引和候选索引只能存储在.cdx 结构复合索引文件中，与表文件同时打开和关闭，但是普通索引和唯一索引可存储在.cdx 非结构复合索引文件和.idx 单索引文件中。
- 当一个表是数据库表时，才可对其建立主索引，且主索引个数只能是一个。根据实体完整性要求，不允许主索引关键字有重复值和空值，以保证主索引关键字的值是唯一的和确定的。
- 当一个表是自由表可选择索引类型为普通索引、候选索引和唯一索引。三者的区别是：普通索引关键字允许重复值，一个表可建立多个普通索引；候选索引关键字不允许重复值，必须保证数据唯一；唯一索引关键字输入时允许重复值，但输出时不允许重复值，即对于重复值的记录只选其中一个记录输出。

5. 索引操作

索引的操作主要是指建立、插入和删除等，可以通过表设计器和命令方式进行。

1）菜单方式

在表设计器中通过直观的操作来建立索引（只能是结构复合索引文件），步骤如下：

（1）以独占的方式打开数据库表 student.dbf，选择"显示"→"表设计器"命令；

（2）选中"索引"选项卡，在其中依次输入或选择索引名、索引类型、索引表达式和筛选条件，如图 3-37 所示。

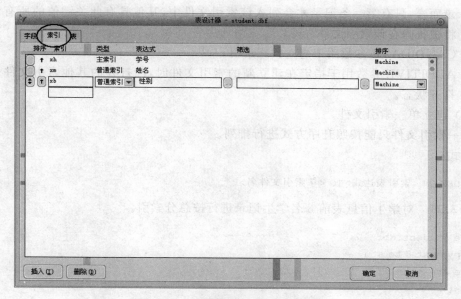

图 3-37 "表设计器"的"索引"选项卡

说明：

- 排序：指定索引是升序还是降序，↑代表升序，↓代表降序。其中西文字符按其 ASCII 码的值来比较大小，汉字等其他字符串按其内码来比较大小；
- 索引：索引的标识名，用户可以按自己的意愿来取名；
- 表达式：即索引表达式，可以包含一个字段，也可以是多个字段的组合。如姓名＋DTOC(出生日期)，表达的是按"姓名"索引，若有同名的则按"出生日期"索引。
- 筛选：是一个逻辑表达式，相当于命令中的 FOR 条件。结果是索引表达式只对满足条件的记录作索引，不满足条件的记录不会作索引。

2）命令方式

格式：

INDEX ON <索引表达式>TO <单索引文件名>TAG <索引标识名> [OF <复合索引文件名>][FOR <条件>][COMPACT] [ASCENDING|DESCENDING] [UNIQUE][CANDIDATE][ADDITIVE]

功能：对当前表建立一个索引文件或增加索引标识。

说明：

- 若给出 TO<单索引文件名>子句，则建立一个单索引文件。
- 若给出 TAG<索引标识>[OF<复合索引文件名>]，则建立一个复合索引文件，或为已建立并打开的复合索引文件增加索引标识。

- OF<复合索引文件名>选项用于指定非结构复合索引文件的名字,省略此选项时,表示建立结构复合索引文件。
- ASCENDING|DESCENDING 参数用于指定复合索引文件的某一索引标识是按照升序(ASCENDING)还是降序(DESCENDING)方式进行排列。
- UNIQUE 参数用于建立唯一索引。也就是说,对于拥有相同关键键值的若干条记录而言,只有第一条记录才会列入该索引文件中,其他具有此关键值的所有记录都将被排除在该索引文件之外。
- CANDIDATE 参数用于建立候选索引。
- ADDITIVE 参数用于指定在建立新的索引文件时,已打开的其他索引文件仍保持打开状态。

(1) 建立单一索引文件。

单一索引文件只能按照升序方式进行排列。

格式:

INDEX ON <索引表达式>TO <单索引文件名>

例 3.21 对学生信息表前 8 名学生记录进行按总分索引。

```
use student.dbf
copy next 8 to stu
use stu
list
INDEX ON  总分  to  sy
List
```

运行结果如图 3-38 所示。

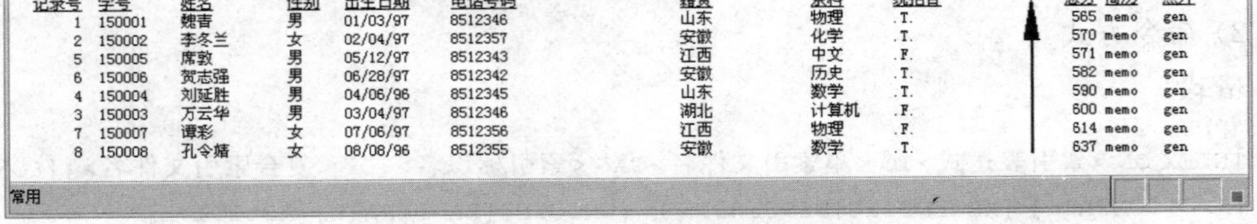

图 3-38　stu 表按总分单索引结果

(2) 建立结构复合索引文件。

格式:

INDEX ON <索引表达式>Tag <索引标识名>

例 3.22　就学生信息表建立结构复合索引文件。

① 按姓名的升序排列，不允许有姓名相同的记录，索引标识是 sy1。

```
use  stu.dbf
INDEX ON  姓名  Tag  sy1  Unique
brow
```

运行结果如图 3-39 所示。

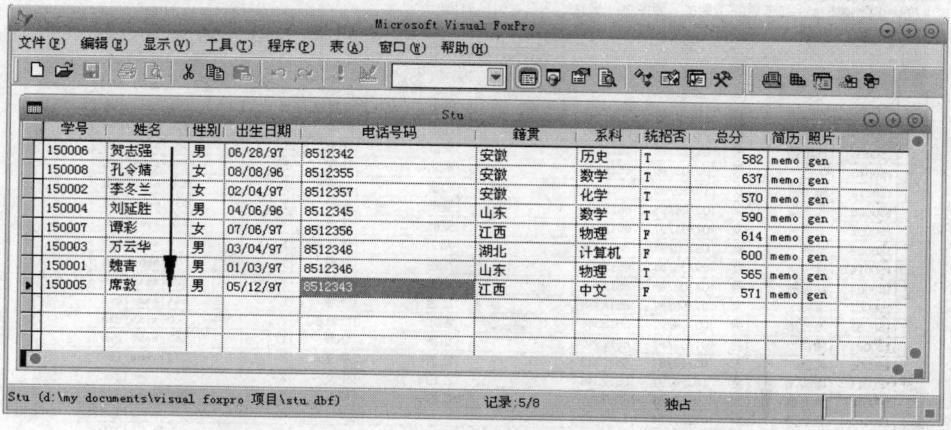

学号	姓名	性别	出生日期	电话号码	籍贯	系科	统招否	总分	简历	照片
150006	贺志强	男	06/28/97	8512342	安徽	历史	T	582	memo	gen
150008	孔令婧	女	08/08/96	8512355	安徽	数学	T	637	memo	gen
150002	李冬兰	女	02/04/97	8512357	安徽	化学	T	570	memo	gen
150004	刘延胜	男	04/06/96	8512345	山东	数学	T	590	memo	gen
150007	谭彩	女	07/06/97	8512356	江西	物理	F	614	memo	gen
150003	万云华	男	03/04/97	8512346	湖北	计算机	F	600	memo	gen
150001	魏青	男	01/03/97	8512346	山东	物理	T	565	memo	gen
150005	席敦	男	05/12/97	8512343	江西	中文	F	571	memo	gen

图 3-39　stu 表按姓名单索引结果

② 先按性别升序，性别相同再按总分降序排列，索引标识是 sy2。

```
index  on  性别+STR(1000-总分) tag  sy2
brow
```

运行结果如图 3-40 所示。

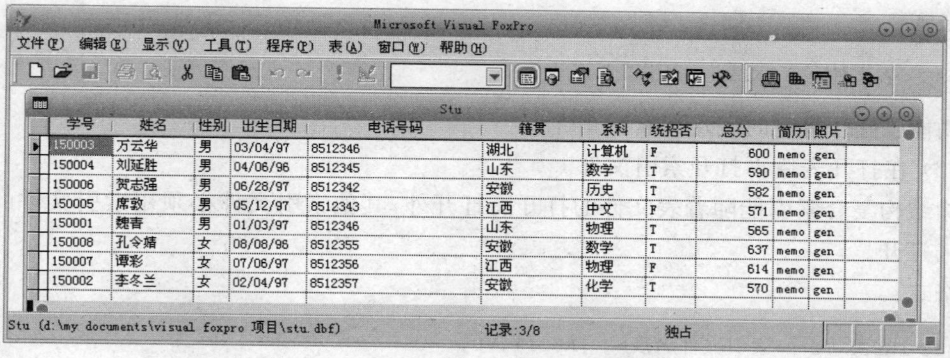

学号	姓名	性别	出生日期	电话号码	籍贯	系科	统招否	总分	简历	照片
150003	万云华	男	03/04/97	8512346	湖北	计算机	F	600	memo	gen
150004	刘延胜	男	04/06/96	8512345	山东	数学	T	590	memo	gen
150006	贺志强	男	06/28/97	8512342	安徽	历史	T	582	memo	gen
150005	席敦	男	05/12/97	8512343	江西	中文	F	571	memo	gen
150001	魏青	男	01/03/97	8512346	山东	物理	T	565	memo	gen
150008	孔令婧	女	08/08/96	8512355	安徽	数学	T	637	memo	gen
150007	谭彩	女	07/06/97	8512356	江西	物理	F	614	memo	gen
150002	李冬兰	女	02/04/97	8512357	安徽	化学	T	570	memo	gen

图 3-40　stu 表按性别和总分结构复合索引结果

(3) 建立非结构复合索引文件。

格式：

```
INDEX ON <索引表达式>Tag <索引标识名>
                    OF <复合索引文件名>
```

例 3.23 对学生信息表按姓名建立非结构复合索引文件 scxh.CDX，索引标识为 xh。

```
use student.dbf
index on 姓名 tag xh of scxh
list
```

运行结果如图 3-41 所示。

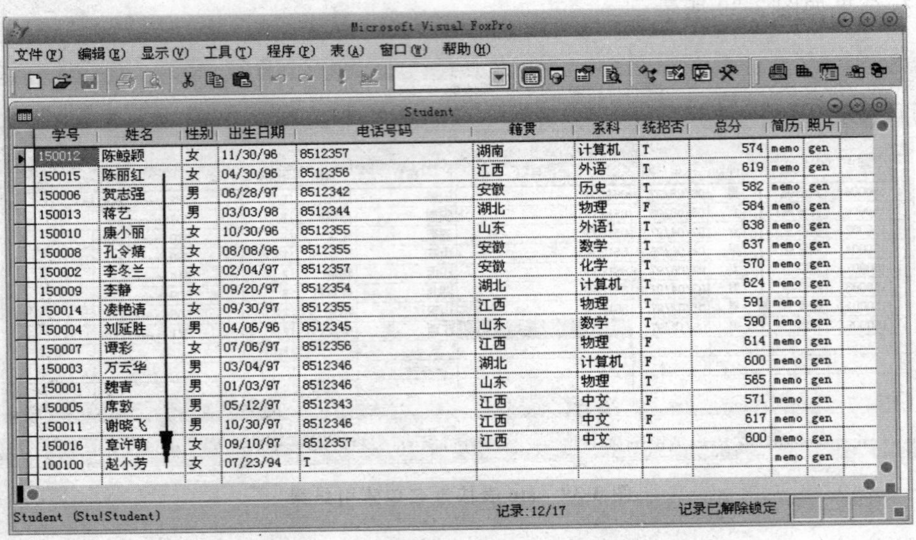

学号	姓名	性别	出生日期	电话号码	籍贯	系科	统招否	总分	简历	照片
150012	陈鲸颖	女	11/30/96	8512357	湖南	计算机	T	574	memo	gen
150015	陈丽红	女	04/30/96	8512356	江西	外语	T	619	memo	gen
150006	贺志强	男	06/28/97	8512342	安徽	历史	T	582	memo	gen
150013	蒋艺	男	03/03/98	8512344	湖北	物理	F	584	memo	gen
150010	康小丽	女	10/30/96	8512355	山东	外语1	T	638	memo	gen
150008	孔令婧	女	08/08/96	8512355	安徽	数学	T	637	memo	gen
150002	李冬兰	女	02/04/97	8512357	安徽	化学	T	570	memo	gen
150009	李静	女	09/20/97	8512354	湖北	计算机	T	624	memo	gen
150014	凌艳清	女	09/30/97	8512355	江西	物理	T	591	memo	gen
150004	刘延胜	男	04/06/96	8512345	山东	数学	T	590	memo	gen
150007	谭彩	女	07/06/97	8512356	江西	物理	F	614	memo	gen
150003	万云华	男	03/04/97	8512346	湖北	计算机	F	600	memo	gen
150001	魏青	男	01/03/97	8512346	山东	物理	T	565	memo	gen
150005	席敦	男	05/12/97	8512343	江西	中文	F	571	memo	gen
150011	谢晓飞	男	10/30/97	8512346	江西	中文	F	617	memo	gen
150016	章许萌	女	09/10/97	8512357	江西	中文	T	600	memo	gen
100100	赵小芳	女	07/23/94	T					memo	gen

图 3-41 student 表按姓名建立非结构复合索引结果

6. 索引文件的使用

1）打开索引文件

(1) 打开表文件的同时打开索引文件。

格式：

```
USE <表文件名> INDEX <索引文件名表>
```

功能：打开指定的表及其索引文件。

(2) 在打开表后再打开索引文件。

除结构复合索引能随着表文件的打开而打开外，其他索引文件必须用索引文件的打开命令来打开。

格式：

```
SET INDEX TO [<索引文件名表>] [ADDITIVE]
```

功能：在已打开表文件的前提下，打开指定的索引文件。

2）确定主控索引

假设表和索引已经打开，确定主控索引。

格式：

```
SET ORDER TO [ <索引文件顺序号>|<单索引文件名>] [TAG] <索引标记名> [OF <复合索引文件>]
```

功能：指定表的主控索引文件或主控索引标识。

说明：

- 命令 SET ORDER TO 可以取消主控索引。
- Go 命令，指针指向具体的记录号，与索引无关。
- Skip 命令，按逻辑顺序移动指针，与索引有关。

注意：已索引的表文件和未索引的表文件，记录号与记录指针有一些差别。

- 未索引的表文件：GO TOP 等价于 GO 1。
- 已索引的表文件：访问表不再是物理顺序，而是按关键字建立的记录的逻辑顺序。表打开，指针自动指向 TOP，是将记录指针指向逻辑第一条记录，而不是记录号为 1 的记录。

3）关闭索引文件

若将表文件关闭，则同一工作区中所有已打开的索引文件也随之关闭。另外，还可以通过下列关闭索引文件的命令：

格式 1：

```
SET INDEX TO
```

格式 2：

```
CLOSE INDEX
```

功能：关闭当前工作区中除结构复合索引文件外的所有索引文件。

4）删除索引

（1）删除索引文件

若用索引文件命令来删除索引文件，须遵循先关闭、后删除的原则。

格式：

```
DELETE file <索引文件名>
```

功能：删除打开的单索引文件。

（2）删除索引标识

格式：

```
DELETE TAG ALL|<索引标识名表>
```

功能：删除打开的复合索引文件的所有（或指定）索引标识。

5）索引的更新

- 自动更新：前提是必须打开与表文件有关的全部索引。
- 重新索引：打开表文件未打开相应索引文件，对表记录进行追加、删除、修改等操作时，不能自动调整相应索引文件。此时需要重新索引。

格式：

```
REINDEX
```

6）索引查询定位

在当前表中，按已确定的主索引文件关键字来查询与指定表达式值相匹配的第一条记录,找到后将记录指针定位于该记录。

(1) 格式:

SEEK <表达式>

功能:在已打开索引的表文件中快速查找关键字值与<表达式>值相匹配的第一个记录。

说明:

- <表达式>是指定 SEEK 搜索的索引关键字表达式,可查找除 M、G 之外的类型数据。
- 只在索引过的表中使用,并且只能对索引关键字进行查询。
- 当表中有多个符合条件的记录时,指针定位在第一个,用 SKIP 定位到下一个。
- 如果找到,则 RECNO() 返回匹配记录的记录号,FOUNT() 返回.T.,EOF() 返回.F.。
- 相关函数的说明:

当检索到时,FOUNT() 为.T.,否则为.F.。

当记录指针位于第一个记录的前一个位置时,则 BOF 为.T.,否则为.F.。

当记录指针位于最后一个记录的后一个位置时,则 EOF() 为.T.,否则为.F.;则 FOUNT() 为.F.,否则为.T.。

(2) 格式:

FIND <字符串常量>|<数值常量>

功能:在一个已建立了索引文件的当前表文件中,查找关键字值与命令行中的<字符串常量>|<数值常量>相匹配的第一个记录,若找到,就停止,并将记录指针指向该记录;若没有符合条件的记录,则当前指针指向最后一个记录的后面。

说明:

- 此命令只能对索引关键字进行查询,且必须在索引文件打开之后使用。
- FIND 后只能跟 C 型或 N 型的关键字常量。
- 当表中有多个符合条件的记录时,指针定位在第一个,用 SKIP 定位到下一个。

例 3.24 SEEK 命令的应用。

```
use student.dbf
Index on 系科 tag 系科 of stu1.cdx
Index on 出生日期 tag 出生日期 of stu1.cdx    && 按出生日期和系科建立复合索引 stu1.cdx
Set order to 出生日期                        && 设置"出生日期"的索引为主控制索引
X={^1998.03.03}
SEEK x
Disp
Set order to 系科
SEEK "数学"
Disp                        && 显示符合条件的第一条记录,若要查看其他记录,可以输入命令 skip
```

运行结果如图 3-42 所示。

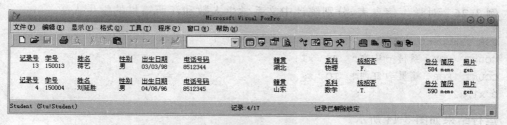

图 3-42　student 表按出生日期和系科建立复合索引的 SEEK 检索结果

例 3.25 FIND 命令的应用(同上建立索引)。

```
Index on 总分 tag 总分 of stu1.cdx
Set order to 总分
FIND 591
Display
Set order to 系科
FIND "中文"
Display
```

运行结果如图 3-43 所示。

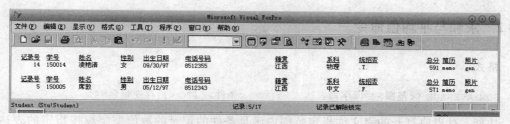

图 3-43　student 表按出生日期、系科和总分建立复合索引的 FIND 检索结果

3.4　表的统计与计算

3.4.1　统计记录个数命令

格式:

COUNT [<范围>][FOR <条件>][TO <内存变量名>]

功能:统计当前打开的表文件在指定范围内满足条件的记录个数。

说明:

- <范围>默认指 ALL。
- TO<内存变量名>选项表示把符合条件的记录个数保存到内存变量中去,不指定内存变量时,结果显示在屏幕上。
- 函数 RECCOUNT()是返回当前表中的记录总数。

例 3.26　对学生信息表,分别统计中文系学生人数和江西籍贯的学生人数。

```
USE  student.dbf
COUNT  FOR  系科="中文"  TO  x1
COUNT  FOR  籍贯="江西"  TO  x2
? x1,x2
```

运行结果如图 3-44 所示。

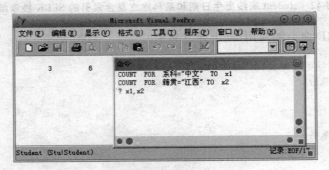

图 3-44　COUNT 命令的使用

3.4.2　求和与平均值命令

格式:

SUM|AVERAGE [<范围>] [<字段表达式>][FOR <条件>][TO <内存变量名>]

功能:对当前打开的表文件指定范围内满足条件的记录的数值型字段按指定的表达式求和或平均值,并把结果一一对应地分别赋给指定的内存变量。

例 3.27　对学生信息表,求女学生的总分与平均分,求全体学生的平均年龄。

```
use student.dbf
SUM ALL 总分 to zf  FOR  性别="女"
count to n for 性别="女"
store zf/n to aver
? aver
AVER ALL 总分 to av for 性别="女"
? av
AVER YEAR(DATE())-YEAR(出生日期) TO y
? y
```

运行结果如图 3-45 所示。

3.4.3　财务统计命令

格式:

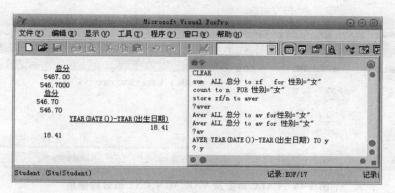

图 3-45　SUM、AVER 命令使用

CALCULATE [<范围>] [<表达式表>] [FOR|WHILE <条件>] [TO<内存变量名表>|TO ARRAY<数组>]

功能：对当前表文件中的数值型字段按指定范围、条件求记录数、平均值、最大值、最小值等计算，并可将计算结果存入内存变量或数组中。

说明：<表达式>为以下函数的任意组合，各函数间用逗号隔开。

- CNT()：统计记录数。
- AVG(<数值表达式>)：求<数值表达式>的算术平均值。
- MAX(<数值表达式>)：计算<数值表达式>的最大值。
- MIN(<数值表达式>)：计算<数值表达式>的最小值。
- SUM(<数值表达式>)：求表达式之和。
- NPV(<数值表达式 1>，<数值表达式 2>[，<数值表达式 3>])：求数值表达式的净现值。
- STD(<数值表达式>)：求数值表达式的标准偏差。
- VAR(<数值表达式>)：求数值表达式的均方差。

例 3.28　对学生信息表进行如下操作：

（1）求总分的均方差。

（2）求年龄最大学生的出生日期。

（3）总人数。

操作命令如下：

```
USE student.dbf
CALC VAR(总分),MIN(出生日期),CNT() TO x1,x2,x3
```

运行结果如图 3-46 所示。

3.4.4　分类汇总命令

格式：

TOTAL ON <关键字>TO <结果表文件名>][<范围>][FOR <条件>] [FIELDS<字段名表>]

功能：按关键字对当前打开的表文件中指定范围内满足条件的数值型字段进行分类合

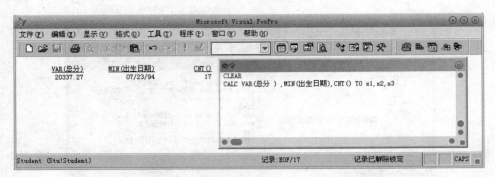

图 3-46　CALC 命令及 VAR、MIN、CNT 函数的使用

计,结果存入由本命令新生成的表文件中。

说明:

- <关键字>字段必须已排序或索引(应为主索引);
- <字段名表>必须是数值型字段;
- 凡未参与求和的字段,生成记录的字段为相应第一个记录的字段值;
- 生成的表不含"备注型"字段,但含"通用型"字段;
- <范围>默认为 ALL,对所有的记录的所有数值型字段汇总;
- FIELDS<字段名表>,可以选择参与汇总的数值型字段,默认为对当前所有数值型字段汇总。

例 3.29　对学生信息表按系科对总分进行汇总。

```
USE student.dbf
INDEX  ON  系科  TAG sy5
TOTAL  ON  系科  TO hz  FIELDS 总分
USE hz
LIST 系科,总分
```

运行结果如图 3-47 所示。

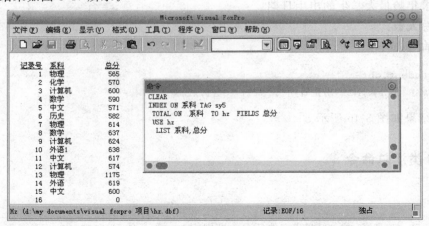

图 3-47　分类汇总命令 TOTAL 的使用

3.5　多个表的操作

3.5.1　工作区

1. 工作区的概念

工作区就是用来存储表的内存空间。打开表实际上是将表从硬盘调入内存的某一个工作区。

工作区的使用规则如下：

- VFP 规定可以同时开辟 32 767 个工作区；
- 同一时间，只能有一个工作区为当前工作区；
- 每一个工作区在同一时刻只能打开一个表文件，若在同一工作区打开另一个表时，以前打开的表会自动关闭；
- 系统启动，自动选择 1 号工作区为当前工作区。

2. 工作区表示方法

不同的工作区以编号或别名区分，提供以下几种方法设置工作区号和别名：

- 数字：1～32 767 作为区号；
- 前 10 个工作区的别名为字母 A～J，11～32 767 号工作区的别名为 11～32 767；
- 可用 USE 命令来指定工作区的别名：

```
USE <文件名>  ALIAS <别名>
```

- 若打开表时未定义别名，系统默认表的主名为别名。

```
USE  student.dbf        && 工作区的别名为 student
```

3. 工作区的选择

1）打开表的同时选择工作区

格式：

```
USE [<数据库名！>]<表名>IN <工作区>
```

说明：<工作区>：指定工作区，0 号工作区是指当前未用的最低编号的工作区。

2）打开表的同时指定表的别名

格式：

```
USE [<数据库名！>]<表名>ALIAS <别名>
```

说明：表的别名主要用于选择工作区。未用 ALIAS <别名>指定别名，则在工作区中打开的表的文件名就是表的别名。

3）选择工作区

格式：

```
SELECT <工作区号>|<别名>|0
```

说明：在多个工作区打开多个不同的表后，某一时刻只能在一个工作区中操作，此时就要选择工作区。

例 3.30 工作区的使用。

```
use student.dbf alias stud        && 在默认的 1 号工作区打开学生信息表 student
Select 0                          && 选择编号最小的工作区为 2
Use course.dbf                    && 在 2 号工作区打开课程表 course
Use grade.dbf in C                && 在 3 号工作区打开成绩表 grade
Select stud                       && 选择别名为 stud(1 号)的工作区
Browse                            && 显示的是学生信息表的内容
```

4. 工作区的互访

在任一时刻，用户只能在一个工作区里进行工作，但可以对其他工作区的表进行访问。各工作区中的文件记录是相互独立的，转换工作区时不影响指针的位置，对现行工作区进行与其他工作区无关的操作时，其他工作区的记录指针也不受影响。

为了不至于混淆不同工作区中表的字段内容，Visual FoxPro 规定：在当前工作区对其他工作区中打开的表进行访问时，必须在被访问的表字段前面加上该表所在的工作区号或表的别名和连接符。

格式：

别名.字段名　或　别名->字段名

例 3.31 工作区的互访。

```
Use student.dbf in A              && 在 1 号工作区打开学生信息表 student
Select B                          && 选择 2 号工作区为
Use grade.dbf                     && 在 2 号工作区打开成绩表 grade
List fields A.姓名                && 在 2 号工作区打开 1 号工作区内学生信息表中的姓名
```

3.5.2　表的关联

建立数据库文件中的表间关联基本原理是：将不同工作区中表的记录指针建立一种临时的联动关系，使得主表的记录指针移动时，子表的记录指针能随之移动。

用 SET RELATION 命令连接的特点是：实现表的逻辑连接，不生成新表，在时间和空间上的花费代价较小。

1. 一对一的关联

一对一的关联是指一个表的一条记录对应另一个表的一条记录。

格式：

SET RELATION TO [<关联表达式 1>] INTO <工作区号 1> |<别名 1>[,<关联表达式 2>INTO <工作区号 2> |<别名 2>]…] [ADDITIVE]

功能：以当前工作区打开的表为主表与其他一个或多个别名表即子表建立关联。

说明：

• TO<关联表达式 1>为建立关联的条件，即关键字段必须是两表共有字段。

- INTO<工作区号 1>|<别名 1>确定与哪个工作区的表进行关联,子表必须建立索引。
- ADDITIVE 参数,在建立新的关联时不取消以前建立的关联。
- SET RELATION TO 取消关联。

例 3.32 分析学生信息表与课程表的一对一关联。

```
select 1
use student.dbf                    && 打开学生信息表(子表)
index on 学号 to xs                 && 子表按关键字建立索引
Browse                             && 浏览子表窗口
select 2
use grade.dbf                      && 打开成绩表(主表)
set relation to 学号 into a         && 主表与子表按关键字表达式建立一对一关联
Browse                             && 浏览主表窗口
list 学号, a.姓名,成绩
```

运行结果如图 3-48 所示。

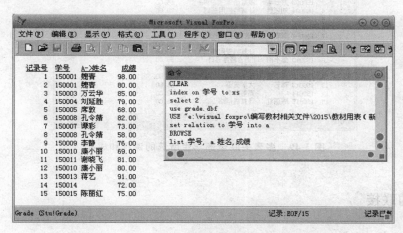

图 3-48　student 表与 grade 表一对一关联

2. 一对多的关联

一对多的关联是指一个表的一条记录对应另一个表的多条记录。

格式:

```
SET SKIP TO [<别名 1>[,<别名 2>…]
```

功能:该命令使当前表和它的子表建立一对多的关联。

说明:

- 使用该命令前,必须首先使用 SET RELATION 建立关联;
- SET SKIP TO 取消一对多关联,但用 SET RELATION 建立的关联仍继续存在。

例 3.33 针对三张表,列出全部学生所选的课程和成绩。

```
select 1
use student.dbf                              && 在 1 号工作区打开学生信息表(子表)
```

```
index on 学号 to xs1                    && 按关键字建立索引
select 3
use course.dbf                          && 在 3 号工作区打开课程表(子表)
index on 课程号 to kh                    && 按关键字建立索引
select 2
use grade.dbf                           && 在 2 号工作区打开成绩表(主表)
set relation to 学号 into a              && 建立关联
set relation to 课程号 into c additive   && 建立关联
list 学号,a->姓名,c->课程名,成绩          && 显示结果
close all
```

运行结果如图 3-49 所示。

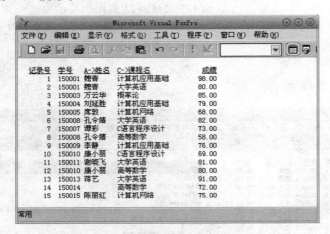

图 3-49　多表关联全部学生所选的课程和成绩

3.5.3　表的联接

表的联接体现了关系数据库的基本关系运算——连接,可将两个或多个表实现物理连接,形成一个新的表。

格式:

JOIN WITH <工作区号>|<别名>TO <文件名>[FOR <条件>][FIELDS <字段名表>]

功能:该命令将当前表与指定工作区的表按指定的条件进行联接,联接产生一个新的表。

说明:

- 两个表必须有公共字段,作为 FOR 的条件也就是联接的依据。
- <工作区号>|<别名>是被联接的表,新表文件名是<文件名>。
- FIELDS<字段名表>指明新表字段顺序,若省略此项,则新表包含两表所有字段,主表字段在前,别名表字段在后,删除重复字段。

执行过程:记录指针指向主表的第 1 条记录,按给定条件对被联接表中每一条记录依次进行判断。若条件成立,则生成一条新记录放入新表,直到被联接表全部扫描完成。主表

指针指向第 2 条记录，重复对被联接表的扫描，直到主表指针指到文件尾，联接过程结束。若主表有 M 条记录，被联结表有 N 条记录，假如按照连接条件，主表的每一条记录在新表生成 N 条记录，则新表的极限结果为 $M \times N$ 条记录。由此可知，对多个表进行联接，在时间和空间上需要花费的代价很大，特别与 SET RELATION 命令相比，这是 JOIN 命令的主要缺点。

例 3.34　针对三张表，建立江西学生成绩表。

```
select 1
use grade                          && 在 1 号工作区打开成绩表
select 2
use student                        && 在 2 号工作区打开学生信息表
join with a to temp for 学号=a.学号 and 籍贯="江西";
fields 学号,姓名,a.课程号,a.成绩,籍贯      && 联接
select 1
use temp                           && 在 1 号工作区打开联接后的新表 temp
select 2
use course                         && 在 2 号工作区打开课程表
join with a to 学生成绩 for 课程号=a.课程号
fields a.学号,a.姓名,课程名,a.成绩         && 联接
use 学生成绩                         && 打开联接后的新表学生成绩
brow
```

运行结果如图 3-50 所示。

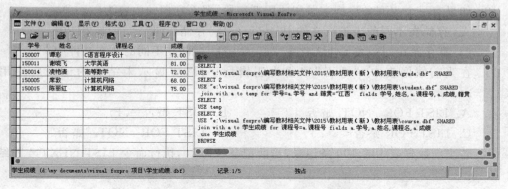

图 3-50　三张表关联，检索江西学生成绩

习题

一、选择题

1. 在 Visual FoxPro 系统中，.DBF 文件被称为（　　）。

　A. 数据库文件　　　B. 表文件　　　C. 程序文件　　　D. 项目文件

2. 在输入记录后，按（　　）组合键存盘退出。

A. Ctrl＋W   B. Ctrl＋HOME   C. Ctrl＋Q   D. Ctrl＋N

3. 用 USE 命令打开一个表文件之后,其记录指针指向(　　　)。

     A. 第一条记录   B. 任意一条记录

     C. 最后一条记录   D. 最后一条记录后面的空记录

4. 在表中相对移动记录和绝对移动记录指针的命令分别为(　　　)。

     A. LOCATE 和 SKIP   B. LOCATE 和 GO

     C. SKIP 和 GO   D. LOCATE 和 FIND

5. 如果需要给当前表增加一个字段,应使用的命令是(　　　)。

     A. APPEND   B. INSERT   C. EDIT   D. MODIFY SRTU

6. 设表文件及其索引已打开,为了确保指针定位在物理记录号为 1 的记录上,应该使用命令(　　　)。

     A. SKIP 1   B. SKIP－1   C. GO1   D. GO TOP

7. 要显示数据库中当前一条记录的内容,可使用命令(　　　)。

     A. LIST   B. BROWSE   C. TYPE   D. DISPLAY

8. 在当前表中,查找第 2 个女同学的记录,应使用命令(　　　)。

     A. LOCATE FOR 性别＝"女"   B. LOCATE FOR 性别＝"女" NEXT 2

     C. LIST FOR 性别＝"女"   D. LOCATE FOR 性别＝"女"

         CONTINUE   CONTINUE

9. 表结构中空值(NULL)的含义是(　　　)。

     A. 空格   B. 尚未确定   C. 默认值   D. 0

10. 如果有一个表有备注型字段和通用型字段,那么它们的内容为(　　　)。

     A. 存储在不同的表备注文件中   B. 存储在同一个文本文件中

     C. 都存储在同一表备注文件中   D. 存储在不同的文本文件中

11. 在当前数据表中,"婚否"字段为逻辑型字段,要显示未结婚的记录应使用命令(　　　)。

     A. LIST FOR . NOT. 婚否   B. LIST 婚否＝. F.

     C. LIST FOR 婚否<>. T.   D. LIST FOR . NOT. "婚否"

12. 若当前数据表中有 100 条记录,当前记录号为 10,执行命令 LIST NEXT 4 的结果为(　　　)。

     A. 显示 10 至 13 号 4 条记录   B. 显示 11 至 14 号 4 条记录

     C. 显示 1 至 4 号 4 条记录   D. 显示第 4 号记录

13. 对一个数据库表建立以入校总分(N,5)和出生日期(D,8)升序的多字段结构复合索引的正确的索引关键字表达式为(　　　)。

     A. 入校总分＋出生日期   B. STR(入校总分)＋DTOC(出生日期)

     C. STR(入校总分)＋出生日期   D. 入校总分＋DTOC(出生日期)

14. 当前数据库中有基本工资、奖金、津贴、代扣费用和工资总额字段,都是 N 型。要把职工的所有收入汇总后写入工资总额字段中,应使用的命令是(　　　)。

     A. REPLACE ALL 工资总额 WITH 基本工资＋奖金＋津贴－代扣费用

     B. REPLACE 工资总额 WITH 基本工资＋奖金＋津贴－代扣费用

C. SUM 基本工资＋奖金＋津贴－代扣费用 TO 工资总额

D. TOTAL ON 工资总额 FIELDS 基本工资＋奖金＋津贴－代扣费用

15. 清屏幕内容的命令是(　　)。

A. CLEAR ALL　　　　　　　　B. CLEAR SCREEN

C. CLEAR WINDOWS　　　　　D. CLEAR

16. 表文件共有 10 条记录,当前记录号为 5。使用 APPEND BLAND 命令增加一条空记录,该空记录的记录号是(　　)。

A. 6　　　　　B. 11　　　　　C. 10　　　　　D. 5

17. 建立索引时,(　　)字段不能作为索引字段。

A. 字符型　　　B. 数值型　　　C. 备注型　　　D. 日期型

18. 物理删除一条记录可用两条命令实现,这两条命令分别是(　　)。

A. PACK 和 ZAP　　　　　　　B. PACK 和 RECALL

C. DELETE 和 PACK　　　　　D. DELETE 和 RECALL

19. 顺序执行下列命令后,最后一条命令的显示结果是(　　)。

```
USE STUDENT
GO 20
SKIP -5
? RECNO
```

A. 5　　　　　B. 10　　　　　C. 15　　　　　D. 20

20. 在 Visual FoxPro 中,表结构中的逻辑型、通用型、日期型字段的宽度由系自动给出,它们分别为(　　)。

A. 1,4,8　　　B. 4,4,8　　　C. 1,10,8　　　D. 2,8,8

21. 在 Visual FoxPro 中,主索引字段(　　)。

A. 不能出现重复值或空值　　　　B. 能出现重复值或空值

C. 能出现重复值,但不能出现空值　D. 能出现空值,但不能出现重复值

22. 表间的"一对多"关系是指(　　)。

A. 一个表与多个表之间的关系

B. 一个表中的一个记录对应另一个表中的多个记录

C. 一个表中的一个记录对应另一个表中的一个记录

D. 一个表中的一个记录对应多个表中的多个记录。

23. 下面能直接修改表中的记录值的命令是(　　)。

A. LOCATE　　B. CHANGE　　C. REPLACE　　D. EDIT

24. 使用 USE 命令打开表文件时,能够同时打开一个相关的(　　)。

A. 内存变量文件　B. 文本文件　　C. 备注文件　　D. 屏幕格式文件

25. 对于说明性的信息,长度在(　　)个字符以内时可以使用字符型。

A. 254　　　　B. 255　　　　C. 256　　　　D. 257

二、填空题

1. "成绩"字段为数值型,若整数部分最多 3 位,小数部分 2 位,那么该字段的宽度至少应为＿＿＿＿＿位。

2. 要从磁盘上一次性彻底删除全部记录，可以使用_____命令。

3. 录入记录有多种方法，可以在表结构建立时录入数据，也可以使用_____命令向表中追加记录。

4. 若想在当前记录之前插入一条新记录，应输入命令_____。

5. 在 Visual FoxPro 数据库表文件的扩展名是_____。

6. 数据表由_____和表记录两部分构成。

7. 在 Visual FoxPro 中，索引类型分别是_____、_____、_____和_____。

8. 求当前表中数值型字段平均值的命令为_____，分类汇总的命令是_____。

9. 在命令 SEEK、FIND、LOCATE、TOTAL 中，执行时不要求对表进行索引的命令是_____。

10. 显示当前记录的命令为_____，修改表结构的命令为_____。

11. 数据表有 3 种关系，即_____、_____和_____。

三、操作题

现有学生成绩表 grade.dbf 和学生信息表 student.dbf，结构如下：

grade.dbf：学号(C/7)、姓名(C/8)、性别(C/2)、计算机(N/3)、英语(N/3)、体育(N/3)、总分(N/4)

Student.dbf：学号(C/7)、出生日期(D/8)、联系方式(M)

假设在 1 号工作区打开成绩表，在 2 号工作区打开学生信息表，请按以下要求写出操作命令：

(1) 在第 10 号记录之前插入一条空记录。

(2) 删除至少有一门课程不及格的所有记录，然后将其恢复。

(3) 计算每个学生的总分并存入"总分"字段。

(4) 求出全班的平均成绩并存入内存变量 average 中。

(5) 按总分以降序建立一个结构化索引文件，索引标识为 zf，并按总分的降序显示所有女生的数据。

(6) 快速查找总分为 240 分的学生，并显示其学号、姓名及性别。

(7) 逐屏显示学生的学号、姓名、性别、出生日期及联系方式。

(8) 根据两张表生成一个新的表 new.dbf，新的表包含学号、姓名、性别、出生日期。

第 4 章　数据库的基本操作

　　只使用单独的表,可以进行简单的数据处理工作。若使用几个表,而表与表之间有内在的数据关联,那么可否对多表联合操作,来解决对复杂数据的处理。答案是肯定可以,但有一个条件——把关联的表组织在同一个数据库中。

　　数据库是表和关系的集合,也可以简单地理解为存放数据的仓库。数据库中可包含若干个表,包含在数据库中的表为数据库表,前面介绍的不包含在数据库中的表称为自由表。数据库表与自由表是可以相互转换的。当用户将一个自由表加入到某一个数据库时,该自由表便成了数据库表;若将数据库表移出数据库,则变成了自由表,同时数据库表的属性将消失。

　　数据库表与自由表的基本操作是相同的。但是与自由表相比,数据库表有以下特点:

　　(1) 数据库表可以命名长表名(可达到 128 个字符)。

　　(2) 可以设置表的注释。

　　(3) 可以设置长字段名(可达到 128 个字符)。

　　(4) 可以设置字段标题和注释。

　　(5) 可以设置字段有效性、记录有效性和参照完整性规则。

　　(6) 可以设置主索引。

　　(7) 可以设置数据表之间的永久关系。

　　(8) 可以设置存储过程、触发器、连接、视图等功能。

　　上面的这些设置存储在.DBC 文件中。

4.1　数据库的建立

　　与其他表无任何联系的表可以作为自由表来管理,但对于多个相互具有联系的表,若作为自由表管理,不仅无法固化它们之间的联系,而且操作也较复杂。因此把它们集中到一个数据库中,并在库中为它们建立固定的联系,管理和使用都方便了。

　　在 VFP 中,将这些有联系的表组织在一起构成数据库。数据库文件扩展名是.DBC。里面存放指向各表的路径指针,而非表本身。

4.1.1　建立数据库文件

1．菜单操作方式

用菜单方式创建新的数据库，可按如下步骤执行：

（1）打开 Visual FoxPro，在主窗口的菜单栏中选择"文件"菜单中的"新建"命令，或直接单击"常用"工具栏上的"新建"按钮，系统将打开图 3-4 所示的"新建"对话框。

（2）从"文件类型"选项组中选择"数据库"单选按钮，再单击"新建"按钮，出现图 4-1 所示的"创建"对话框。

图 4-1　"创建"对话框

（3）确认"保存类型"为数据库，在"数据库名"文本框中输入要建立的数据库名——stu，然后单击"保存"按钮，系统将在当前盘当前的目录下生成一个数据库文件，然后显示"数据库设计器"窗口，同时将显示数据库设计工具栏，如图 4-2 所示。

（4）到此为止，创建了一个空的数据库.dbc，以及数据库备注文件.dct 和数据库索引文件.dcx，这里只建了数据库的框架，里面还没有内容，可以向其中添加各种对象、视图、表之间的关系等。在"数据库容器"（.dbc）中添加有关该数据库的所有信息（包括和它关联的文件与对象名），.dbc 文件在物理上并不包含任何对象（如表和字段），而仅存储指向表文件的路径指针等。在数据库的设计器中，用户可以进行的操作有：建立新表、添加表到数据库中、浏览数据库中的表、修改数据库中的表、移去数据库中的表、建立新的要本地或远程视图、建立连接、编辑存储过程、编辑参照完整性等。

2．项目管理器方式

采用项目管理器创建数据库的方法是：新建或打开一个项目文件，屏幕出现"项目管理器"，单击项目管理器中的"全部"或"数据"选项卡，选中"数据库"选项，单击"新建"按钮，其

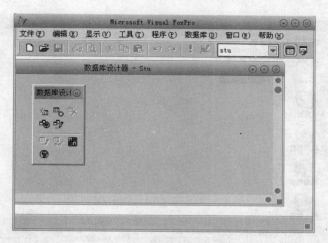

图 4-2　"数据库设计器"窗口

他步骤同上。

3. 命令操作方式

格式：

`Create DataBase [<数据库文件名>|?]`

功能：创建并打开一个数据库。

说明：

- <数据库文件名>指定要创建的数据库的名称，命名规则要符合文件名的取名规则；
- 若执行：Create DataBase 命令后使用"?"号或不带任何可选参数，将显示"创建"对话框，提示用户指定数据库名称；
- 数据库文件的扩展名为.dbc，相关的数据库备注文件的扩展名为.dct，相关的索引文件的扩展名为.dcx。
- 执行命令后，从界面上看不出任何变化，但数据库文件已建立。

4.1.2　向数据库添加自由表

在 Visual FoxPro 中，每个表可以有两种存在状态：自由表或数据库表。使用自由表还是数据库表来保存要管理的数据，取决于管理的数据之间是否存在关系以及关系的复杂程度。如果用户要保存的数据关系比较简单，使用自由表就够了。如果要保存的数据需要多个表，表和表之间又存在相互关系，这时就必须建立一个数据库，把这些表添加进数据库，此时可以认为这个数据库拥有添加进来的表，但用户数据仍然存储在数据库表中。数据库表文件与自由表文件一样，其扩展名仍然为.dbf。向数据库添加自由表的方式有菜单方式和命令方式两种。

1. 菜单方式

（1）在数据库设计器中单击"添加表"按钮，出现图 4-3 所示对话框。

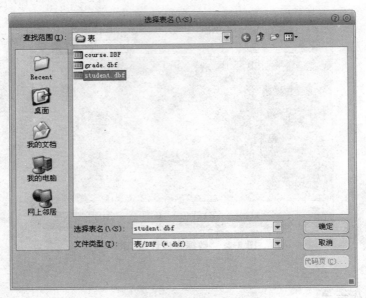

图 4-3   添加表对话框

（2）从"查找范围"找到表所在的位置，选择要添加表的表名，单击"确定"按钮，该表就被添加到了数据库中。

2. 命令方式

格式：

```
ADD TABLE <表文件名>|? [NAME<长表名>]
```

功能：在当前数据库中添加一个自由表。

说明：

- ＜表文件名＞：指定添加到数据库中的表的名称。
- ?：显示"打开"对话框，从中可以选择添加到数据库中的表。
- ［NAME＜长表名＞］：数据库表支持长表名和长字段名，可用长表名代替短表名以标识数据库，如果定义了长表名，当表出现在界面（如数据库设计器等）时，会显示长表名。

例 4.1   将学生信息表 student. dbf 添加到数据库 stu. dbc 中。

```
OPEN DATABASE stu.dbc
ADD TABLE studentf.dbf NAME 学生基本信息表
```

4.1.3   为数据库表建立索引

索引是建立永久关系的前提，在数据库 stu. dbc 中，包含 3 个表：student. dbf、grade. dbf、course. dbf。

下面介绍如何为数据库建立索引。

（1）打开数据库 stu. dbc。单击"显示"→"数据库设计器"命令，显示结果如图 4-4

所示。

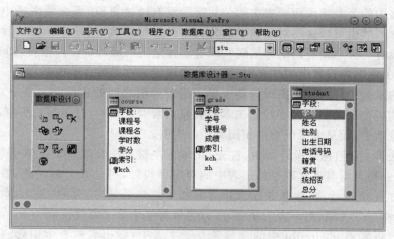

图 4-4　数据库 stu.dbc 的设计器

（2）选择要建立索引的表。单击"显示"→"表设计器"命令,结果显示如图 4-5 所示。

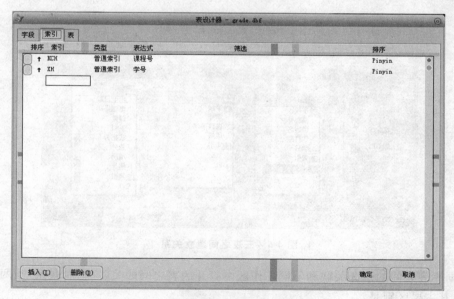

图 4-5　student.dbf 表的"表设计器"

（3）单击"索引"选项卡,其他的步骤在 3.3.2 节中已详细介绍过,此处不再赘述。

（4）在主表中关键字(主索引)处按下鼠标左键,拖到从表的外键(普通索引),松开鼠标左键即可建立索引。

4.1.4　建立与删除表之间的永久关联

1. 建立表之间的永久关联

在实际的数据库应用中,数据库表中的记录经常会变动,如对记录进行增、删、改操作。

但是这些表往往不是相互独立的,它们之间可能因为公共字段而存在着一对多关系。这样若修改了主表中的公共字段而子表中的公共字段没有随之更改,那么两张表中的记录就无法对应起来。当然也可以逐一对子表中的公共字段进行修改,但是这样更改效率太低且容易出错。有没有一种自动更新的办法呢? 回答是肯定的。那就是在两张表之间建立一种所谓的"永久性关联",再设置参照性规则,就可以实现相关数据的自动更新。

表之间的永久关联在数据库设计器中显示为表索引之间的连接线。在一对一关系中,主表和从表均应按相同的关键字建立主索引或候选索引;而在一对多的关系中,主表应建立主索引或候选索引,而从表可以建立相同类型的索引。

操作方法是: 在数据库设计器中,首先,用鼠标左键选中父表中的主索引字段,保持按住鼠标左键,并拖至与其建立联系的子表中的对应字段处,再松开鼠标左键,数据库中的两个表间就有了一个连线,其永久关联就建立完成了。如果是"一对一"关系,则两端均为单线;如果是"一对多"关系,则一方为单线,多方为带有 3 个分叉的线。

上一步已将表 student.dbf 中的学号建立了主索引(索引名前有金钥匙),姓名建立了普通索引;将表 grade.dbf 中的学号和课程号建立了普通索引;将表 course 表中的课程号建立了候选索引。下面建立三个表之间的永久关联如图 4-6 所示。

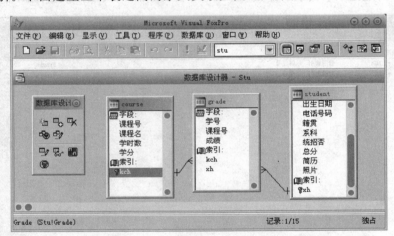

图 4-6 三表之间建立关系

数据库表之间的永久关联和不同工作区中打开的表之间的关联(临时联系)是两个不同的操作,其主要区别是:

"永久关联"被保存在数据库中,而"临时联系"没有被保存在文件中,每次打开表都需要重建,所以这种关联称为"临时关联"。

"永久关联"反映了数据库中各表之间的默认连接条件,而"临时联系"反映的是不同工作区中表记录指针的联动关系。

2. 删除表之间的永久关联

操作过程: 将鼠标指针指向表的关联连线,单击使连线变粗,选中该关系,然后按 Delete 键;或右击,在弹出的快捷菜单中选择"删除关系"命令,即取消表间联系,如图 4-7 所示。

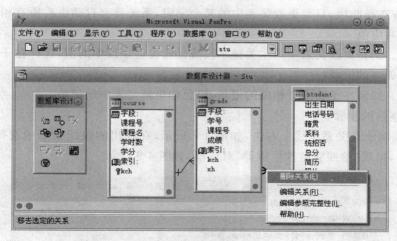

图 4-7　删除表间的关系

3．编辑表之间的永久关联

对已建立好的永久关系可进行编辑。方法是：将鼠标指针指向表的关系连线，单击使连线变粗（选中该关系），然后右击，如图 4-7 所示，在弹出的快捷菜单中选择"编辑关系"命令，即弹出编辑关系对话框，如图 4-8 所示。

图 4-8　编辑关系对话框

4.1.5　设置参照完整性

对于具有永久关系的两个数据库表，当对一个表更新、删除或插入一条记录时，如果另一个表未做变化，就会破坏数据的完整性。在数据库中设置参照完整性用来控制数据的一致性。

完整性包括：

（1）字段数据的完整性。字段数据的完整性是指输入到字段中的数据类型和值必须符合指定的要求，字段属性中的字段有效规则用于控制字段数据的完整性。

（2）记录数据的完整性，记录数据的完整性是指输入到记录中有关字段中的数据值必须符合指定的要求。表属性中的记录有效性规则用于控制记录数据的完整性。

（3）参照完整性，是指控制相关表之间的记录一致性。相关表之间参照完整性规则的建立是以相关表之间建立了永久关系为前提。遵照不同表的主关键字和外部关键字之间的规则，使得插入、删除、更新记录时，能保持已定义的表间关系，参照完整性规则有 3 个选项。

• 级联。是对主表中的主关键字段或候选关键字段的更改，会在相关的子表中反映出来,若选择此项,只要更改父表中的某个字段,系统将会自动更改所有相关子表记录中的对应值。

- 限制。禁止更改父表中的主关键字段或候选关键字段中的值,这样在子表中就不会出现孤立的记录。

- 忽略。即使在子表中有相关的记录,仍允许更新父表中的记录。

参照完整性的步骤:

(1)在表间永久关系连线上右击,如图 4-7 所示,在弹出的快捷菜单中选择"编辑参照完整性"命令,出现"参照完整性生成器"对话框,如图 4-9 所示。

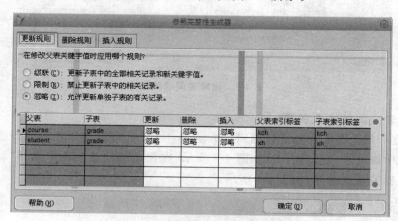

图 4-9 "参照完整性生成器"对话框

(2)通过单击"更新规则"、"删除规则"、"插入规则"选项卡来确定对哪个规则进行编辑。编辑完成后,单击"确定"按钮返回。

(3)系统会提示"是否保存改变,生成参照完整性代码并退出",单击"是"按钮后,生成新的参照完整性代码,并提示存储过程的副本保存在 risp.old 文件中。

4.2 数据库的操作

4.2.1 数据库的打开与关闭

1. 打开数据库

数据库的打开,就是指将数据库文件从所在磁盘调入内存。数据库文件及其相关的其他文件只有在打开之后,才能对其实施各种操作。在 Visual FoxPro 中,可以同时打开多个数据库。数据库打开的方式有 3 种。

1)菜单方式

单击"文件"→"打开"命令,出现图 4-10 所示的对话框。在"文件类型"里选择"数据库(*.dbc)",查找范围是数据库所在的文件夹,双击要打开的数据库。下方还有"以只读方式打开"和"以独占方式打开"复选框。"以只读方式打开"表示打开的数据库只能显示和浏览而不能修改。"以独占方式打开"表示打开的数据库不仅能显示和浏览,而且还能修改。

图 4-10　"打开"对话框

2) 项目管理方式

在项目管理器中,选定一个数据库,然后单击"修改"或"打开"按钮,打开此数据库。

3) 命令方式

格式:

```
OPEN DATABASE [<数据库文件名>|?] [NOUPDATE] [EXCLUSIVE|SHARED]
```

功能:打开一个数据库文件,并且同名的备注文件和索引文件也一同打开。但其中的表还需要使用 USE 命令打开。

说明:

- <数据库文件名>指定要打开的数据库文件名,如果省略<数据库文件名>,将打开图 4-10 的对话框,若省略扩展名,则系统默认为. DBC
- ?:显示"打开"对话框。
- EXCLUSIVE:表示以独占方式打开数据库。
- SHARED:表示以共享方式打开数据库。如果以共享方式打开数据库,则其他用户也可以访问该数据库。
- NOUPDATE:表示以只读方式打开。

2. 设置当前数据库

前面介绍了,在 Visual FoxPro 中,可以同时打开多个数据库,但仅有一个数据库为"当前数据库",设置当前数据库的命令如下:

格式:

```
SET DATABASE TO [<数据库文件名>]
```

3. 数据库的关闭

当不使用数据库文件时,为防止意外断电或误操作而破坏数据库文件中的数据,应及时将其关闭。要关闭数据库,可以使用项目管理器或 CLOSE DATABASE 命令方式。

1）项目管理方式

在项目管理器中,选择要关闭的一个数据库,然后单击"关闭"按钮。

2）命令方式

格式 1：

```
CLOSE DATABASE[ALL]
```

功能：关闭数据库和表。

说明：若有 ALL 参数,则关闭所有打开的数据库和其中的库表,关闭所有工作区中所有打开的自由表及索引和格式文件；若不含 ALL 参数,则关闭当前数据库和表；若没有当前数据库,则关闭所有工作区中所有打开的自由表及此表相关的内容。

格式 2：

```
CLOSE  ALL
```

功能：关闭除"命令窗口"、"调试窗口"、"跟踪窗口"和"帮助窗口"以外的所有文件。

4.2.2　数据库的修改

修改数据库是数据库维护的任务之一,可使用命令来修改数据库。

格式：

```
MODIFY DATABASE [<数据库文件名>| ?][NOWAIT][NOEDIT]
```

功能：打开数据库,同时显示数据库容器。

说明：

如果数据库文件不在默认目录中,需要在数据库名前加上路径。执行此命令后：

- NOEDIT 只是打开数据库设计器,而禁止对数据库进行修改。
- NOWAIT 只在程序中使用,在命令窗口下无效。若有该项,则数据库设计器打开后程序继续执行；如无,则数据库设计器打开后程序暂停,直到数据库设计器关闭后程序才继续执行。

4.2.3　数据库的删除

格式：

```
DELETE DATABASE [<数据库文件名|? >][DELETETABLES][RECYCLE]
```

功能：删除一个数据库。

说明：

DELETETABLES：删除数据库时,连同数据库中的表一起删除；RECYCLE 指将数据库删除到回收站。

4.3 建立与修改数据库表

建立了数据库,就可以对其进行操作,打开数据库后,主菜单中就会出现"数据库"菜单项。可以在数据库菜单项或数据设计器中,对数据库表进行增加、删除(或移去)、修改、浏览等操作。

4.3.1 在数据库中直接建立表

(1) 在数据库设计器中,单击数据库设计器中的"新建"按钮 或在右键快捷菜单中选择"新建表"命令,如图 4-11 所示。

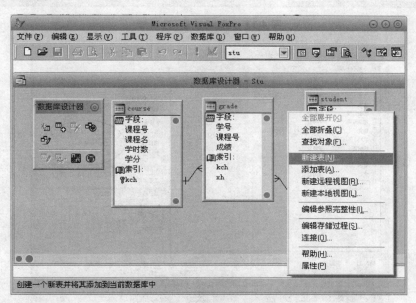

图 4-11 通过数据库设计器"新建表"

(2) 出现图 4-12 所示的对话框,选择"新建表"选项,系统提示输入新表名,之后弹出表设计器,如图 4-13 所示。

(3) 按自由表的方法建立新表,但是与自由表相比,数据库表的表设计器对话框的右侧有"显示"、"字段有效性"、"将字段类型映射到类"和"字段注释"4 个输入区域,这是自由表的表设计器所没有的高级属性。必要时可对它们进行设置。

例 4.2 如何进行字段有效性设置,如图 4-14 所示。

(1) 在 student.dbf 表中设置性别字段只能输入"男"或者"女",如输入其他字符时提醒"性别只能填男或女",默认值为"男"。

图 4-12 "新建表"对话框

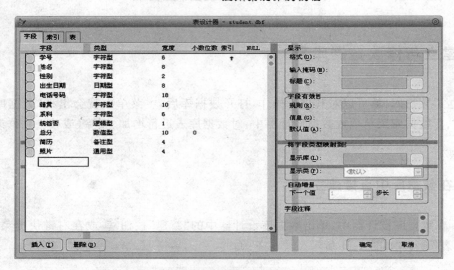

图 4-13　"表设计器"对话框

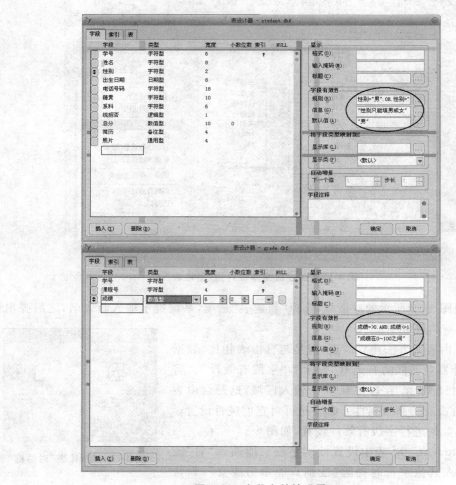

图 4-14　字段有效性设置

（2）在 grade.dbf 表中设置成绩字段的值在 0～100 之间，如输入超出上述范围数值时提醒"成绩在 0～100 之间"。

4.3.2　删除数据库中的表

一个数据库只能属于一个数据库，并受该数据库管理。如想要将某个数据库表加入到另一个数据库中，必须先从此数据库中移出，才可以加入其他数据库中。

1. 菜单方式

（1）在数据库设计器中，单击选定数据中需要移去或删除的表。

（2）从"数据表"菜单中选择"移去"命令 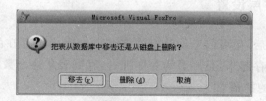；或者在数据库表上右击，弹出对该表操作的快捷菜单，单击其中的"删除"命令，出现图 4-15 所示的对话框，将会弹出图 4-16 所示的对话框。

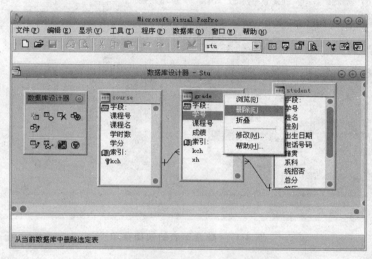

图 4-15　从数据库中"移去"或"删除"对话框

图 4-16　确定"移去"或"删除"对话框

2. 命令方式

格式：

REMOVE TABLE<表文件名>|? [DELETE]

功能：从当前数据库中移去或删除一个表。

说明：

DELETE：可选项是指定从数据库中移去该表，并从磁盘上删除该表。

例 4.3 将数据库 stu.dbc 中移去学生信息表 student.dbf,使其成为自由表。

```
OPEN DATABASE stu.dbc
REMOVE TABLE student.dbf
```

4.3.3 修改数据库中的表

在数据库设计器中,右击要修改的表,出现表的快捷菜单,如图 4-17 所示,然后从快捷菜单中选择"浏览"命令,即进入表的浏览窗口,以后的操作和对自由表的浏览操作相同。从快捷菜单中选择"修改"命令,即打开相应表的表设计器,在表设计器上可以完成表结构的修改、建立索引以及设置字段属性和表的有效性规则。

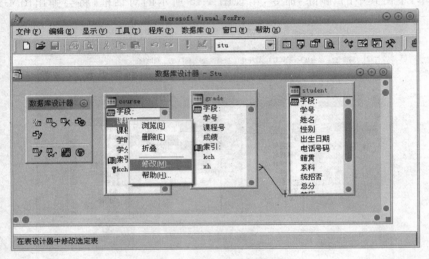

图 4-17 数据库表的快捷菜单

4.3.4 数据库表的扩展设置

将表添加到数据库后,便可以立即获得许多在自由表中不存在的属性。这些属性可以作为数据库的一部分保存起来,且一直为表所拥有,直到表从这个数据库中移去。

1. 数据库表字段的扩展性

数据库表除了具有字段的基本属性(字段名、类型、宽度、小数位数)外,还具有自由表所没有的扩展性,如:

- 设置字段标题。
- 为字段输入注释。
- 设置默认字段值。
- 设置字段的格式和输入掩码。
- 设置字段的控制类和库。
- 设置有效性规则和有效性说明。

其中设置字段的格式、输入掩码和字段的标题属于设置字段的显示属性,设置默认字段值、有效性规则和有效性说明属于设置字段的验证规则。下面分别介绍这些属性和规则。

1) 字段的显示属性(如图 4-14 所示)

(1) 字段的格式(Format)。

可用表 4-1 中的字段格式字母来给某个字段指定一个格式表达式,以便在"浏览"窗口、表单或报表中,该字段都具有指定的大小写和样式。

表 4-1　常用的字段格式

字　母	说　明
A	只允许半角英文字母(不允许空格或标点)
D	使用当前的 SET DATE 格式
K	当光标移到文本框上时,选定整个文本框
L	在文本框中显示前导零,而不是空格。此设置只用于数值型数据
T	删除输入字段前导空格和结尾空格
!	把字母转换为大写字母
^	使用科学记数法显示数值型数据
$	显示货币符号

(2) 输入掩码(InputMask)。

类似字段的格式码,但字段的掩码只对字段的相应位置处的字符起作用,而不是对整个字段。表 4-2 列出了常用字段的输入掩码及其作用。

表 4-2　常用的输入掩码及其作用

设　置	说　明	设　置	说　明
X	可输入任何字符	*	在值的左侧显示 *
9	可输入数字和正负号	.	指定小数点的位置
#	可输入数字、空格和正负号	,	分隔小数点左边的整数部分

(3) 字段的标题(Caption)。

通过在表中给字段建立标题,可以"浏览"窗口或表单上显示出字段的说明性标签。给字段指定标题可以在数据库表的表设计器中实现。

- 打开"表设计器"窗口。
- 选择需要指定标题的字段。
- 在"标题"文本框中输入字段标题。

例 4.4　给学生表中的字段"统招否"设置标题为"是否统为招生",字段"学号"只能输入数字,共 6 位,则设置其字段的掩码为"999999",如图 4-18 所示。

2) 字段的验证规则

(1) 字段的有效性规则和有效性说明。

字段有效性规则用来对输入字段的数据加以限制。如图 4-14 所示,字段的有效性规则

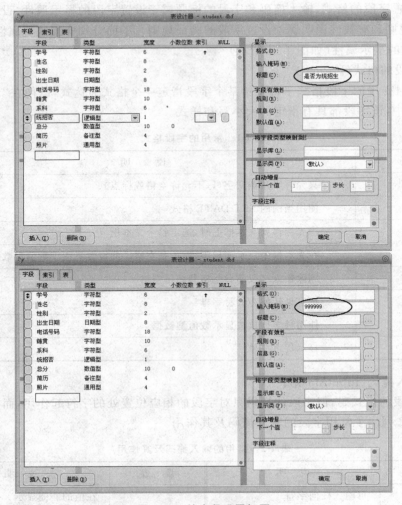

图 4-18　给字段设置标题

是一个表达式,在修改或输入字段值时激活验证;字段的有效性说明则是当字段的更新不符合有效规则时给出的提示信息。

（2）字段的默认值。

字段的默认值是指为数据库表追加记录时,系统自动给该字段设置初值,这样可以减少用户的输入工作。默认值既可以是常数,也可以是一个表达式。默认值的数据类型必须与字段类型相同。当默认值为字符串时,需加定界符引号;当默认值为日期常量时,需加花括号定界符;当默认值为逻辑常量时,两边需加圆点。关于字段的有效性规则、有效性说明和默认值见例 4.2,如图 4-14 所示。

2. 数据库表的表属性

用户不仅可以设置字段的高级属性,而且可以给表设置属性。为表设置的属性主要有:

- 长表名。
- 表的注释。
- 表记录的有效性规则及有效性说明。

• 触发器。

若要设置表的表属性，如图 4-13 所示，只需在"表设计器"对话框中单击"表"选项卡，如图 4-19 所示。

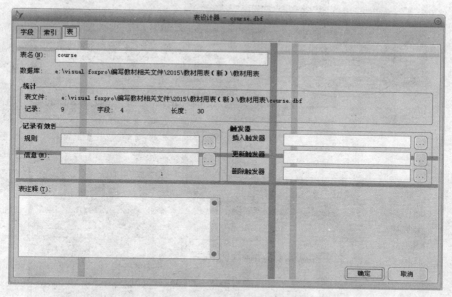

图 4-19 "表设计器"表属性设置

1) 长表名

在创建表时，每张表的表文件名就是长表名。表文件名的长度首先受操作系统限制，其次 VFP 中规定数据库表及自由表的表名最大长度为 128 个字符。如果为数据库表设置了长表名属性，那么在各种选项卡、对话框、窗口均以长表名代替该表原来的表名。在打开数据库表时，长表名与表文件名均可使用。实现只需在图 4-19 的"表名"文本框中输入相应的长表名。

2) 表注释

同字段一样，也可以为数据库表设置表注释，是对表进行说明的，这样就可以为用户或表的维护人员提供关开表的一些信息。实现只需在图 4-19 中的"表注释"编辑框中输入相应的内容。

3) 表记录的有效性规则及有效性说明

向表中输入记录时，若需要比较两个以上的字段，或查看记录是否满足一定的条件时，就可为表设置有效性规则。而有效性说明是向用户显示的提示信息，在记录的更新数据不符合有效性规则时出现。表记录的有效性规则是一个逻辑表达式；表记录的有效性说明是一个字符表达式。方式同字段的有效性规则与有效性说明。

例 4.5 在课程表中课程的学时数与学分之间的换算关系为 1 学分＝16 学时，根据这个规则为表记录验证规则。

有效性规则：学时数＝学分 * 16

有效性说明："分时数与学分的换算有误"

设置如图 4-20 所示。

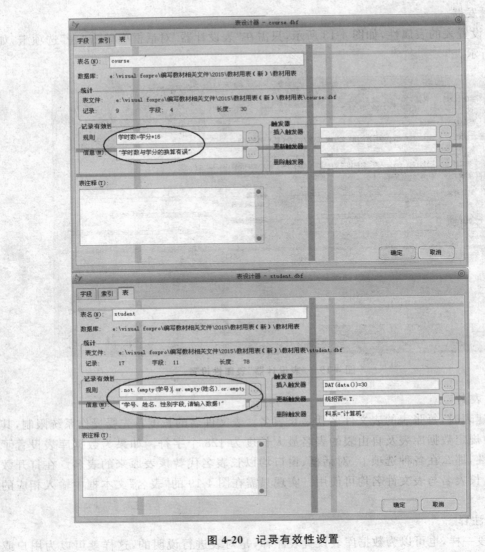

图 4-20　记录有效性设置

例 4.6　学生表中的记录学号、姓名和性别不能为空。需在记录规则中填".not.
(empty(学号).or. empty(姓名).or. Empty(性别))",在信息中填"学号、姓名、性别字
段,请输入数据!",如图 4-20 所示。

4)表的触发器

(1)表的触发器。

表的触发器也是一系列的规则,在对表记录进行操作时,进行了其他所有检查之后(如
有效性规则、主关键字的实施、NULL 值的实施)被触发。表的触发器可以是返回逻辑值的
过程或函数,简单的触发器为一个逻辑表达式。对于每个数据库表,可创建三个触发器。

- INSERT 触发器:每次向表中插入或追加记录时触发该规则。
- UPDATE 触发器:每次向表中更新或修改记录时触发该规则。
- DELETE 触发器:每次向表中删除记录时触发该规则。

（2）创建触发器。

① 通过"表设计器"创建。

先打开"表设计器"窗口，选择"表"选项卡，如图 4-17 所示，然后分别在"插入触发器"、"更新触发器"、"删除触发器"文本框中输入触发器表达式或包含表达式的存储过程名。

② 通过 CREATE TRIGGER 命令创建。

格式 1：

```
CREATE TRIGGER ON <表名> FOR INSERT AS <逻辑表达式> (插入触发器的创建)
```

格式 2：

```
CREATE TRIGGER ON <表名> FOR UPDATE AS <逻辑表达式> (更新触发器的创建)
```

格式 3：

```
CREATE TRIGGER ON <表名> FOR DELETE AS <逻辑表达式> (删除触发器的创建)
```

（3）移去或删除触发器。

移去或删除触发器同创建是一样的，可以通过"表设计器"窗口，删除"插入触发器"、"更新触发器"、"删除触发器"文本框中的内容即可。也可以通过 DELETE TRIGGER ON<表名> FOR INSERT|UPDATE|DELETE 命令来移去或删除触发器。

例 4.7 对表 student.dbf 进行"触发器"选项区域的设置，如图 4-21 所示。

（1）只能在每月的 30 日添加记录。

（2）只能更新新统招生记录。

（3）只能删除计算机专业的学生记录。

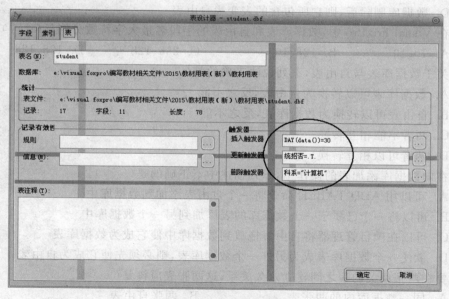

图 4-21 表的触发器设置

习题

一、选择题

1. 在 Visual FoxPro 中,关于数据库的说法正确的是(　　)。
   A. 数据库就是二维关系表　　　　　B. 数据库是表和关系的集合
   C. 数据库就是关系　　　　　　　　D. 数据库就是数据表格

2. 在 Visual FoxPro 中,建立数据库的命令为(　　)。
   A. CRTEATE DATABASE　　　　　　B. CLOSE DATABASE
   C. OPEN DATABASE　　　　　　　　D. MODIFY DATABASE

3. 打开数据库文件的命令是(　　)。
   A. USE　　　　　　　　　　　　　B. USE DATABASE
   C. OPEN　　　　　　　　　　　　D. OPEN DATABASE

4. 在数据库中可以存放的文件是(　　)。
   A. 数据库文件　　　　　　　　　　B. 数据库表文件
   C. 自由表文件　　　　　　　　　　D. 查询文件

5. 对于数据库操作,(　　)说法是正确的。
   A. 数据库被删除后,则它所包含的数据库表也随着删除
   B. 打开了新的数据库,则原来已打开的数据库被关闭
   C. 数据库被关闭后,则它所包含的已打开的数据库表仍被打开
   D. 数据库删除后,则它所包含的表变为自由表

6. 在 Visual FoxPro 中,数据库表和自由表的字段名最大字符数分别是(　　)。
   A. 10、10　　　　B. 128、10　　　　C. 256、128　　　　D. 128、128

7. 关于数据库表与自由表,下列说法正确的是(　　)。
   A. 数据库表可以转换为自由表,反之不能
   B. 自由表可以转换为数据库表,反之不能
   C. 两者不能相互转换
   D. 两者可以相互转换

8. 在向数据库添加表的操作中,下列描述中不正确的是(　　)。
   A. 可以用 ADD TABLE 命令将一个自由表添加到数据库中
   B. 可以将一个已属于一个数据库的表添加到另一个数据库中
   C. 可以在项目管理器将自由表拖放到数据库中使它成为数据库表
   D. 欲使一个数据库表成为另外一个数据库表,则必须先使它成为自由表

9. 要在两张相关的表之间建立永久关系,这两张表应该是(　　)。
   A. 同一数据库内的两张表　　　　　B. 两张自由表
   C. 一个自由表和一个数据库　　　　D. 任意两个数据库表或自由表

10. 表之间的"一对多"关系是指(　　)。
    A. 一个表与多个表之间的关系

B. 一个表中的一个记录对应另一个表中的一个记录

C. 一个表中的一个记录对应另一个表中的多个记录

D. 一个表中的一个记录对应多个表中的多个记录

11. 永久关系建立后,(   )。

    A. 在数据库关闭后自动取消   B. 如不删除将长期保持

    C. 无法删除   D. 只供本次运行使用

12. 要在两个数据库表之间建立一对多的永久关系,则至少要求在父表的结构复合索引文件中创建一个(   ),在子表的结构复合索引文件中也要创建索引。

    A. 独立索引   B. 复合索引

    C. 主索引或候选索引   D. 普通索引

13. 当数据库表移出数据库后,仍然有效的是(   )。

    A. 字段的默认值   B. 表的触发器

    C. 结构复合索引   D. 记录的验证规则

14. 以下(   )操作不会激活记录的有效性规则的检验。

    A. 修改表结构并保存   B. 修改表的某一记录

    C. 修改了记录并执行 SKIP 命令时   D. 修改表记录数据并关闭表时

15. 在生成参照完整性中,设置更新操作规则时选择"限制"选项卡后,下列说法中(   )是正确的。

    A. 当更改父表的"主"或"候选"关键字值以后,自动更改子表记录的对应值

    B. 允许更改子表中对应的普通索引关键字的字段值

    C. 禁止更改父表中的"主"或"候选"关键字的字段值

    D. 当更改了子表中的字段值,则自动更改父表中对应记录的字段值

16. 数据库表的字段有效性规则实现了数据的(   )。

    A. 实体完整性   B. 域完整性

    C. 实体完整性和域完整性   D. 参照完整性

17. 命令 MODIFY DATABASE 的功能是(   )。

    A. 修改数据库表的结构   B. 打开数据库设计器

    C. 删除数据库   D. 移动数据

18. 在 Visual FoxPro 中,打开数据库文件以只读方式的命令选项是(   )。

    A. SHARED   B. EXCLUSIVE

    C. NOUPDATE   D. VALIDATE

二、简答题

1. 什么是数据库表,它与自由表有什么区别?

2. 一张表能否同时属于两个数据库?

3. 当进行数据库表的添加时,应注意哪些事项?

4. 建立永久关系的目的是什么? 如何在两张表之间建立或删除永久关系?

5. 字段级验证规则何时触发? 记录级验证规则何时触发?

6. 简述参照完整性的意义和创建方法。

第5章 查询与视图设计

数据查询是数据处理中最常用的操作之一。在 Visual FoxPro 中，可以方便地从一个或多个表中提取所需要的数据。这可以通过设计相应的查询或视图来实现。本质上，这里讲的查询是指扩展名为.qpr 的查询文件，其内容的主体是 SQL SELECT 语句。视图则兼有表和查询的特点，是在数据库表的基础上建立的一个虚拟表，它不能独立存在而被保存在数据库中。查询与视图设计可以采用相应的设计器，也可以采用 SQL 语言。本章介绍如何利用相应的设计器来设计查询与视图。

5.1 创建查询

5.1.1 查询的概念

实际上，查询就是预先定义好的一个 SQL SELECT 语句，在不同的需要场合可以直接或反复使用，从而提高效率。在很多情况下都需要建立查询，例如为报表组织信息、即时回答问题或者查看数据中的相关子集。无论目的是什么，建立查询的基本过程是相同的。查询是从指定的表或视图中提取满足条件的记录，然后按照想得到的输出类型定向输出查询结果，诸如浏览器、报表、表、标签等。一般设计一个查询总要反复使用，查询是以扩展名为.qpr 的文件保存在磁盘上的，这是一个文本文件，它的主体是 SQL SELECT 语句，另外还有和输出定向有关的语句。

5.1.2 创建查询

Visual FoxPro 提供了查询设计器，使用它可以非常方便地设计查询文件。

利用查询设计器，对学生表建立一个查询，显示学生的学号、姓名、出生日期及入学成绩等信息，并按入学成绩"总分"升序排列。

1. 启动查询设计器

启动查询设计器，并将学生表 Student 添加到查询设计器中。

2. 选择查询所需的字段

在查询设计器中单击"字段"选项卡，从"可用字段"列表框中选择"学号"字段，再单击"添加"按钮，将其添加到"选定字段"列表框中。使用上述方法将"姓名"、"出生日期"和"总分"字段添加到"选定字段"列表框中，这 4 个字段即为查询结果中要显示的字段，如图 5-1 所示。显示结果中显示字段的顺序,用鼠标拖动选定的字段左边的小方块,上下移动,即可调整字段的显示顺序。

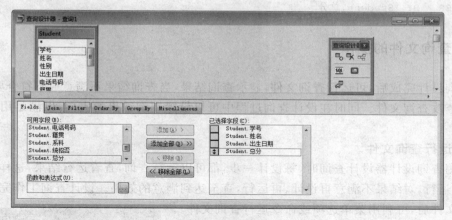

图 5-1　选择的字段

3. 建立排序查询

如果在 Order By 选项卡中不设置排序条件,则显示结果按表中记录顺序显示。现要求记录按"总分"的升序显示,因此在"选定字段"列表框中选择"总分"字段,再单击"添加"按钮,将其添加到"排序标准"列表框中,再选择"排序选项"中的"升序"单选按钮,如图 5-2 所示。

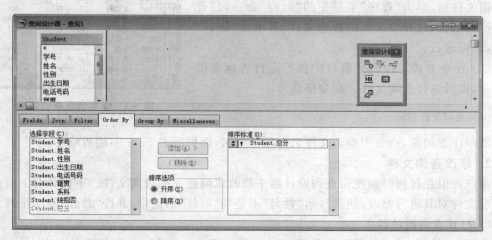

图 5-2　设置排序依据

4. 保存查询文件

查询设计完成后,选择系统菜单中"文件"下拉菜单的"另存为"选项,或单击常用工具栏上的"保存"按钮,打开"另存为"对话框,选定查询文件将要保存的位置,输入查询文件名,并单击"保存"按钮。

5. 关闭查询设计器

单击"关闭"按钮,关闭查询设计器。

完成查询操作后,单击"查询设计器"工具栏上的 SQL 按钮,或从"查询"菜单项中选择"查看 SQL"命令,可看到查询文件的内容。例如,上面所建立的查询的内容如下:

```
SELECT   Student.学号,Student.姓名,Student.出生日期,Student.总分;
FROM     stu!student;
ORDER    BY  Student.总分
```

5.1.3 查询文件的操作

查询设计完成后,可运行查询文件,显示查询结果,当查询结果不满意或不符合要求时,可重新修改查询文件。同时在设计查询过程中可以设置查询结果的去向,以满足用户的不同要求。

1. 运行查询文件

使用查询设计器设计查询时,每设计一步,都可以运行查询,查看运行结果,这样可以边设计、边运行,对结果不满意再设计、再运行,直至达到满意的效果。设计查询工作完成并保存查询文件后,可利用菜单选项或命令运行查询文件。

（1）在查询设计器中直接运行。在查询设计器窗口,选择"查询"菜单中的"运行查询"选项,或单击常用工具栏中的"运行"按钮,即可运行查询。上面建立的查询运行后,查询结果如图 5-3 所示。

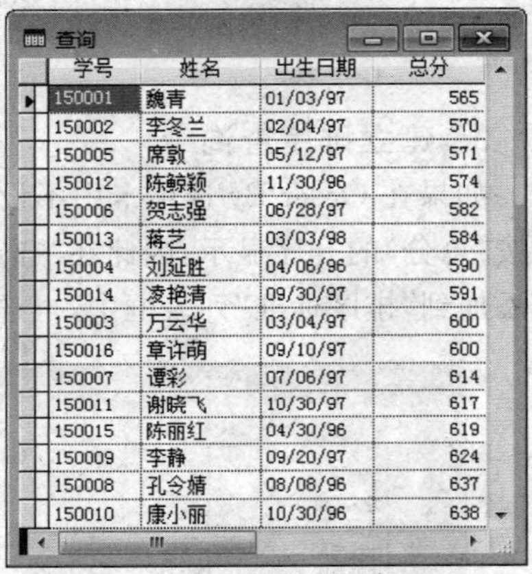

（2）利用菜单选项运行。在设计查询过程中或保存查询文件后,单击"程序"菜单中的"运行"命令,打开"运行"对话框,选择要运行的查询文件,再单击"运行"按钮,即可运行。

（3）命令方式。在命令窗口中执行运行查询文件的命令,也可运行查询文件。命令格式为:

学号	姓名	出生日期	总分
150001	魏青	01/03/97	565
150002	李冬兰	02/04/97	570
150005	席敦	05/12/97	571
150012	陈翰颖	11/30/96	574
150006	贺志强	06/28/97	582
150013	蒋艺	03/03/98	584
150004	刘延胜	04/06/98	590
150014	凌艳青	09/30/97	591
150003	万云华	09/30/97	600
150016	章许萌	09/10/97	600
150007	谭彩	07/06/97	614
150011	谢晓飞	10/30/97	617
150015	陈丽红	04/30/96	619
150009	李静	09/20/97	624
150008	孔令嫡	08/08/96	637
150010	康小丽	10/30/96	638

图 5-3 学生信息查询结果

```
DO <查询文件名>
```

值得注意的是,命令中查询文件名必须是全名,即扩展名 .qpr 不能省略。

2. 修改查询文件

用户可以在任何时候使用查询设计器来修改以前建立的查询文件。下面针对上面建立的查询文件对其进行修改,使其显示"姓名"不是"陈丽红"的记录,并按"总分"降序排列。

1）打开查询设计器

选择"文件"菜单中的"打开"选项,指定文件类型为"查询",选择相应的查询文件,单击"确定"按钮,打开该查询文件的查询设计器。

使用命令也可以打开查询设计器,命令格式是:

```
MODIFY QUERY <查询文件名>
```

打开指定查询文件的查询设计器,以便修改查询文件。

2）修改查询条件

根据查询结果的需要,可在 6 个查询选项卡中对不同的选项进行重新设置查询条件。下面根据要求,对查询文件进行修改。

（1）设置查询条件。对查询结果只显示"姓名"不是"陈丽红"的记录,修改过程如下:

单击 Filter(筛选)选项卡,单击"字段名"输出框,从显示的下拉列表中选取"姓名",从"标准"下拉列表框中选择"＝",文本框单击"实例",显示输入提示符后输入"陈丽红"。单击"非"下方的按钮,设置的条件将变为:姓名不等于"陈丽红",如图 5-4 所示。

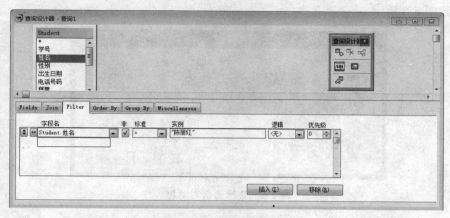

图 5-4 设置筛选条件

(2)修改排序顺序。将排序顺序改为按"总分"降序排列,修改过程如下:单击排序依据 Order By 选项卡,单击 Order By 中的"降序"单选按钮。

3)运行查询文件

单击常用工具栏上的"运行"按钮,运行查询文件,运行结果如图 5-5 所示。单击"关闭"按钮,关闭浏览窗口。

4)保存修改结果

选择"文件"菜单中的"保存"命令,或单击常用工具栏上的"保存"按钮,保存对文件的修改。单击"关闭"按钮,关闭查询设计器。

3. 定向输出查询文件

通常情况下,如果不选择查询结果的去向,系统默认将查询的结果显示在"浏览"窗口中。也可以选择其他输出目的地,将查询结果送往指定的地点,例如输出到临时表、表、图形、屏幕、报表和标签。查询去向及含义如表 5-1 所示。

学号	姓名	出生日期	总分
▶ 150010	康小丽	10/30/96	638
150008	孔令婧	08/08/96	637
150009	李静	09/20/97	624
150011	谢晓飞	10/30/97	617
150007	谭彩	07/06/97	614
150003	万云华	03/04/97	600
150016	章许萌	09/10/97	600
150014	凌艳青	09/30/97	591
150004	刘延胜	04/06/96	590
150013	蒋艺	03/03/98	584
150006	贺志强	06/28/97	582
150012	陈鳑颖	11/30/96	574
150005	席敦	05/12/97	571
150002	李冬兰	02/04/97	570
150001	魏青	01/03/97	565

图 5-5 查询结果

表 5-1 查询去向及含义

查询去向	含 义
浏览	查询结果输出到浏览窗口
临时表	查询结果保存到一个临时的只读表中
表	查询结果保存到一个指定的表中
图形	查询结果输出到图形文件中
屏幕	查询结果输出到当前活动窗口中
报表	查询结果输出到一个报表文件中
标签	查询结果输出到一个标签文件中

下面将查询文件的输出修改到临时表,具体操作方法如下:

(1) 打开查询设计器。

(2) 选择"查询"菜单中的"查询去向"命令,系统将显示 Query Destination(查询去向)对话框,如图 5-6 所示。

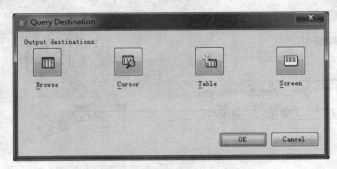

图 5-6　查询去向对话框

(3) 单击临时表 Cursor 按钮,此时屏幕画面如图 5-7 所示。在 Cursor name(临时表名)文本框中输入临时表名,单击"确定"按钮,关闭"查询去向"对话框。

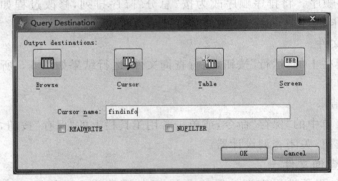

图 5-7　选择 Cursor(临时表)后的查询去向对话框

(4) 保存对查询文件的修改。单击查询设计器窗口的"关闭"按钮,关闭查询设计器。

(5) 运行该查询文件,由于将查询结果输出到了一个临时表中,因此查询结果不在浏览窗口中显示。选择"显示"菜单中的"浏览"命令,将显示该临时表的内容。单击浏览窗口的"关闭"按钮,关闭浏览窗口。

如果用户只需浏览查询结果,可输出到浏览窗口。浏览窗口中的表是一个临时表,关闭浏览窗口后,该临时表将自动删除。

用户可根据需要选择查询去向,如果选择输出为图形,在运行该查询文件时,系统将启动图形向导,用户可根据图形向导的提示进行操作,将查询结果送到 Microsoft Graph 中制作图表。

把查询结果用图形的方式显示出来虽然是一种比较直观的显示方式,但它要求在查询结果中必须包含有用于分类的字段和数值型字段。另外,表越大图形向导处理图表的时间就越长,因此用户还必须考虑表的大小。

5.1.4　查询设计器的局限性

查询设计器只能建立比较规则的查询,不能建立复杂查询(嵌套查询)。建立完查询后,存盘产生一个扩展名为 qpr 的文本文件。

例如,列出每个职工经手的具有最高总金额的订购单信息。

```
SELECT out.职工号,out.供应商号,out.订购单号,out.订购日期,out.总金额;
FROM 订购单 out WHERE 总金额=;
(SELECT MAX(总金额) FROM 订购单 inner1;
WHERE out.职工号=inner1.职工号)
```

将弹出图 5-8 所示的对话框。

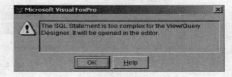

图 5-8　提示对话框

5.2　创建视图

视图从应用的角度来讲类似于表,它具有表的属性,对视图的所有操作(如打开与关闭、设置属性、修改结构以及删除等)与对表的操作相同。视图作为数据库的一种对象,有其专门的设计工具和命令。视图又具有查询的特点,可以用来从一个或多个相关联的表中提取有用信息,而且视图还可以更新数据源表。

视图有两种类型:一种是本地视图;另一种是远程视图。本地视图是从当前数据库的表或者其他视图中选取信息,而远程视图却是从当前数据库之外的数据源(如 SQL Server)选取数据。本节主要讨论本地视图。

创建视图与创建查询的方法非常类似,主要是通过指定数据源、选择所需字段、设置筛选条件等工作来完成。

5.2.1　视图的创建

用户可以利用视图设计器来创建视图,也可以利用视图向导创建视图,还可以通过命令创建视图。下面主要介绍利用视图设计器创建本地视图。

1. 单表视图

学生表是由多个字段组成的,如果只关心学号、姓名、性别和总分字段,就可以创建一个视图来进行操作。

例 5.1　对学生表建立视图,列出学号、姓名、性别和总分。

操作步骤如下:

(1)先打开学生管理数据库,再打开视图设计器,将学生表添加到视图设计器窗口。

(2)在视图设计器的"字段"选项卡中,将可用字段"Student.学号"、"Student.姓名"、"Student.性别"和"Student.总分"添加到"已选择字段"列表框中,结果如图 5-9 所示。

(3)单击"属性"按钮,得到图 5-10 所示的"视图字段属性"对话框。上述选择的字段是

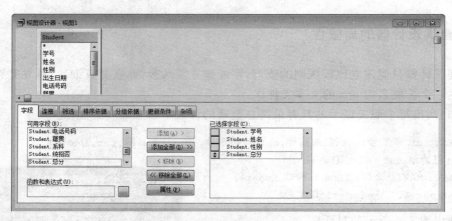

图 5-9　选定视图字段

表中的字段,这些字段被放置到视图中还可以设置相关属性。视图字段属性除了数据类型、宽度和小数位数不能被修改之外,可以进行字段有效性、显示格式等设置。

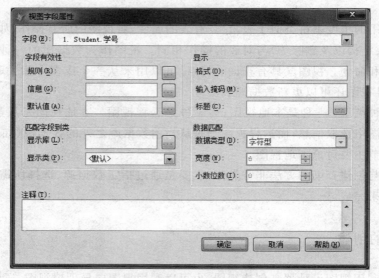

图 5-10　选择视图字段属性

　　(4) 其他功能设计。视图实际上是一条 SELECT 命令,所以相关 SELECT 命令的各种子句都可以进行设计。

　　(5) 更新设置。在设计视图时,其他操作与查询设计器中的操作相同,唯一的区别就是更新设置。单击"更新条件"选项卡来更新设置。

　　(6) 存储视图。选择"文件"菜单中的"另存为"命令,出现"保存"对话框,在对话框中输入视图名后,单击"确定"按钮。

　　(7) 或者是在设计视图时从"查询"菜单中选择"运行查询"命令,查看视图结果,完成后关闭视图设计器窗口。

　　在设计视图时,单击"视图设计器"工具栏中的 SQL 按钮,可看到视图的内容如下:

```
SELECT Student.学号，Student.姓名，Student.性别，Student.总分；
FROM  stu! student
```

由此可见，视图实际上是一条 SQL 命令。

2．多表视图

学生管理数据库中的选课表，对于一般用户来讲，是无法使用的，因为学号和课程号都是采用代码方式，所以有必要使用视图方式进行透明性操作。希望在操作过程中看到学号时，知道其学生名字；看到课程号时，知道其课程名称。

例 5.2　对学生管理数据库建立视图，显示学生姓名、课程名及成绩。

这里的姓名、课程名及成绩等信息分布于学生表（student）、课程表（course）、成绩表（grade）3 个表中，故要建立一个以这 3 个数据表为源表的视图。操作步骤如下：

（1）新建视图，并依次将学生表（student）、课程表（course）、成绩表（grade）添加到视图设计器窗口。

（2）选择与设置输出字段。在“字段”选项卡上，设定输出字段为“Student. 学号”、“Student. 姓名”、“Grade. 课程号”、“Course. 课程名”、“Grade. 成绩”，如图 5-11 所示。

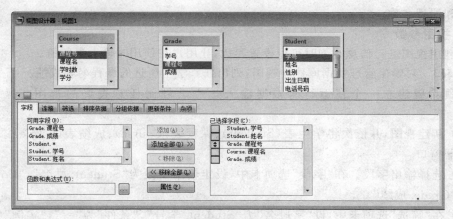

图 5-11　多表视图设计

（3）设计联接。这 3 个表之间有一定的关联关系，由于它们之间的关联关系已经存在于数据库中，所以关系表达式将自动被带进来，如图 5-12 所示。如果数据中没有设置联接，需要在此进行手工设置联接关系表达式。操作方法是：单击“视图设计器”工具栏中的“添加联接”按钮，进入“连接条件”对话框进行设置。

	字段	连接	筛选	排序依据	分组依据	更新条件	杂项				
	左侧的表	连接类型	优先级	右侧的表	字段名	非	标准	值	逻辑	优先级
↔	Course	Inner Jo	0	Grade	Course.课程号		=	Grade.课程号		0
↔	〈Prev 连	Inner Jo	0	Student	Student.学号		=	Grade.学号		0

插入(I)　移除(R)

图 5-12　设置联接

（4）更新设计。本例中有 3 个表，在这里不希望更新学生表（Student）和课程表（Course）（使用这两个表的目的是帮助显示学生成绩），需要更新的只有成绩表（Grade）。在此选择"更新条件"选项卡，在 Table 下拉列表框中选择 Grade，设置关键字段和更新字段，如图 5-13 所示。在 SQL WHERE clause includes 选项组中选择 Key and modified fields（关键字和已修改字段）项，在 Update using 选项组中选择 SQL UPDATE 单选按钮。

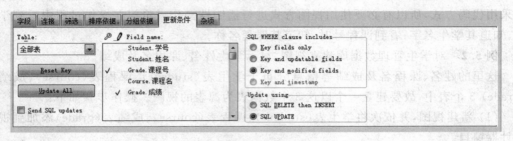

图 5-13　更新设计

（5）保存该视图，然后运行该视图，可见在显示学号和课程号的同时，显示了相应的学生姓名和课程名称。

3. 视图参数

在利用视图进行信息查询时可以设置参数，让用户在使用时输入参数值。

例 5.3　对学生管理数据库建立视图，列出任一学生所选的课程名和成绩。

本例希望建立一个在运行时根据输入学生学号而任意查询的视图。操作步骤如下：

（1）新建视图，并依次将学生表（Student）、课程表（Course）、成绩表（Grade）添加到视图设计器窗口。

（2）选择输出字段。在"字段"选项卡中，设定输出字段为"Student. 姓名"、"Course. 课程名"、"Grade. 成绩"。

（3）在"筛选"选项卡中，设"字段名"为"Student. 学号"，"条件"为"＝"，"实例"为"? 学号"，如图 5-14 所示。注意，?与其后面的"学号"间不要空格。

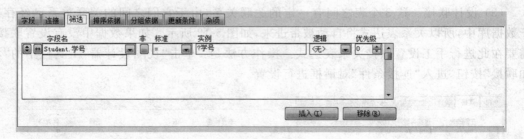

图 5-14　视图参数设置

（4）保存视图，然后运行该视图，此时系统显示"视图参数"对话框，要求给出参数值，输入参数后出现查询结果。

5.2.2 利用视图更新数据

更新数据是视图的重要特点,也是与查询最大的区别。使用"更新条件"选项卡可把用户对视图中数据所做的修改,包括更新、删除及插入等结果返回到数据源中。

下面对学生表建立一个视图,使其显示学号为"150001"的学生的情况,并将学号修改为"220001",将姓名修改为"王大力"。具体操作方法如下:

(1)启动视图设计器,并将学生表 Student 加入视图设计器。

(2)选择字段。在"字段"选项卡中,将"可用字段"列表框中的全部字段添加到"选定字段"列表框中,作为视图中要显示的字段。

(3)设置筛选条件。单击"筛选"选项卡,在"字段名"输入框中单击,从显示的下拉列表框中选取学号字段,从"条件"下拉列表框中选择"="运算符,在"实例"输入框中单击,显示输入提示符后输入"? 学号"。

(4)设置更新条件。选择"更新条件"选项卡,进行如下操作:

① 设定学号和姓名为关键字段。方法是在字段名 Field name 列表框中,分别在学号和姓名字段前"钥匙"符号下单击,将其设置为选中状态。

② 设定可修改的字段。由于只修改学号和姓名字段的值,因此,在这两个字段前"铅笔"符号下单击,将其设置为可修改字段。

③ 选中 Send SQL updates(发送 SQL 更新)复选框,把视图的修改结果返回到源数据表中。选中 Update using(使用更新设置)选项组中的 SQL UPDATE 单选按钮,即利用SQL 的修改记录功能,直接修改此记录。

"更新条件"选项卡设置如图 5-15 所示。

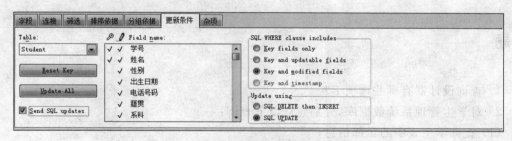

图 5-15 "更新条件"选项卡设置

(5)保存视图。选择"文件"菜单中的"保存"命令,或单击常用工具栏上的"保存"按钮,保存视图。

(6)修改数据。在所建立的视图设计器中,右击选择"运行查询"命令或单击工具栏中的运行按钮。在查询参数输入窗口中输入"150001"(注意:因为类型为字符型,因此需要输入双引号),并在随后弹出的浏览窗口中将学号修改为"220001",姓名修改为"王大力"。单击"关闭"按钮,关闭浏览窗口。

(7)观察学生表。打开学生表的浏览窗口,浏览表中数据。发现表中的数据已经随着视图的更改而自动修改了,如图 5-16 所示。

学号	姓名	性别	出生日期	电话号码	籍贯	系科	统招否	总分	简历	照片
220001	王大力	男	01/03/97	8512346	山东	物理	T	565	备注	gen
150002	李冬兰	女	02/04/97	8512357	安徽	化学	T	570	备注	gen
150003	万云华	男	03/04/97	8512346	湖北	计算机	F	600	备注	gen
150004	刘延胜	男	04/06/96	8512345	山东	数学	T	590	备注	gen
150005	席敦	男	05/12/97	8512343	江西	中文	F	571	备注	gen
150006	贺志强	男	06/28/97	8512342	安徽	历史	T	582	备注	gen
150007	谭彩	女	07/06/97	8512356	江西	物理	F	614	备注	gen
150008	孔令婧	女	08/08/96	8512355	安徽	数学	T	637	备注	gen
150009	李静	女	09/20/97	8512354	湖北	计算机	T	624	备注	gen
150010	康小丽	女	10/30/96	8512355	山东	外语1	T	638	备注	gen
150011	谢晓飞	男	10/30/97	8512346	江西	中文	F	617	备注	gen
150012	陈韩颖	女	11/30/97	8512357	湖南	计算机	T	574	备注	gen
150013	蒋艺	男	03/03/98	8512344	湖北	物理	F	584	备注	gen
150014	凌艳青	女	09/03/97	8512355	江西	物理	T	591	备注	gen
150015	陈丽红	女	04/30/96	8512356	江西	外语	T	619	备注	gen
150016	章许萌	女	09/10/97	8512357	江西	中文	T	600	备注	gen

图 5-16 利用视图更新表中数据

5.2.3 删除视图

删除视图有两种方法：

（1）利用数据库设计器删除视图。打开数据库设计器，右击视图名，在弹出的快捷菜单中选择"删除"命令，弹出询问"确认要从数据库中移去视图吗？"对话框，然后单击"移去"按钮。

（2）利用命令删除视图。命令格式为：

DELETE VIEW <视图名>

习题

1. 查询设计器有哪些选项卡？
2. 对学生管理系统数据库，分别建立以下查询：
（1）查询学生表中的全部信息；
（2）查询非湖南籍的学生名单；
（3）查询全部学生的如下信息：学号、姓名、课程名、成绩、总分；
（4）查询每个省的学生人数；
（5）以降序显示每门课程的平均成绩，要求显示课程名称和平均成绩两个数据项。
3. 用户浏览信息时，总是希望在一个界面中能为其提供完整而充分的信息，但在设计表时，往往从数据规范性与用户需求的多样与随机性等方面考虑难以完全按照显示界面设计表。以一个实例简要说明怎样使用视图解决这一矛盾。
4. 对学生管理数据库，分别建立以下视图：
（1）为学生选课建立一个视图，要求包含课程号、课程名、学分、任课教师的姓名及职称等信息；

（2）为用人单位建立一个视图，要求包含学生的姓名、性别、出生日期、籍贯、所修课程的名称、学习成绩；

（3）为学校人事部门建立一个视图以帮助其掌握教师教学基本情况，要求包括教师编号、姓名、职称、担任授课的课程编号、名称、学分等信息；

（4）为学生办公室建立一个浏览学生考试成绩的视图，要求包含全部学生的基本信息和课程号、课程名称、成绩，所有数据只能浏览，不能修改。

第 6 章 关系数据库标准语言 SQL

SQL(Structured Query Language)即结构化查询语言,是关系数据库的标准语言。查询是 SQL 语言的重要组成部分,但不是全部,SQL 还包含数据定义、数据操作和数据控制功能等部分。SQL 已经成为关系数据库的标准数据语言,所以现在流行的关系数据库管理系统都支持 SQL。Visual FoxPro 也支持 SQL 语言。本章以 Visual FoxPro 为基础,介绍 SQL 的基本概念及其应用。

6.1 SQL 语言概述

6.1.1 SQL 语言

20 世纪 80 年代初,美国国家标准协会(ANSI)开始着手制定 SQL 标准,最早的 ANSI 标准于 1986 年 10 月完成。1987 年 6 月国际标准化组织(ISO)将其采纳为国际标准。1992 年,ISO 和 IEC 发布了 SQL 国际标准,称为 SQL-92。ANSI 随之发布的相应标准是 ANSI SQL-92。ANSI SQL-92 有时被称为 ANSI SQL。尽管不同的关系数据库使用的 SQL 版本有一些差异,但大多数都遵循 ANSI SQL 标准。SQL Server 使用 ANSI SQL-92 的扩展集,称为 T-SQL,其遵循 ANSI 制定的 SQL-92 标准。

按照 ANSI 和 ISO 的规定,SQL 被作为关系数据库的标准语言。SQL 语言是高级的非过程化编程语言,是沟通数据库服务器和客户端的重要工具,允许用户在高层数据结构上工作。它不要求用户指定对数据的存放方法,也不需要用户了解具体的数据存放方式,所以,具有完全不同底层结构的不同数据库系统,可以使用相同的 SQL 语言作为数据输入与管理的接口。它以记录集合作为操作对象,所有 SQL 语句接受集合作为输入,返回集合作为输出,这种集合特性允许一条 SQL 语句的输出作为另一条 SQL 语句的输入,所以 SQL 语句可以嵌套,这使它具有极大的灵活性和强大的功能,在多数情况下,在其他语言中需要一大段程序实现的功能只需要一个 SQL 语句就可以达到目的,这也意味着用 SQL 语言可以实现非常复杂的功能。

SQL 语言包含 3 个部分:

(1) 数据定义语言(Data Definition Language,DDL),包括 CREATE(定义)、DROP(删除)、ALTER(修改)等语句。

(2) 数据操作语言(Data Manipulation Language,DML),包括 INSERT(插入)、UPDATE(修改)、DELETE(删除)语句。

（3）数据控制语言（Data Controlling Language，DCL），包括 GRANT（授权）、REVOKE（收回权限）等语句。

SQL 语言主要特点包括：

（1）综合统一。

SQL 语言集数据定义语言、数据操纵语言、数据控制语言的功能于一体，语言风格统一，可以独立完成数据库生命周期中的全部活动，为数据库应用系统提供了良好的环境。用户在数据库系统投入运行后，还可以根据需要随时地、逐步地修改模式，且并不影响数据库的运行，从而使系统具有良好的可扩展性。

（2）高度非过程化。

SQL 语言高度非过程化，只要提出"做什么"，而无须指明"怎么做"，减轻了用户的负担，也有利于提高数据独立性。

（3）面向集合的操作方式。

SQL 语言除了操作对象、查找结果是记录的集合，一次插入、删除、更新操作的对象也可以是记录的集合。

（4）以同一种语法结构提供两种使用方式。

SQL 语言既是自含式语言，又是嵌入式语言。作为自含式语言，它能够独立地用于联机交互的使用方式，用户可以在终端键盘上直接输入 SQL 命令对数据库进行操作。作为嵌入式语言，SQL 语句能够嵌入到高级语言（例如 C、COBOL、Fortran、PL/1）程序中，供程序员设计程序时使用。

（5）语言简捷，易学易用。

完成核心功能只用 9 个动词：数据查询（Select）、数据定义（Create、Drop、Alter）、数据操纵（Insert、Update、Delete）、数据控制（Grant、Revoke）。

6.1.2 查询条件中常用的运算符

SQL 语言中，查询条件中常用的运算符如表 6-1 所示。

表 6-1 查询条件中常用的运算符

查询条件	运 算 符	说 明
比较	=、>、<、>=、<=、!=、!>、!<	字符串比较从左向右进行
确定范围	Between And、Not Between And	Between 后是下限，And 后是上限
确定集合	In、Not In	检查一个属性值是否属于集合中的值
字符匹配	Like、Not Like	用于构造条件表达式中的字符匹配
空值	Is Null、Is Not Null	当属性值内容为空时，要用次运算符
多重条件	And、Or、Not	用于构造复合表达式
所有	All	满足子查询中所有值的记录
任一	Any	满足子查询中任意一个值的记录
存在	Exists	测试子查询中查询结果是否为空
某一	Some	满足集合中的某一个值

6.1.3 查询中常用的集函数

SQL 语言中,查询中常用的集函数如表 6-2 所示。

表 6-2 查询中常用的集函数

函 数 格 式	函 数 功 能	函 数 格 式	函 数 功 能
COUNT(＊)	统计记录条数	AVG(字段名)	计算某一数值型列值的平均值
COUNT(字段名)	统计一列值的个数	MAX(字段名)	计算某一数值型列值的最大值
SUM(字段名)	计算某一数值型列值的总和	MIN(字段名)	计算某一数值型列值的最小值

6.2 数据定义

有关数据定义的 SQL 命令分为 3 组,分别是创建(CREATE)数据库对象、修改(ALTER)数据库对象和删除(DROP)数据库对象。每一组命令针对不同的数据库对象(如数据库、查询、视图等)分别有 3 个命令。例如,针对表对象的 3 个命令是创建表结构命令 CREATE TABLE、修改表结构命令 ALTER TABLE 和删除表命令 DROP TABLE。本节就以表对象的这 3 个命令为例介绍 SQL 的数据定义功能。

6.2.1 表的创建

除通过表设计器创建表之外,在 Visual FoxPro 中还可以通过 SQL 的 CREATE TABLE 命令创建表,其命令格式是:

```
CREATE TABLE|DBF <表名 1>[NAME <长表名>] [FREE]
(<字段名 1><类型>(<宽度>[,<小数位数>]) [NULL|NOT NULL]
[CHECK <条件表达式 1>[ERROR <出错显示信息>]]
[DEFAULT <表达式 1>[PRIMARY KEY|UNIQUE] REFERENCES <表名 2>]
[TAG <标识 1>]
[<字段名 2><类型>(<宽度>[,<小数位数>]) [NULL|NOT NULL]]
[CHECK <条件表达式 2>[ERROR <出错显示信息>]]
[DEFAULT <表达式 2>[PRIMARY KEY|UNIQUE] REFERENCES <表名 3>]
[TAG <标识 2>]
…)|FROM ARRAY <数组名>
```

命令中各参数的含义如下:

(1) 表名 1——要创建的表文件名。

(2) FREE——如果当前已经打开一个数据库,这里所创建的新表会自动加入该数据库,除非使用参数 FREE 说明该新表作为一个自由表不加入当前数据库。如果没有打开的数据库,该参数无意义。

（3）字段名1,字段名2,……——所要创建的新表的字段名,在语法格式中,两个字段名之间的语法成分都是对一个字段的属性说明,包括:

① 类型——说明字段类型,可选的字段类型见表6-3的说明。

② 宽度及小数位数——字段宽度及小数位数见表6-3的说明。

表 6-3　数据类型说明

字段类型	字段宽度	小数位数	说　　　明
C	n	—	字符型字段(Character)的宽度为 n
D	—	—	日期类型(Date)
T	—	—	日期时间类型(Date Time)
N	n	d	数值字段类型(Numeric),宽度为 n,小数位数为 d
F	n	d	浮动数值字段类型(Float),宽度为 n,小数位数为 d
I	—	—	整数类型(Integer)
B	—	d	双精度类型(Double)
Y	—	—	货币类型(Currency)
L	—	—	逻辑类型(Logical)
M	—	—	备注类型(Memo)
G	—	—	通用类型(General)

③ NULL、NOT NULL——该字段是否允许“空值”,其默认值为NULL,即允许“空值”。

④ CHECK<条件表达式>——用来检测字段的值是否有效,这是实行数据库的一种完整性检查。

⑤ ERROR<出错显示信息>——当完整性检查有错误,即条件表达式的值为假时的提示信息。应当注意,当为一个表的某个字段建立了实行完整性检测的条件表达式后,在对该数据表输入数据时,系统会自动检测所输入的字段值是否使条件表达式为假,当有一个数据使其为假时,系统自动显示这里所提示的出错信息。

⑥ DEFAULT<表达式>——为一个字段指定默认值。

⑦ PRIMARY KEY——指定该字段为关键字段,非数据库表不能使用该参数。

⑧ UNIQUE——指定该字段为一个候选关键字段。注意,指定为关键或候选关键的字段都不允许出现重复值,这称为对字段值的唯一性约束。

⑨ REFERENCES <表名>——这里指定的表作为新建表的永久性父表,新建表作为子表。

⑩ TAG <标识>——父表中的关联字段,若缺省该参数,则默认父表的主索引字段作为关联字段。

（4）FROM ARRAY＜数组名＞：用指定数组的值创建表。

从以上命令格式可以看出，用 CREATE TABLE 命令创建表可以完成用表设计器完成的所有功能。除了创建表的基本功能外，它还包括满足实体完整性的主关键字（主索引）PRIMARY KEY、定义域完整性的 CHECK 约束及出错提示信息 ERROR、定义默认值的 DEFAULT 等。另外还有描述表之间联系的 FOREIGN KEY 和 REFERENCES 等。

下面通过例子说明该命令的用法。

例 6.1   建立一个自由表：人事档案（编号，姓名，性别，基本工资，出生年月），其中允许出生年月为空值。

```
CREATE TABLE D: 人事管理人事档案 FREE (编号 C(7),姓名 C(8),性别 C(2),;
基本工资 N(7,2),出生年月 D NULL)
```

下面利用 SQL 命令来建立一个学生管理数据库。

例 6.2   利用 SQL 命令建立学生管理数据库，其中包含 3 个表：学生表、选课表和课程表。

操作步骤如下：

（1）用 CREATE 命令创建数据库。

```
CREATE DATABASE 学生管理
```

（2）用 CREATE 命令创建学生表。

```
CREATE TABLE 学生 (学号 C(5) PRIMARY KEY,姓名 C(8),;
入学成绩 N(5,1) CHECK(入学成绩>0) ERROR "成绩应该大于 0!")
```

命令中使用 TABLE 和 DBF 是等价的，前者是标准 SQL 的关键词，后者是 Visual FoxPro 的关键词。该命令在当前打开的学生管理数据库中建立了学生表，其中学号是主关键字（主索引，用 PRIMARY KEY 说明），用 CHECK 为入学成绩字段值说明了有效性规则（入学成绩>0），用 ERROR 为该有效性规则说明了出错提示信息"成绩应该大于 0!"。如果学生管理数据库设计器没有打开，可以用 MODIFY DATABASE 命令打开，那么执行完如上命令后在数据库设计器中立刻可以看到该表。注意，该命令中未包括学生表中的其他字段，其定义方法是一样的。

（3）创建课程表。

```
CREATE TABLE 课程 (课程号 C(5) PRIMARY KEY,课程名 C(20),学分 N(1))
```

（4）创建选课表。

```
CREATE TABLE 选课 (学号 C(5),课程号 C(5),;
成绩 I CHECK(成绩>=0 AND 成绩<=100);
ERROR "成绩值的范围 0~100!"DEFAULT 60);
FOREIGN KEY 学号 TAG 学号 REFERENCES 学生,;
FOREIGN KEY 课程号 TAG 课程号 REFERENCES 课程;
```

命令除了用 CHECK 说明了有效性规则，用 ERROR 说明了出错信息之外，还用 DEFAULT 为成绩字段值说明了默认值。用短语"FOREIGN KEY 学号 TAG 学号 REFERENCES 学生"

说明了选课表与学生表的联系。用"FOREIGN KEY 学号"在该表的学号字段上建立一个普通索引,同时说明该字段时联接字段,通过引用学生表的主索引"学号"(TAG 学号 REFERENCES 学生)与学生表建立联系,同样还建立了选课表与课程表之间的联系。

以上所有创建表的命令执行完后可以在数据库设计器中看到如图 6-1 所示的界面,从中可以看到通过 SQL CREATE 命令不仅可以创建表,同时还建立了表之间的联系。

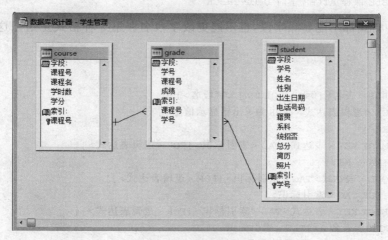

图 6-1 利用 SQL 命令建立数据库

6.2.2 表结构的修改

修改表结构的命令是 ALTER TABLE,该命令有 3 种格式。

格式 1:

```
ALTER TABLE <表名 1>
ADD|ALTER [COLUMN] <字段名><字段类型>[(<宽度>[,<小数位数>])]
[NULL|NOT NULL] [CHECK <逻辑表达式>[ERROR <出错显示信息>]]
[DEFAULT <表达式>] [PRIMARY KEY|UNIQUE]
[REFERENCES <表名 2>[TAG <标识名>]]
```

该格式命令可以添加(ADD)新的字段或修改(ALTER)已有的字段,它的句法基本可以与 CREATE TABLE 的句法相对应。

例 6.3 为课程表增加一个整数类型的学时字段。

```
OPEN DATABASE 学生管理
ALTER TABLE 课程 ADD 学时 I CHECK(学时>16) ERROR "学时应该大于 16!"
```

该格式命令可以修改字段的类型、宽度、有效性规则、错误信息、默认值,定义主关键字和联系等,但是不能修改字段名,不能删除字段,也不能删除已经定义的规则等。

格式 2:

```
ALTER TABLE <表名>
ALTER [COLUMN] <字段名>[NULL|NOT NULL]
```

```
[SET DEFAULT <表达式>] [SET CHECK <逻辑表达式> [ERROR <出错显示信息>]]
[DROP DEFAULT] [DROP CHECK]
```

该格式命令主要用于定义、修改和删除有效性规则以及默认值定义。

例 6.4 删除课程表中的学时字段的有效性规则。

```
ALTER TABLE 课程 ATLER 学时 DROP CHECK
```

以上两种格式都不能删除字段,也不能更改字段名。第 3 种格式正是在这些方面对前两种格式的补充。

格式 3:

```
ALTER TABLE <表名> [DROP [COLUMN] <字段名>]
[SET CHECK <逻辑表达式> [ERROR <出错显示信息>]]
[DROP CHECK]
[ADD PRIMARY KEY <表达式> TAG <索引标识> [FOR <逻辑表达式>]]
[DROP PRIMARY KEY]
[ADD UNIQUE <表达式> TAG <索引标识> [FOR <逻辑表达式>]]
[DROP UNIQUE TAG <索引标识>]
[ADD FOREIGN KEY <表达式> TAG <索引标识> [FOR <逻辑表达式>]]
[REFERENCES <表名 2> [TAG <索引标识>]]
[DROP FOREIGN KEY TAG <索引标识> [SAVE]]
[RENAME COLUMN <原字段名> TO <目标字段名>]
```

该格式命令可以删除指定字段(DROP[COLUMN])、修改字段名(RENAME COLUMN)、修改指定表的完整性规则,包括主索引、外关键字、候选索引及表的合法值限定的添加与删除。

例 6.5 删除课程表中的学时字段。

```
ALTER TABLE 课程 DROP COLUMN 学时
```

6.2.3 表的删除

删除表的 SQL 命令是:

```
DROP TABLE <表名>
```

DROP TABLE 命令直接从磁盘上删除所指定的表文件。如果指定的表文件是数据库中的表并且相应的数据库是当前数据库,则从数据库中删除了表。否则虽然从磁盘上删除了表文件,但是记录在数据库文件中的信息却没有删除,此后会出现错误提示。所以要删除数据库中的表时,最好应使数据库是当前打开的数据库,在数据库中进行操作。

6.3 数据查询

SQL 数据查询命令时 SELECT 命令。该命令的基本框架是 SELECT-FROM-WHERE,它包含输出字段、数据来源、查询条件等基本子句。在这种固定格式中,可以不要

WHERE,但是 SELECT 和 FROM 是必备的。

6.3.1　SELECT 命令的格式

Visual FoxPro 的 SQL SELECT 命令的语法格式是:

```
SELECT [ALL|DISTINCT]
[ <别名>.]<选项>[AS <显示列名>][,[ <别名>.]<选项>[AS <显示列名>]…]
FROM [<数据库名>!] <表名>[[AS] <本地别名>]
[ [INNER|LEFT [OUTER]|RIGHT [OUTER]|FULL [OUTER]]]
JOIN <数据库名>!] <表名>[[AS] <本地别名>] [ON <联接条件>…]
[[INTO <目标>|[TO FILE <文件名>][ADDITIVE]]
[WHERE <联接条件 1>[AND <联接条件 2>…]
[AND|OR <过滤条件 1>[AND|OR <过滤条件 2>…]]]
[GROUP BY <分组列名 1>[,<分组列名 2>…]][HAVING <过滤条件>]
[UNION [ALL] SELECT 命令]
[ORDER BY <排序选项 1>[ASC|DESC][,<排序选项 2>[ASC|DESC]…]]
```

　　SELECT 命令的子句很多,理解了这条命令各项的含义,就能从数据库中查询出各种数据。SQL 数据查询语言只有一条命令,即 SELECT。与其说它是一条命令,倒不如说它是一个 SELECT 命令集合。它的选项极其丰富,同时查询条件和嵌套使用也是很复杂的。本节详细介绍这条命令的用法。

6.3.2　投影查询

　　所谓投影查询,是指从表中选择出要输出的字段,它是无条件查询。其常用格式是:

```
SELECT [ALL |DISTINCT]
[<别名>.]<选项>[AS <显示列名>][,[<别名>.]<选项>[AS <显示列名>…]]
FROM <表名 1>[<别名 1>][,<表名 2>[<别名 2>…]]
```

其中 ALL 表示输出所有记录,包括重复记录。DISTINCT 表示输出无重复结果的记录。当选择多个数据库表中的字段时,可使用别名来区分不同的表。显示列名的作用是在输出结果中,如果不希望使用字段名,可以根据要求设置一个名称。选项可以是字段名、表达式或函数。如果要输出全部字段,选项用 * 表示。表名代表要查询的表。

　　SELECT 命令类似于 LIST FIELDS<字段名 1> [,[<字段名 2>,…]命令,指出要输出的列,然后输出结果,但是 SELECT 命令的功能要强大得多。

　　例 6.6　写出对学生表进行如下操作的命令。

操作 1:列出全部学生信息;

```
SELECT * FROM 学生
```

操作 2:列出全部学生的姓名和年龄,去掉重名。

```
SELECT DISTINCT 姓名 AS 学生名单,YEAR(DATE())-YEAR(出生日期);
```

　　AS 年龄 FROM 学生

SELECT 命令中的选项,不仅可以是字段名,还可以是表达式,也可以是函数。

例 6.7　写出对学生表进行如下操作的命令。

操作 1:将所有的学生入学成绩四舍五入,只显示学号、姓名和入学成绩;

`SELECT 学号,姓名,ROUND(入学成绩,0) AS "入学成绩" FROM 学生`

操作 2:求出所有学生的入学成绩平均分。

`SELECT AVG(入学成绩) AS "入学成绩平均分" FROM 学生`

由以上两个命令可见,直接使用 Visual FoxPro 提供的各种 SQL 函数在输出时进行计算,便可得到相应的输出结果。

6.3.3　条件查询

WHERE 子句用于指定查询条件,其格式是:

`WHERE <条件表达式>`

其中条件表达式可以是单表的条件表达式,也可以是多表之间的条件表达式,表达式用的运算符见表 6-1。

例 6.8　写出对学生表进行如下操作的命令。

操作 1:列出入学成绩在 560 分以上的学生记录;

`SELECT * FROM 学生 WHERE 入学成绩>560`

操作 2:求出湖南学生入学成绩平均分。

`SELECT 籍贯,AVG(入学成绩) AS 入学成绩平均分 FROM 学生;`
`WHERE 籍贯="湖南"`

条件表达式是指查询的结果集合应满足的条件,如果某行条件为真就包括该行记录。这种条件运算的基本要领是:左边是一个字段,右边是一个集合,在集合中测定字段值是否满足条件。

例 6.9　写出对学生管理数据库进行如下操作的命令:

(1) 列出非湖南籍的学生名单;
(2) 列出江苏籍和贵州籍的学生名单;
(3) 列出入学成绩在 560~650 分之间的学生名单;
(4) 列出所有的姓赵的学生名单;
(5) 列出所有成绩为空值的学生学号和课程号。

操作 1:列出非湖南籍的学生名单;

`SELECT 学号,姓名,籍贯 FROM 学生 WHERE 籍贯<>"湖南"`

命令中的 WHERE 子句还有等价的形式:

WHERE 籍贯！＝"湖南" 或 WHERE NOT(籍贯＝"湖南")

操作 2：列出江苏籍和贵州籍的学生名单；

`SELECT 学号,姓名,籍贯 FROM 学生 WHERE 籍贯 IN ("江苏","贵州")`

命令中的 WHERE 子句还有等价的形式：

`WHERE 籍贯="江苏"OR 籍贯="贵州"`

操作 3：列出入学成绩在 560 分到 650 分之间的学生名单；

`SELECT 学号,姓名,入学成绩 FROM 学生 WHERE 入学成绩 BETWEEN 560 AND 650`

命令中的 WHERE 子句还有等价的形式：

`WHERE 入学成绩>=560 AND 入学成绩<=650`

操作 4：列出所有的姓赵的学生名单；

`SELECT 学号,姓名 FROM 学生 WHERE 姓名 LIKE"赵%"`

命令中的 WHERE 子句还有等价的形式：

`WHERE 姓名="赵"或 WHERE AT("赵",姓名)=1`

或

`WHERE LEFT(姓名,2)="赵"`

操作 5：列出所有成绩为空值的学生学号和课程号。

`SELECT 学号,课程号 FROM 选课 WHERE 成绩 IS NULL`

命令中使用了运算符 IS NULL，该运算符测试字段值是否为空值，在查询时用"字段名 IS [NOT] NULL"的形式，而不能写成"字段名＝NULL"或"字段名！＝NULL"。

6.3.4　分组查询与筛选

使用 GROUP BY 子句可以对查询结果进行分组，其格式是：

`GROUP BY <分组选项 1>[,<分组选项 2>…]`

其中<分组选项>可以是字段名，也可以是分组选项的序号（第 1 个分组选项的序号为 1）。

GROUP BY 子句可以将查询结果按指定列进行分组，每组在列上具有相同的值。若在分组后还要按照一定的条件进行筛选，则需要使用 HAVING 子句。其格式是：

`HAVING <筛选条件表达式>`

HAVING 子句与 WHERE 子句一样，也可以起到按条件选择记录的功能，但两个子句作用对象不同，WHERE 子句作用于基本表或视图，而 HAVING 子句作用于组，必须与 GROUP BY 子句连用，用来指定每一分组内应满足的条件。HAVING 子句与 WHERE 子句不矛盾,在查询中先用 WHERE 子句选择记录,然后进行分组,最后再用 HAVING 子句选择记录。当然,GROUP BY 子句也可单独出现。

例 6.10　写出对学生管理数据库进行如下操作的命令。

(1) 分别统计男女生人数;

(2) 分别统计男女生中少数民族学生人数;

(3) 列出成绩平均分大于 80 分的课程号。

操作 1:分别统计男女生人数;

```
SELECT 性别,COUNT(性别) FROM 学生 GROUP BY 性别
```

操作 2:分别统计男女生中少数民族学生人数;

```
SELECT 性别,COUNT(性别) FROM 学生 GROUP BY 性别 WHERE 少数民族否
```

注意,不能把命令写成如下形式:

```
SELECT 性别,COUNT(性别) FROM 学生 GROUP BY 性别 HAVING 少数民族否
```

操作 3:列出成绩平均分大于 80 分的课程号。

```
SELECT 课程号,AVG(成绩) FROM 选课 GROUP BY 课程号;
HAVING AVG(成绩)>=80
```

6.3.5　查询排序

SELECT 的查询结果是按查询过程中的自然顺序给出的,因此查询结果通常无序,如果希望查询结果有序输出,则需要用 ORDER BY 子句配合,其格式是:

```
ORDER BY <排序选项 1>[ASC|DESC][,<排序选项 1>[ASC|DESC]…]
```

其中排序选项可以是字段名,也可以是数字。字段名必须是主 SELECT 子句的选项,当然是所操作的表中的字段。数字是表的列序号,第 1 列为 1。ASC 指定的排序项按升序排列,DESC 指定的排序项按降序排列。

例 6.11　对学生管理数据库,按性别顺序列出学生的学号、姓名、性别、课程名及成绩,性别相同的再先按课程后按成绩由高到低排序。

```
SELECT a.学号,姓名,性别,课程名,成绩 FROM 学生 a,选课 b,课程 c;
WHERE a.学号=b.学号 AND b.课程号=c.课程号;
ORDER BY 性别,课程名,成绩 DESC
```

6.3.6　联接查询

在一个表中进行查询,一般说来是比较简单的,而在多个表之间查询就比较复杂,必须处理表与表之间的联接关系。

1. 等值与非等值联接查询

1）等值联接查询

等值联接是按对应字段的共同值将一个表中的记录与另一个表中的记录相联接。

例 6.12 写出对学生管理数据库进行如下操作的命令。

（1）输出所有学生的成绩单，要求给出学号、姓名、课程号、课程名和成绩；

（2）列出男生的选课情况，要求列出学号、姓名、课程号、课程名、授课教师和学分数；

（3）列出至少选修"01101"课和"01102"课的学生学号。

操作 1：输出所有学生的成绩单，要求给出学号、姓名、课程号、课程名和成绩；

```
SELECT a.学号,姓名,b.课程号,课程名,成绩 FROM 学生 a,选课 b,课程 c;
WHERE a.学号=b.学号 AND b.课程号=c.课程号
```

以上命令中，由于"学号"、"课程号"等字段名在两个表中出现，为避免二义性，在使用时应在其字段名前加上表名已示区别（如果字段名是唯一的，可以不加表名），但表名一般输入时比较麻烦。所以此命令中，在 FROM 子句中给相关表定义了临时标记（即表别名），以利于在查询的其他部分中使用。

操作 2：列出男生的选课情况，要求列出学号、姓名、课程号、课程名、授课教师和学分数；

```
SELECT a.学号,a.姓名 AS 学生姓名,b.课程号,课程名,;
e.姓名 AS 教师姓名,学分;
FROM 学生 a,选课 b,课程 c;授课 d,教师 e;
WHERE a.学号=b.学号 AND b.课程号=c.课程号 AND c.课程号=d.课程号;
AND d.教师号=e.教师号 AND 性别="男"
```

操作 3：列出至少选修"01101"课和"01102"课的学生学号。

```
SELECT a.学号 FROM 选课 a,选课 b;
WHERE a.学号=b.学号 AND b.课程号="01101" AND a.课程号="01102"
```

2）非等值联接查询

例 6.13 对学生管理数据库，列出选修"01102"课的学生中、成绩大于学号为"201009"的学生该门课程的那些学生的学号及其成绩。

```
SELECT a.学号,a.成绩 FROM 选课 a,选课 b;
WHERE a.成绩>b.成绩 AND a.课程号=b.课程号;
AND b.课程号="01102"AND b.学号="201009"
```

在命令中，将成绩表看作 a 和 b 两张独立的表，b 表中选出的学号为"201009"同学的"01102"课的成绩，a 表中选出的是选修"01102"课学生的成绩，"a.成绩＞b.成绩"反映的是不等值联接。

2. 内部联接与外部联接查询

1）内部联接查询

所谓内部联接，是指包括符合条件的每个表中的记录。也就是说，所有满足联接条件的记录都包含在查询结果中。实际上，上面的例子都是内部联接。

例 6.14　对学生管理数据库,列出少数民族学生的学号、课程号及成绩。

```
SELECT a.学号,b.课程号,成绩 FROM 学生 a,选课 b;
WHERE a.学号=b.学号 AND 少数民族否
```

如果采用内部联接方式,则命令

```
SELECT a.学号,b.课程号,成绩 FROM 学生 a INNER JOIN 选课 b;
ON a.学号=b.学号 WHERE 少数民族否
```

所得到的结果完全相同。

2）外部联接查询

（1）左外联接。

左外联接也叫左联接（Left Outer Join）,其系统执行过程是左表的某条记录与右表的所有记录依次比较,若有满足联接条件的,则产生一个真实值记录;若都不满足,则产生一个含有 NULL 值的记录。接着,左表的下一记录与右表的所有记录依次比较字段值,重复上述过程,直到左表所有记录都比较完为止。联接结果的记录个数与左表的记录个数一致。

（2）右外联接。

右外联接也叫右联接（Right Outer Join）,其系统执行过程是右表的某条记录与左表的所有记录依次比较,若有满足联接条件的,则产生一个真实值记录;若都不满足,则产生一个含有 NULL 值的记录。接着,右表的下一记录与左表的所有记录依次比较字段值,重复上述过程,直到右表所有记录都比较完为止。联接结果的记录个数与右表的记录个数一致。

（3）全外联接。

全外联接也叫完全联接（Full Join）,其系统执行过程是先按右联接比较字段值,然后按左联接比较字段值,重复记录不记入查询结果中。

6.3.7　嵌套查询

有时一个 SELECT 命令无法完成查询任务,而需要一个子 SELECT 的结果作为查询的条件,即需要在一个 SELECT 命令的 WHERE 子句中出现另一个 SELECT 命令,这种查询称为嵌套查询。通常把仅嵌入一层子查询的 SELECT 命令称为单层嵌套查询,把嵌入子查询多于一层的查询称为多层嵌套查询。Visual FoxPro 只支持单层嵌套查询。

1. 返回单值的子查询

例 6.15　对学生管理数据库,列出选项"数据库原理"的所有学生的学号。

```
SELECT 学号 FROM 选课 WHERE 课程号=;
(SELECT 课程号 FROM 课程 WHERE 课程名="数据库原理")
```

命令的执行分两个过程:首先在课程表中找出"数据库原理"的课程号（比如"01101"）,然后再在选课表中找出课程号等于"01101"的记录,列出这些记录的学号。

2. 返回一组值的子查询

若某个子查询返回值不止一个,则必须指明在 WHERE 子句中应怎样使用这些返回值。通常使用条件运算符 ANY(或 SOME)、ALL 和 IN。

1) ANY 运算符的用法

例 6.16 对学生管理数据库,列出选项"01101"课的学生中成绩比选修"01102"的最低成绩高的学生的学号和成绩。

```
SELECT 学号,成绩 FROM 选课 WHERE 课程号="01101"AND 成绩>ANY;
(SELECT 成绩 FROM 选课 WHERE 课程号="01102")
```

该查询必须做两件事:首先找出选修"01102"课的所有学生的成绩(比如说结果为 87 和 72),然后在选修"01101"课的学生中选出其成绩高于选修"01102"课的任何一个学生的成绩(即高于 72 分)的那些学生。

2) ALL 运算符的用法

例 6.17 对学生管理数据库,列出选项"01101"课的学生,这些学生的成绩比选修"01102"的最高成绩还要高的学生的学号和成绩。

```
SELECT 学号,成绩 FROM 选课 WHERE 课程号="01101"AND 成绩>ALL;
(SELECT 成绩 FROM 选课 WHERE 课程号="01102")
```

该查询的含义是,首先找出选修"01102"课的所有学生的成绩(比如说结果为 87 和 72),然后再在选修"01101"课的学生中选出其成绩高于选修"01102"课的所有成绩(即高于 87 分)的那些学生。

3) IN 运算符的用法

例 6.18 对学生管理数据库,列出选修"数据库原理"或"软件工程"的所有学生的学号。

```
SELECT 学号 FROM 选课 WHERE 课程号 IN;
(SELECT 课程号 FROM 课程 WHERE 课程名="数据库原理"OR;
课程名="软件工程")
```

该查询首先在课程表中找出"数据库原理"或"软件工程"的课程号,然后在选课表中查找课程号属于所指两门课程的那些记录。IN 是属于的意思,等价于"=ANY",即等于子查询中任何一个值。

6.3.8 合并查询

合并查询是指将两个查询结果进行集合并操作,其子句格式是:

```
[UNION [ALL] <SELECT 命令>]
```

其中 ALL 表示结果全部合并。若没有 ALL,则重复的记录将被自动去掉。合并的规则是:

(1) 不能合并子查询的结果;

(2) 两个 SELECT 命令必须输出同样的列数;

(3) 两个表各相应列出的数据类型必须相同,数字和字符不能合并;

（4）仅最后一个 SELECT 命令中可以用 ORDER BY 子句,且排序选项必须用数字说明。

例 6.19 对学生管理数据库,列出选修"01101"或"01102"课程的所有学生的学号。

```
SELECT 学号 FROM 选课 WHERE 课程号="01101" UNION ;
SELECT 学号 FROM 选课 WHERE 课程号="01102"
```

6.3.9 查询结果输出

利用 INTO 或 TO 子句,可以对查询结果重定输出方向,其格式是:

```
[INTO <目标>]|[TO FILE <文件名>[ADDITIVE]|TO PRINTER]
```

其中各参数的含义是:

（1）"INTO <目标>"中的"目标"有如下 3 种形式。

① ARRAY <数组名>:将查询结果存到指定的数组中。

② CURSOR <临时表>:将查询结果存到一个临时表(游标),这个表的操作与其他表一样,不同的是,它一旦被关闭就被删除。

③ DBF <表>|TABLE <表>:将查询结果存到一个表,如果该表已经打开,则系统自动关闭它。如果事先执行命令 SET SAFETY OFF,则重新打开它不提示。如果没有指定后缀,则默认为 .dbf。在 SELECT 命令执行完后,该表为打开状态。

（2）"TO FILE<文件名>[ADDITIVE]"将查询结果输出到指定文本文件,ADDITIVE 表示将结构追加到原文件后面,否则将覆盖原有文件。

（3）"TO PRINTER"将查询结果送打印机输出。

例 6.20 写出对学生管理数据库进行如下操作的命令。

操作 1:将例 6.11 的查询结果保存到 test1.txt 文件中;

```
SELECT a.学号,姓名,性别,课程名,成绩 FROM 学生 a,选课 b,课程 c;
WHERE a.学号=b.学号 AND b.课程号=c.课程号;
ORDER BY 性别,课程名,成绩 DESC TO FILE test1
```

操作 2:查询学生所学课程和成绩,输出学号、姓名、课程名和成绩,并将查询结果存入 testtable 表中。

```
SELECT a.学号,姓名,b.课程号,成绩 FROM 学生 a,选课 b;
WHERE a.学号=b.学号 INTO CURSOR test
SELECT a.学号,姓名,课程名,成绩 FROM test a,课程 b;
WHERE a.课程号=b.课程号 INTO TABLE testtable ORDER BY a.学号
```

在命令中,第 1 个 SELECT 查询的结果在内存中产生一个游标,然后利用该游标中的记录执行第 2 个 SELECT 查询,将结果存储到 texttable 表中,在当前目录下得到一个 texttable.dbf 表文件。该例的 CURSOR 和 INTO TABLE 关键字,是查询输出的两个不同方向。

6.4 SQL 的数据更新功能

数据更新操作有 3 种：向表中添加若干行数据、修改表中的数据和删除表中的若干行数据。在 SQL 中有相应的 3 类语句。

6.4.1 插入数据记录

Visual FoxPro 支持两种 SQL 插入命令。

格式 1：

```
INSERT INTO <表名>[(字段名1[,<字段名2>[,…]])]
VALUES(<表达式1>[,<表达式2>[,…]])
```

该命令在指定的表尾添加一条新记录，其值为 VALUES 后面表达式的值。

当需要插入表中所有字段的数据时，表名后面的字段名可以省略，但插入数据的格式及顺序必须与表的结构完全吻合；若只需要插入表中某些字段的数据，就需要列出插入数据的字段名，当然相应表达式的数据位置应与之对应。

例 6.21 向学生表中添加记录。

```
INSERT INTO 学生 VALUES("231002","杨雨","男";
{^1993-09-10},.T.,"上海",610,"","")
INSERT INTO 学生(学号,姓名) VALUES("231109","王力")
```

格式 2：

```
INSERT INTO <表名>FROM ARRAY <数组名>|FROM MEMVAR
```

该命令在指定的表尾添加一条新记录，其值来自于数组或对应的同名内存变量。

例 6.22 已经定义了数组 A(5)，A 中各元素的值分别是：A(1)＝"231013"，A(2)＝"张阳"，A(3)＝"女"，A(4)＝{^1993-09-09}，A(4)＝.T.。利用该数组向学生表中添加记录。

```
INSERT INTO 学生 FROM ARRAY A
```

完成以上操作后，在学生表中添加一条新记录，新记录的值是指定的数组 A 中各元素的数据。Visual FoxPro 要求数组中各元素与表中各字段顺序对应。如果数组中元素的数据类型与其对应的字段类型不一致，则新记录对应的字段为空值；如果表中字段个数大于数组元素的个数，则多出的字段为空值。

在插入数据时，若在当前工作区中没有表被打开，该命令执行后将在当前工作区打开该命令指定的表；若当前工作区打开的是其他表，则该命令执行后将在一个新的工作区中打开，添加记录后，仍保持原当前工作区。若指定的表在非当前工作区中打开，则添加记录后，指定的表仍在原工作区中打开,且仍保持原当前工作区。

6.4.2 更新数据记录

UPDATE 命令对表中的记录进行修改,实现记录数据的更新。其命令格式是:

```
UPDATE [<数据库名>!]<表名>
SET <字段名 1>=<表达式 1>[,<字段名 2>=<表达式 2>…][WHERE <逻辑表达式>]
```

用表达式的值更新字段值,WHERE 子句指定更新条件,更新满足条件的一些记录的字段值。如果不使用 WHERE 子句,则更新全部记录。

例 6.23 写出对学生管理数据库进行如下操作的命令。

操作 1:将学生表中胡敏洁同学的籍贯改为广东;

```
UPDATE 学生 SET 籍贯="广东"WHERE 姓名="胡敏洁"
```

操作 2:将所有男生的各科成绩加 20 分。

```
UPDATE 选课 SET 成绩=成绩+20;
WHERE 学号 IN (SELECT 学号 FROM 学生 WHERE 性别="男")
```

以上命令中,用到了 WHERE 条件运算符 IN 和对用 SELECT 语句选择出的记录进行数据更新。注意,UPDATE 一次只能在单一的表中更新记录。

6.4.3 删除数据记录

DELETE 命令可以为指定表中的记录加删除标记。命令格式是:

```
DELETE FROM [<数据库名>!] <表名>[WHERE <条件表达式>]
```

该命令从指定表中,根据指定的条件逻辑删除。

例 6.24 将学生表所有男生的记录逻辑删除。

```
DELETE FROM 学生 WHERE 性别="男"
```

完成以上操作后,在学生表将所有男生的记录逻辑删除了,但没有从物理上删除。只有执行了 PACK 命令,逻辑删除的记录才真正地从物理上删除。逻辑删除的记录还可以用 RECALL 命令取消删除。

在逻辑删除记录时,若在当前工作区中没有表被打开,该命令执行后将在当前工作区打开该命令指定的表;若当前工作区打开的是其他表,则该命令执行后将在一个新的工作区中打开,逻辑删除完成后,仍保持原当前工作区。若指定的表在非当前工作区中打开,逻辑删除完成后,指定的表仍在原工作区中打开,且仍保持原当前工作区。

习题

1. 简述 SQL 语言的功能及特点。

2. 订货管理数据库有 4 个表：仓库(仓库号,城市,面积)、职工(仓库号,职工号,工资)表、订购单(职工号,供应商号,订购单号,订购日期)表、供应商(供应商号,供应商名,地址)表。各个表的记录实例如表 6-4 所示,用 SQL 语句完成下列操作：

表 6-4　订货管理数据库的 4 个表

仓库表

仓库号	城市	面积
WH1	北京	370
WH2	上海	500
WH3	广州	200
WH4	武汉	400

职工表

仓库号	职工号	工资
WH2	E1	1220
WH1	E3	1210
WH2	E4	1250
WH3	E6	1230
WH1	E7	1250

订购单表

职工号	供应商号	订购单号	订购日期
E3	S3	OR67	2009/06/23
E1	S4	OR73	2009/07/28
E7	S4	OR76	2009/09/25
E6	NULL	OR77	NULL
E3	S4	OR79	2009/10/26
E1	NULL	OR80	NULL
E3	NULL	OR90	NULL
E3	S3	OR91	2009/10/15

注：NULL 是空值,这里的意思是还没有确定供应商,自然也就没有确定订购日期。

供应商表

供应商号	供应商名	地址	供应商号	供应商名	地址
S3	振华电子厂	西安	S6	607 厂	郑州
S4	华通电子公司	北京	S7	爱华电子厂	北京

(1) 列出在北京的供应商的名称；

(2) 列出发给供应商 S6 的订购单号；

(3) 列出职工 E6 发给供应商 S6 的订购单信息；

（4）列出向供应商 S3 发过订购单的职工的职工号和仓库号；

（5）列出和职工 E1、E3 都有联系的北京的供应商信息；

（6）列出与工资在 1220 元以下的职工没有联系的供应商的名称；

（7）列出向供应商 S4 发出订购单的仓库所在的城市；

（8）列出在上海工作并且向供应商 S6 发出了订购单的职工号；

（9）列出由工资多于 1230 元的职工向北京的供应商发出的订购单号；

（10）列出仓库的个数；

（11）列出最大面积的仓库信息；

（12）列出所有仓库的平均面积；

（13）列出每个仓库中工资多于 1220 元的职工个数；

（14）列出和面积最小的仓库有联系的供应商的个数；

（15）列出工资低于本仓库平均工资的职工信息。

3. 利用上题给出的订货管理数据库和记录实例，用 SQL 语句完成以下操作：

（1）插入一个新的供应商记录（S9，智通公司，沈阳）；

（2）删除目前没有任何订购单的供应商；

（3）删除由在上海仓库工作的职工发出的所有订购单；

（4）给北京仓库的面积增加 $100m^2$；

（5）给低于所有职工平均工资的提高 10%。

第7章 结构化程序设计

Visual FoxPro 的程序设计包括结构化程序设计和面向对象程序设计。前者是传统的程序设计方法,主要用于过程和函数的编写,是后者的编码基础;后者借助系统提供的控件实现可视化界面。本章主要介绍结构化程序设计的知识。

7.1 程序设计基础

Visual FoxPro 有三种工作方式:菜单方式、命令方式、程序方式。前面章节已经介绍了菜单操作和在命令窗口输入命令两种操作方式,程序方式是把有关的操作命令组织在一起,存放在一个文件中,当调用执行该文件后,Visual FoxPro 将自动依次执行该文件中全部命令。在实际开发有价值的应用系统时,由于程序方式运行多条命令时比前两种工作方式效率高,执行速度快,所以程序方式是主要的工作方式。

7.1.1 程序设计的概念

程序设计就是利用计算机解决特定问题的全部过程,此过程一般包括分析问题、设计算法、编写代码、测试、排错五个主要阶段。在解决一个特定问题时,应对问题的性质与要求进行深入分析,从而确定求解问题的数学模型或方法,接着考虑数据的组织方式并设计算法,根据算法思想画出程序流程图,按照流程图应用某一种程序设计语言编写代码形成程序,最后调试程序使之运行后能达到预期结果。这个过程就是程序设计。

在程序设计过程中,编写代码是最为重要的一个阶段,也是多数初学者最怕面对的。那么如何使编码工作做起来相对容易一些呢?这就取决于算法设计的好坏以及流程图绘制的是否直观。在实际应用中,常用流程图来描述算法,流程图是用几何图形将一个过程的各步骤的逻辑关系展示出来的一种图示技术。表达形式有多种,如一般流程图、N-S 图等。一般流程图常用菱形框表示判断,用矩形框表示进行某种处理,用流程线将各步操作连接起来。常用工具为微软产品 Visio 软件。

7.1.2 程序的控制结构

不管多复杂的程序其实都可以由三种基本结构组成,分别是顺序结构、选择结构和循环结构。掌握了这三种基本结构,就可以设计出任何复杂的程序。

1. 顺序结构

顺序结构是最简单的一种基本结构,按语句的书写顺序依次执行程序,如图 7-1(a)所示。

2. 选择结构

选择结构能根据指定条件的当前值在两条或多条程序路径中选择一条执行,如图 7-1(b)所示。

3. 循环结构

循环结构由指定条件的当前值来控制循环体(重复执行的部分)中的语句块是否要重复执行,循环结构分为当型循环和直到型循环两种,分别如图 7-1(c)和(d)所示。

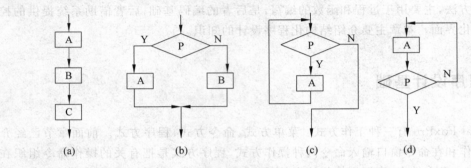

图 7-1　程序的控制结构

当型循环结构是先判断条件后执行循环体,而直到型循环结构则是先执行循环体后判断条件。

7.1.3　结构化程序设计方法

结构化程序设计方法的概念最早由 E. W. Dijkstra 在 1965 年提出,是软件发展的一个重要的里程碑。它的主要观点是采用"自顶向下、逐步求精"和"模块化"的分析方法。

自顶向下是指程序设计时,对设计的系统要有一个全面的理解,从问题的全局入手,先考虑总体,后考虑细节,把一个复杂的问题分解成若干个相互独立的子问题,再对每个子问题做进一步分解,如此重复,直到每个问题都解决为止。逐步求精是指把设计系统这样一个复杂问题按照功能分解成若干个相互独立的子问题。逐步求精总是和自顶向下结合使用,一般把逐步求精看作自顶向下设计的具体体现。

模块化是指把逐步求精得到的每个子问题分解细化为一系列的具体步骤以形成一个程序模块。

结构化程序设计方法符合人们解决复杂问题遵循的普遍规律,可以显著提高程序设计的质量和效率。

7.1.4　程序文件的建立与执行

程序文件可以用任何文本编辑程序来编写和修改,以文本方式存储,扩展名是.PRG。

1. 程序文件的建立和修改

在 Visual FoxPro 中命令窗口只能编辑和执行单条命令,程序文件的建立和修改可用自带的"程序"编辑窗口,而通常打开"程序"编辑窗口的方法有菜单和命令两种操作方法。

1)菜单方式

选择"文件"菜单中的"新建"命令,在弹出的对话框中选择"程序"单选按钮,再单击"新建文件"命令按钮。

2)命令方式

要建立或修改一个程序文件,可使用 MODIFY 命令。命令格式为:

```
MODIFY COMMAND [<程序文件名>|?]
```

其中,<程序文件名>是要建立或修改的文件名称,一般只需写上主文件名即可,扩展文件名是默认的. PRG。若使用"?",则会把当前目录下所有的程序文件打开。

2. 程序文件的执行

在 Visual FoxPro 系统中,执行程序文件的方法有多种,在此仅介绍其中三种方法。

(1) 在编辑器处于打开状态时,可单击系统工具栏中的红色 **!** 按钮。

(2) 在命令窗口中输入命令,格式如下:

```
DO <程序文件名>
```

如果文件名不带扩展名,则 Visual FoxPro 按下列顺序寻找并执行这些程序:可执行文件(. EXE)、应用程序(. APP)、编译后的目标程序文件(. FXP)和程序文件(. PRG)。

(3) 在主菜单下,打开"程序"菜单,选择"运行"命令,然后在"运行"对话框中输入被执行的程序文件名。

7.2 顺序结构

顺序结构的程序在运行时按照语句排列的先后顺序,一条接一条地依次执行,它是程序中最简单、最基本的一种程序结构。前面章节所学过的各种操作命令都可以组成顺序结构程序,本节再补充另一些操作命令。

7.2.1 程序文件中的辅助命令

1. 清屏命令

格式:

```
CLEAR
```

功能:清除屏幕上显示的信息。

2. 注释命令

格式:

```
NOTE|* [注释]
```

&&[注释]

功能:第一个命令在程序中加注释行信息,执行程序文件时,不执行以 NOTE 或 * 开头的行。第二个命令在命令语句的尾部加注释信息。注释是不可执行的部分,它对程序的运行结果不会产生任何影响。

3. 设置默认路径命令

格式:

SET DEFAULT TO [盘符:][路径]

功能:用于设置进行输入输出时的默认路径,如在命令窗口中输入 USE XSB,那这个 XSB 应是默认路径里的表文件。

4. 设置会话状态命令

格式:

SET TALK ON|OFF

功能:在会话状态开通时,Visual FoxPro 在执行命令时会向用户提供大量的反馈信息。工作于程序方式时,为提高程序运行的速度,往往在程序开始处用 SET TALK OFF,在程序结束用 SET TALK ON,系统默认为 ON 状态。

5. 返回命令

格式:

RETURN

功能:结束程序执行,返回调用它的上级程序,若无上级程序则返回命令窗口。

6. 退出命令

格式:

QUIT

功能:结束程序执行并退出 Visual FoxPro 系统,返回操作系统。

7. 终止命令

格式:

CANCEL

功能:终止程序执行,清除所有的私有变量,返回命令窗口。

7.2.2 交互式输入命令

1. 字符数据输入命令

字符串接收命令显示提示信息,等待用户从键盘输入一个字符串并按 Enter 键后,存入指定的内存变量中。

格式:

ACCEPT [<提示信息>] TO <内存变量>

功能：当执行此命令时，系统暂停运行，等待用户从键盘输入字符数据并赋值给指定的内存变量，按 Enter 键后，系统继续运行。

注意：此命令只能用于接收字符型数据，输入时不用加打定界符。

例 7.1 在学生表中，需要按学号查询学生的民族和高考分数。

```
CLEAR
SET TALK OFF
USE XSB
ACCEPT "请输入待查学生的编号：" TO XH
LOCATE FOR 学号=XH
DISP 学号,民族,高考分数
USE
SET TALK ON
RETURN
```

2. 任意数据输入命令

格式：

```
INPUT [<提示信息>] TO <内存变量>
```

功能：当执行此命令时，系统暂停运行，等待用户从键盘输入字符数据并赋值给指定的内存变量，按 Enter 键后，系统继续运行。

注意：该命令与 ACCEPT 命令的区别在于输入的数据类型不同，它不仅可以接收字符型数据，还可以接收数值型、日期型和逻辑型表达式的值。输入 C 型数据时，要使用''或""作为定界符；输入 L 型数据时，.T. 和.F.，两边的 . 不能省；输入 D 型数据时，要用{}或 CTOD()将字符串转成日期型变量。

例 7.2 在屏幕上显示"请输入高考分数："，并把从键盘上接收的数据赋值给 gkfs。

INPUT "请输入高考分数：" TO gkfs

输入时由于是数值型数据，所以直接输 580 即可。

3. 单个字符接收命令

格式：

```
WAIT [<提示信息>] [TO <内存变量>] [WINDOW[NOWAIT]]
[TIMEOUT <数值表达式>]
```

功能：当执行此命令时，系统暂停运行，等待用户从键盘输入任何一个字符后继续。

注意：此命令只用于接收单个字符数据，输入时不用定界符，且输入后不用按 Enter 键程序即自动继续运行。

命令中各子句的含义：

- 当命令中包括 TO <内存变量>可选项时，则定义一个字符型内存变量，并将输入的一个字符存入该变量中。
- 若只按 Enter 键，则在内存变量中存入的内容将是一个空字符。
- 若包含提示信息，则在屏幕上显示提示信息的内容；若没有该选项，则显示系统默认的提示信息"Press any key to continue"。

- WINDOW 子句显示提示窗口,有关提示信息出现在该窗口中。
- NOWAIT 子句使 WAIT 命令不会暂停,仅在左上角提示窗口中显示提示信息,当用户按下任意键或移动一下鼠标,提示窗口便自动被清除。必须与 WINDOW 子句合用才有效果。
- TIMEOUT 子句指定等待的时间。

7.2.3 格式输入输出命令的基本形式

1. 格式输入命令
格式:

```
@ <行,列> [SAY <提示信息>] GET <变量>
READ
```

功能:在屏幕指定的坐标位置上显示提示信息或输入数据。

注意: <变量>中的变量应是已定义过的变量;另外,READ 一般与 GET 联合起来使用,当有 READ 时,GET<变量>的内容可以从键盘上修改;没有 READ 时,GET 后的变量只能显示内容,不能修改。

例 7.3 在屏幕第 5 行、第 10 列的位置输入学生的姓名。

```
name=SPACE(8)
@5,10 SAY "请输入学生姓名" GET name        && name 的宽度为 8 个字符
READ
```

2. 格式输出命令
格式:

```
@<行,列> SAY <表达式>
```

功能:在屏幕指定的坐标位置上输出表达式的值。

7.3 选择结构

在计算机应用的许多场合,要求程序根据不同的条件采用不同的处理方法。如果条件满足,则执行某一些语句;如果条件不满足,则执行另一些语句。这些需要根据判断条件来控制程序走向的程序设计称为选择结构。Visual FoxPro 能用双分支语句或多分支语句来构造选择结构,并根据条件是否成立来决定程序执行的流向。其中双分支语句通常为 IF 语句,多分支语句通常为 DO CASE 语句。

7.3.1 双分支选择语句

格式:

```
IF <条件表达式>
    <语句块 1>
[ELSE
    <语句块 2>]
ENDIF
```

功能：如果<条件表达式>成立，就执行语句块 1，执行完成后转去执行 ENDIF 之后的语句。如果<条件表达式>不成立，当有 ELSE 子句时，就执行语句块 2，执行完成后转去执行 ENDIF 之后的语句。

注意：

- IF、ELSE、ENDIF 各占一行，IF 和 ENDIF 成对出现。
- 在<语句块 1>和<语句块 2>中可以嵌套 IF 语句。
- <条件表达式>可为关系表达式、逻辑表达式。

例 7.4 输入的学生姓名，在学生表中查找相应的学生记录。

```
SET TALK OFF
USE xsb
xm=space(6)
@ 10,5 SAY "请输入学生姓名：" GET xm
READ
LOCATE FOR 姓名=xm            && 在学生表中查找记录
IF FOUND()                   && 判断是否找到
DISPLAY                      && 找到,显示该记录
ELSE
@ 12,5 SAY "对不起,没找到此人!"
ENDIF
SET TALK ON
USE
RETURN
```

7.3.2　多分支选择语句

如果在实际应用中遇到多分支的情况，使用嵌套的 IF 语句来实现会造成程序比较长，条理不够清晰，此时，应用使用相对更为方便的 DO CASE 语句来实现多分支选择结构。

格式：

```
DO CASE
    CASE <条件表达式 1>
        <语句序列 1>
    CASE <条件表达式 2>
        <语句序列 2>
            ⋮
    CASE <条件表达式 n>
        <语句序列 n>
```

```
[OTHERWISE
    <语句序列 n+1>]
ENDCASE
```

　　功能：依次判断各条件表达式是否满足，若条件满足，就执行该条件后的语句序列，直到遇到下一个 CASE、OTHERWISE 或 ENDCASE。在一个 DO CASE 结构中，最多只能执行一个 CASE 语句。如果没有一个条件表达式满足条件，就执行 OTHERWISE 后面的语句序列，直到 ENDCASE。如果没有 OTHERWISE，则直接转向 ENDCASE 之后的第一条命令。

　　注意：
- 当多个 CASE 条件表达式满足条件时，只执行第一个满足条件的语句序列。
- DO CASE 和第一个 CASE 子句之间不能插入任何语句。
- DO CASE 和 ENDCASE 必须配对使用，且 DO CASE、CASE、OTHERWISE 和 ENDCASE 各子句必须各占一行。
- 在<语句序列>中可嵌套情况语句。

DO CASE 语句的执行过程可以用图 7-2 表示。

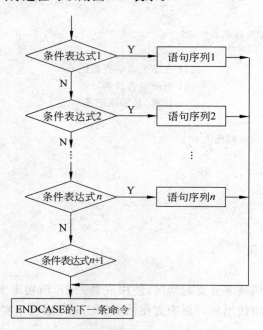

图 7-2　DO CASE 语句执行过程

　　例 7.5　从键盘上输入一个成绩，若成绩在 90～100 之间，就显示"优秀"；若成绩在 80～89 之间，就显示"良好"；若成绩在 70～79 之间，就显示"中等"；若成绩在 60～69 之间，就显示"及格"；若成绩在 0～59 之间，就显示"不及格"，否则显示"超出范围"。

```
CLEAR
INPUT "请输入一个成绩" TO sc
DO CASE
    CASE sc<=100 .AND. sc>=90
```

```
        ? '优秀'
    CASE sc<=89 .AND. sc>=80
        ? '良好'
    CASE sc<=79 .AND. sc>=70
        ? '中等'
    CASE sc<=69 .AND. sc>=60
        ? '及格'
    CASE sc<=59 .AND. sc>=0
        ? '不及格'
    OTHERWISE
        ? '超出范围'
ENDCASE
RETURN
```

思考题 7.1:

阅读下列程序段,写出运行结果。

```
A=300
DO CASE
    CASE A<100
      B=A/2
    CASE A>=100
      B=A
    CASE A>=200
      B=2 * A
    CASE A>=300
      B=3 * A
ENDCASE
? B
```

7.4   循环结构程序

循环结构是在一定条件下可以重复执行的程序结构。循环结构可以使程序简短,提高程序设计效率。Visual FoxPro 提供了 DO WHILE、FOR、SCAN 共三种循环语句。

7.4.1   DO WHILE 循环

格式:

```
DO WHILE <条件表达式>
    <语句序列>
    [LOOP]
    [EXIT]
ENDDO
```

功能：当条件表达式的值满足条件时，执行 DO WHILE 和 ENDDO 之间的语句，即循环体语句。执行完成后，程序自动返回到 DO WHILE 语句，再一次判断条件表达式的值，如果满足条件，则继续执行循环体语句；如果条件表达式的值不满足条件，则结束循环，转去执行 ENDDO 之后的命令。

注意：

- DO WHILE 和 ENDDO 必须各占一行，且必须成对出现。
- 为使程序最终能退出循环，循环体至少有一条语句对条件表达式产生变化，否则程序无法退出循环，即进入死循环状态。
- LOOP：无条件循环命令。遇到 LOOP 时，不再执行后面的语句，转回 DO WHILE 处重新判断。
- EXIT：无条件结束循环命令。遇到它时便无条件地退出循环，转到 ENDDO 后面的语句。其作用相当于一个紧急出口。

DO WHILE 语句的执行过程可以用图 7-3 表示。

例 7.6 求 1～100 之间所有整数的和。

```
SET TALK OFF
STORE 0 TO S
X=1
DO WHILE X<=100
    S=S+X
    X=X+1
ENDDO
?"1~100 之间所有整数的和为：",S
SET TALK ON
RETURN
```

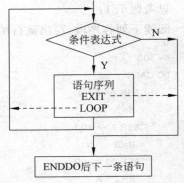

图 7-3 DO WHILE 语句执行过程

例 7.7 根据输入的学生姓名，从 XSB 和 CJB 中查询该学生各门课程的成绩，显示其学号、姓名、课程号、学期和成绩等字段。查完一名学生，可继续查询，也可退出。

```
SET TALK OFF
DO WHILE .T.
    ACCEPT        '请输入要查询的学生姓名：' TO XM
    SELECT XSB.学号,姓名,课程号,学期, 成绩 FROM XSB JOIN CJB ON
    XSB.学号=CJB.学号 WHERE 姓名=XM
    Y=MESSAGEBOX('继续查询吗?', 32+4+0,'提示')
    IF Y=6
        LOOP
    ELSE
        EXIT
    ENDIF
ENDDO
CLOSE TABLE ALL
CLEAR
RETURN
```

本程序只是为了说明 LOOP 和 EXIT 的作用,在循环条件永真的情况下,经常要使用这两条语句来继续循环和退出循环。

思考题 7.2:

把下列程序段补充完整,使在求连乘数 $1 \times 2 \times 3 \times 4 \times \cdots$ 过程中,当积大于 720 时退出程序。

```
Set talk off
Clear
S=1
I=1
Do WHILE .T.
S = S * I
    _____
    _____
    _____
    I = I + 1
Enddo
?"S=", S
Set talk on
Return
```

7.4.2 FOR 循环

格式:

```
FOR  <循环变量>=<初值>TO <终值> [STEP <步长值>]
    <语句序列>
    [LOOP]
    [EXIT]
ENDFOR|NEXT
```

功能:当循环变量的值处于初值和终值形成的闭区间内时,则执行循环体语句,而后循环变量按步长值增加或减小,再重新比较,如仍在初值和终值形成的闭区间内,则继续循环体语句,否则退出循环,转去执行 ENDFOR 后面的第一条语句。

注意:

* FOR、ENDFOR|NEXT 必须各占一行,且它们必须成对出现。
* 初值、终值和步长值均为数值型表达式,如果缺省 STEP 子句,则默认步长值为 1。

FOR 语句的执行过程可以用图 7-4 表示。

例 7.8 求 $1 \sim 100$ 之间所有整数的和。

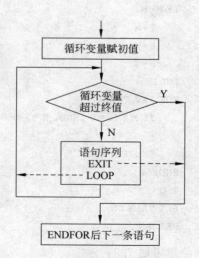

图 7-4 FOR 语句执行过程

```
SET TALK OFF
STORE 0 TO S
FOR X=1 TO 100
    S=S+X
ENDFOR
?"1~100 之间所有整数的和为：",S
SET TALK ON
RETURN
```

例 7.9 求所有的水仙花数,所谓水仙花数是指一个三位数,其各位数字的立方和等于该数本身(如: $153＝1^3＋5^3＋3^3$)。

```
CLEAR
FOR A=1 TO 9
    FOR B=0 TO 9
        FOR C=0 TO 9
            IF A * 100+B * 10+C=A^3+B^3+C^3
                ?? A * 100+B * 10+C
            ENDIF
        ENDFOR
    ENDFOR
ENDFOR
RETURN
```

例 7.10 求两个数的最大公约数。

```
CLEAR
SET TALK OFF
INPUT '请输入一个数' TO M
INPUT '请输入一个数' TO N
IF M<N
    T=M
    M=N
    N=T
ENDIF
FOR I=2 TO N
    IF M % I==0 .AND. N % I==0
        C=I
    ENDIF
ENDFOR
? C
SET TALK ON
RETURN
```

思考题 7.3:
用另一种方法求所有的水仙花数。

7.4.3 SCAN 循环

格式：

```
SCAN [<范围>][FOR <条件>][WHILE <条件>]
    <语句序列>
    [LOOP]
    [EXIT]
ENDSCAN
```

功能：SCAN 循环针对当前表在指定的范围内，扫描满足给定条件的记录，执行相应的语句。具体执行过程是首先将表记录指针移动到指定范围内的第一条记录上，然后判断记录指针是否超过指定范围以及该记录是否满足 WHILE 子句所描述的条件，若记录指针超过指定范围或该记录不满足 WHILE 子句所描述的条件，则结束扫描循环，执行 ENDSCAN 后面的语句。若记录指针未超过指定范围且该记录满足 WHILE 子句所描述的条件，则判断该记录是否满足 FOR 子句所描述的条件，若不满足，记录指针移到下一条记录，进行下一轮循环判断，否则执行命令组后，记录指针下移一条记录，再进行下一轮循环判断。

注意：

- 省略范围，则默认为 ALL。
- SCAN 语句自动把记录指针移向下一个符合指定条件的记录，并执行相应的语句。

SCAN 语句的执行过程可以用图 7-5 表示。

例 7.11 对学生表分别统计少数民族男、女学生的人数。

```
CLEAR
STORE 0 TO X,Y
USE XSB
SCAN FOR 少数民族否
    IF 性别='男'
        X=X+1
    ELSE
        Y=Y+1
    ENDIF
ENDSCAN
?"少数民族男生有："+STR(X,2)+"人"
?"少数民族女生有："+STR(Y,2)+"人"
USE
RETURN
```

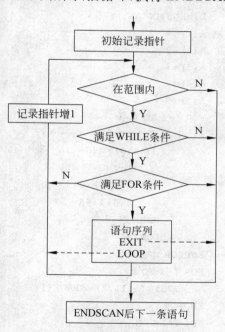

图 7-5 SCAN 语句执行过程

7.4.4　程序举例

例 7.12　若有 5 个数的数组,用冒泡排序法把数组中的数按从小到大的顺序排列。

对于这道题,冒泡排序基本思想是:

(1) 从第一个数开始,对数组中两两相邻的数比较,即 A(1) 与 A(2) 比较,若为逆序,则 A(1) 与 A(2) 交换;然后 A(2) 与 A(3) 比较,……;直到最后 A(4) 与 A(5) 比较。这时一轮比较完成,一个最大的数"沉底",成为数组中的最后一个数 A(5),一些较小的数如同气泡一样"上浮"一个位置。

(2) 然后对 A(1)~A(4) 的 4 个数进行同样的操作,次最大数放入 A(4) 中,完成第二轮比较;以此类推,进行 4 轮排序后,所有数就都排好序了。

```
CLEAR
SET TALK OFF
DIMENSION A(5)
A(1)=4
A(2)=2
A(3)=3
A(4)=7
A(5)=9
FOR I=1 TO 4
    FOR J=1 TO 4-I
        IF A(J)>A(J+1)
            T=A(J)
            A(J)=A(J+1)
            A(J+1)=T
        ENDIF
    ENDFOR
ENDFOR
FOR I=1 TO 5
    ??STR(A(I),2)+SPACE(1)
ENDFOR
SET TALK ON
RETURN
```

例 7.13　编制一个查询学生情况的程序。要求根据给定的学号找出并显示学生的姓名及各门功课的成绩。

方法 1:利用 SQL 语句。

```
OPEN DATABASE XSGL
DO WHILE .T.
    CLEAR
    ACCEPT '请输入学号' TO XH
    SELECT STUDENT.学号,STUDENT.姓名,GRADE.课程号,GRADE.成绩 FROM STUDENT,;GRADE
WHERE STUDENT.学号=GRADE.学号 .AND. STUDENT.学号=XH
```

```
WAIT '继续查询？ (Y/N)'TO P
IF UPPER(P)<>'Y'
    EXIT
ENDIF
ENDDO
CLOSE DATABASE
```

方法 2：建立表间关联。

```
OPEN DATABASE XSGL
USE GRADE IN 0
USE STUDENT IN 0
SELECT GRADE
INDEX ON 学号 TAG xh
SELECT STUDENT
INDEX ON 学号 TAG xh
SET RELATION TO 学号 INTO GRADE
SET SKIP TO GRADE
DO WHILE .T.
    CLEAR
    ACCEPT '请输入学号' TO mxh
    SEEK mxh
    IF ! EOF()
        MES='学号：'+学号+'姓名：'+姓名
        DO WHILE GRADE.学号=mxh
            MES=MES+CHR(10)+CHR(13)+'课程号：'+GRADE.课程号+'成绩：';
            +STR(GRADE.成绩,5,1)
            SKIP
        ENDDO
        MES=MES+CHR(10)+CHR(13)+'按任意键继续…'
    ELSE
        MES='查无此人,按任意键继续…'
    ENDIF
    WAIT MES WINDOW
    WAIT '继续查询吗？ (Y/N)' TO P
    IF UPPER(P)<>'Y'
        EXIT
    ENDIF
ENDDO
CLOSE DATABASE
```

例 7.14 已知 S1＝1,S2＝1＋2,S3＝1＋2＋3,…,Sn＝1＋2＋3＋…＋N,编程求 S1＋S2＋…＋S100 的和。

```
s=0
n=1
DO WHILE n<=100
    i=1
```

```
    sub=0
    DO WHILE i<=n
    sub=sub+i
    i=i+1
    ENDDO
    s=s+sub
    n=n+1
ENDDO
?" S1+S2+…+S100=", s
```

例 7.15 求 1~100 以内所有奇数的和。

方法 1：

```
y=0
x=1
Do while x<100
    y=y+x
    x=x+2
Enddo
?"1 到 100 的奇数和 y=",y
```

方法 2：

```
SET TALK OFF
Store 0 to x , y
Do while .T.
    x=x+1
    do case
    case int(x/2)=x/2
        Loop
    case x>=100
        Exit
        otherwise
        y=y+x
    endcase
enddo
?"1 到 100 的奇数和 y=",   y
SET TALK ON
Return
```

7.5 程序的模块化

　　模块化是结构化程序设计的重要原则，即将大程序按照功能划分为较小的程序，每一个程序用一个子模块去实现。采用模块化的程序结构使得程序的编写与调试、系统的维护都很方便，以后也容易扩充。模块化在具体实现上采用子程序技术，由此模块的表现形式既可以是子程序,也可以是一个过程或自定义函数。

7.5.1 子程序、过程和函数

1. 子程序

通常把被其他模块调用的模块称为子程序,把调用其他模块的模块称为主程序。子程序和主程序是相对的,子程序也可以调用属于它的子程序。

1) 子程序的结构

子程序与其他程序文件的唯一区别是其末尾或返回处必须有返回语句。

格式:

RETURN [TO MASTER|TO <程序文件名>|<表达式>]

功能:结束程序执行,返回调用它的上级程序,若无上级程序则返回命令窗口。

注意:

- 选用 TO MASTER 子句时,则返回到最高一级调用程序。
- 在程序最后,如果没有 RETURN 语句,则程序运行完后,将自动默认执行一个 RETURN 命令,但过程文件除外。
- 执行 RETURN 命令时,释放本程序所建立的局部变量,恢复用 PRIVATE 隐藏起来的内存变量。
- TO <程序文件名>表示将控制权交给指定的程序。
- RETURN <表达式>表示将表达式的值返回调用程序,用于自定义函数。

2) 子程序的调用

子程序调用命令与主程序执行命令相同。

格式:

DO<程序文件名>|<过程名>[WITH<实际参数表>]

功能:调用子程序。

注意:

- WITH<实际参数表>子句指定传递到程序或过程的参数。
- 在<实际参数表>中列出的参数可以是表达式、内存变量、常量、字段名或用户定义函数。
- 参数放在圆括号中,用逗号分隔。

3) 子程序的嵌套调用

主程序可以调用子程序,子程序还可以调用另外的子程序,这就是子程序的嵌套调用。它们之间的调用关系可用图 7-6 表示。

2. 过程

在调用子程序时,需要把该程序从外存读入内存。如果系统有很多子程序则要反复读取外存,这大大降低了程序的执行效率。为此,在结构化程序设计中引进了"过程"的概念。其实过程和子程序是一回事儿,只不过是把多个子程序保存在一个 PRG 文件中,在 PRG 文件里每个子程序单独定义罢了。对于保存多个子程序的 PRG 文件称为"过程文件"。

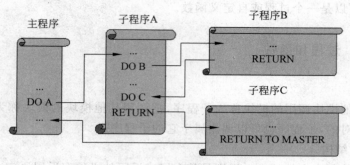

图 7-6   程序调用关系图

1）过程文件的结构

过程的格式：

```
PROCEDURE<过程名>
[PARAMETERS<参数表>]
<命令组>
RETURN
```

注意：

- 每个过程都以 PROCEDURE 开头，以 RETURN 结束。
- 每个过程实际上是一个独立的子程序或一个自定义函数。

例 7.16 根据两个直角边求斜边的子程序，并要求在主程序中带参数调用它。

```
C=0                          && 设定斜边初值
INPUT '请输入直角边 A 的长度：'    TO  A
INPUT '请输入直角边 B 的长度：'    TO  B
DO SUB WITH A,B,C
? 'C=',C
RETURN
PROCEDURE SUB
PARAMETER X,Y,Z
Z=SQRT(X**2+Y**2)
RETURN
```

2）过程文件的使用

一个过程可以以文件形式单独存在，也可以将多个过程合并到一个文件中，这个文件称为过程文件。在过程文件中，每个过程仍是独立的，可以单独调用。

在过程文件被打开之前，过程文件中所包含的过程是不能被任何程序调用的，因此，在调用过程前，先要打开过程文件。

打开过程文件命令格式是：

```
SET PROCEDURE TO [<过程文件名>]
```

过程文件使用完后，要及时关闭，以释放它们占用的内存空间。关闭过程文件可以使用 SET PROCEDURE TO 和 CLOSE PROCEDURE 两条命令。

例 7.17 有 p1,p2,p3 三个过程,把它们组织到一个过程文件 PROC.PRG 里。
在 PROC.PRG 文件里写以下语句:

```
PROCEDURE p1
?"过程 p1"
RETURN
PROCENURE p2
?"过程 p2"
RETURN
PROCEDURE p3
?"过程 p3"
RETURN
```

3. 自定义函数

前面章节已经学了很多 Visual FoxPro 的内部函数,除直接调用内部函数外,Visual FoxPro 还允许用户根据需要定义进行某种操作的函数,这些函数被称为自定义函数。

1) 自定义函数的结构

自定义函数其实就是一个子程序,二者唯一的差别是在 RETURN 语句后带有表达式,以指出函数的返回值。

自定义函数的格式:

```
[FUNCTION<函数名>]            && 省略此命令,作为独立程序文件
[PARAMETERS<参数表>]          && 函数的自变量定义,不超过 24 个
     <命令组>
RETURN[<表达式>]              && 函数数据类型同表达式的,省略为.T.
```

注意:

- 若不写 FUNCTION<函数名>子句,则表明该自定义函数是一个独立的程序文件;若写上,则表明该自定义函数不能作为一个独立的程序文件,而只能放在某程序中。
- 自定义函数的名称与内部函数名不要相同,如果同名,系统只承认内部函数。
- 如果自定义函数中包含自变量,程序第一行的 PARAMETERS<参数表>子句不能少。
- 自定义函数的数据类型由 RETURN 语句中"表达式"的数据类型决定。若省略"表达式",则返回.T.。

2) 自定义函数的调用

自定义函数的调用格式:

```
<函数名>(<自变量表>)
```

注意:

- 调用格式同标准内部函数。
- 自变量可以是任何合法的表达式,少数必须与自定义函数中 PARAMETERS 语句里的变量个数相等。

例 7.18　定义一个判断 n 是否素数的函数,然后调用该函数求 2～1000 内的全部素数。素数也叫质数,它是大于 1,且除了 1 和自身以外,其他任何数都不能整除它的数。

(1) prime. prg 判断 n 是否素数的函数。

```
PARAMETERS n
    flag=.T.
    j=2
    DO WHILE j<n .AND. flag
        IF MOD(n,j)=0
            flag=.F.
        ENDIF
        j=j+1
    ENDDO
RETURN flag
```

(2) main. prg 调用该函数求 2～1000 内的全部素数。

```
FOR m=2 TO 1000
    IF prime(m)
        ? m
    ENDIF
ENDFOR
CANCEL
```

7.5.2　变量的作用域

在多模块程序中,某模块定义的变量到其他模块是否能用取决于该变量的作用范围。根据变量的作用范围不同,可以把内存变量分为公共变量、本地变量和私有变量。

1. 公共变量

公共变量也叫全局变量,指在任何模块中都有效的内存变量。用 PUBLIC 命令定义,程序执行完毕,不会在内存中自动释放,必须用 RELEASE 命令或者 CLEAR ALL 命令清除。

定义公共变量的命令格式:

PUBLIC <内存变量表>|ALL|ALL LINK<通配符>|ALL EXCEPT<通配符>

注意:

- <内存变量表>中可以包含普通变量,也可以包含数组变量。
- 任何公共内存变量或数组必须先定义,后赋值。
- 定义后没有赋值的全局变量其值为逻辑值.F.。

2. 本地变量

本地变量也叫局部变量,局部内存变量只能在定义它的本级程序中使用,不能在上级或下级程序中使用。一旦定义它的程序运行结束,它便自动被清除。

定义本地变量命令格式：

```
LOCAL <内存变量表>
```

3. 私有变量

在程序中直接使用（没有通过 PUBLIC 和 LOCAL 命令事先声明）的由系统自动隐含建立的变量都是私有变量。私有变量的作用域是建立它的模块及其下属的各层模块。一旦建立它的模块程序运行结束，这些私有变量将自动清除。另外，如要显现定义私有变量可使用 PRIVATE 命令。

定义私有变量格式：

```
PRIVATE <内存变量表>|ALL|ALL LINK<通配符>|ALL EXCEPT<通配符>
```

注意：

- 对 PRIVATE 定义的内存变量值修改并不影响上级程序中与之同名的内存变量的值。此命令只对本级程序及以下各级子程序有效，当返回上级程序时，被 PRIVATE 隐藏的当前程序中的内存变量自动被删除。
- 被 PRIVATE 命令隐藏掉的上级内存变量在隐藏期间仍然存在，只是不能调用，一旦含有 PRIVATE 内存变量的程序结束，被 PRIVATE 隐藏的内存变量就恢复原名，保持原值。

例 7.19　分析下列程序的执行情况。

```
SET TALK OFF
VAL1=20
VAL2=25
DO DOWN
? VAL1,VAL2
PROCEDURE DOWN
PRIVATE VAL1
VAL1=50
VAL2=100
? VAL1,VAL2
RETURN
```

在过程 DOWN 中用 PRIVATE 命令隐藏了主程序中定义的全局变量 VAL1，所以主程序中输出的 VAL1 的值没有改变，仍是 20，而 VAL2 作为全局变量，在过程 DOWN 中修改了它的值为 100，所以主程序中输出的 VAL2 的值为 100，而过程 DOWN 中输出的 VAL1 的值是 50，VAL2 的值是 100。

7.5.3　参数传递方式

参数传递就是在编写子程序时，将这些要输入、输出的变量用 PARAMETERS 命令来说明，在调用时，通过 DO…WITH 命令来提供输入值和接收输出结果。充当传递数据的主程序中的变量称为实际参数，子程序 PARAMETERS 后面的变量称为形式参数。

在带参数调用子程序时,根据实参是否接受子程序执行后的返回值,可以把参数传递分为两种:值传递和地址传递。如果是值传递,则子程序中参数变化后的值不回传给上级调用程序;如果是地址传递,则子程序中参数变化后的值要回传给上级调用程序。实参是常量、表达式或用括号括起来的变量时采用值传递方式,这种传递是单向的;如果实参是不加括号的变量则采用地址传递方式,这种传递是双向的。

例 7.20　分析下列程序的输出情况。

```
SET TALK OFF
x=3
y=1
DO sub WITH x,(y),5
? x,y
RETURN
PROCEDURE sub
PARAMETER a,b,c
a=a+b+c
b=a+b-c
RETURN
```

主程序中有三个实参传递给 sub 过程,第一个实参 x 采用传地址方式,对应形参 a,a 的变化改变了 x 的变化并回传给 x,所以输出的 x 的值是 9,第二个实参 y 采用值传递方式,对应形参 b,b 的变化不回传给 y,所以输出的 y 值仍是 1。

7.6　程序调试

程序调试是应用程序开发过程中非常重要的工作,编好的程序难免会有这样或那样的错误,通过程序调试发现和解决过程中的错误。Visual FoxPro 提供了功能强大的调试工具——调试器来帮助程序员纠正程序中的错误。

7.6.1　程序调试概述

程序调试就是要找出程序出错的地方,然后加以纠正,一直到符合预期设计的要求为止。一般程序调试都是先分模块调试,当各模块都没有错误后,再联合起来进行调试直到无误,之后可以试运行,试运行无误后即可投入正常使用。

程序的错误分两类:语法错误和逻辑错误。语法错误相对容易发现和修改,当程序运行遇到这类错误时,Visual FoxPro 会自动中断程序的执行,并弹出编辑窗口,显示出错的命令行,给出错误信息,以方便程序员修改。逻辑错误就不那么容易发现了,这类错误系统是无法找到的,只能由程序员自己通过跟踪程序并在动态执行过程中监视相应变量找到错误所在。

7.6.2　调试器窗口

打开 Visual FoxPro 调试器的方法有两种：一种是选择"工具"菜单中的"调试器"命令；另一种是在命令窗口输入 DEBUG 命令。两种方法都会打开图 7-7 所示的调试器窗口。可以看出调试器窗口是由 5 个子窗口组成的，分别是跟踪窗口、监视窗口、调用堆栈窗口、局部窗口和调试输出窗口。下面简单介绍这些子窗口的作用。

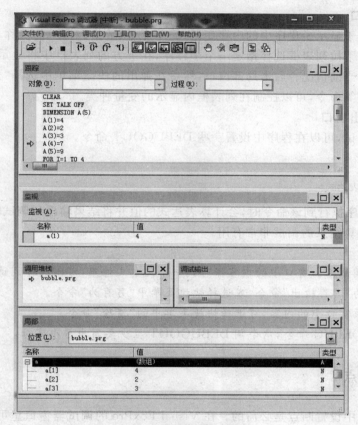

图 7-7　调试器窗口界面

1. 跟踪窗口

跟踪窗口用于显示正在调试执行的程序。为了在这个子窗口中打开一个需要调试的程序，可以选择调试器的"文件"菜单中选择"打开"命令，然后从"打开"对话框中选择并打开要测试的程序文件。

为了方便调试和观察，跟踪窗口左端的灰色区域会显示某些符号，最常见的符号及作用如下：

（1）●：断点符号。在代码行处设置断点，当程序执行到该行时，程序执行中断。

（2）⇨：当前行符号。指向调试中正在执行的代码行。

2. 监视窗口

监视窗口用于监视指定表达式在程序执行过程中的取值变化情况。要设置监视表达式,可在监视文本框中输入表达式,然后按 Enter 键,表达式便添加到下方的列表框中。当调试执行时,列表框内将显示所有监视表达式的名称、当前值及类型。

双击列表框中的某个监视表达式就可对它进行编辑。右击列表框中的某个监视表达式,可以从快捷菜单中选择"删除监视"命令删除监视的表达式。

3. 调用堆栈窗口

调用堆栈窗口用于显示当前处于执行状态的程序。如果当前正在执行的程序是一个子程序,那么在该窗口中将显示主程序及所有上级子程序和当前子程序的名称。

4. 局部窗口

局部窗口用于显示子程序中的内存变量(简单变量、数组、对象)的名称、类型和当前取值。可从"位置"下拉列表框选择指定一个子程序,在下方的列表框中将显示该子程序内有效的内存变量的当前情况。右击局部窗口,然后在弹出的快捷菜单中选择"公共"、"局部"、"常用"或"对象"等命令,可以控制在列表框内显示的变量种类。

5. 调试输出窗口

为了方便调试,可以在程序中设置一些 DEBUGOUT 命令。

格式:

```
DEBUGOUT <表达式>
```

功能:当程序执行到该命令时,会计算表达式的值并将结果输出到调试输出窗口,这对需要观察中间计算结果的调试非常有用。

注意:

- 若要把调试输出窗口中的内容保存到一个文本文件里,可以选择调试器窗口"文件"菜单中的"另存输出"命令,或选择快捷菜单中"另存为"命令。
- 要清除该窗口中的内容,可选择快捷菜单中的"清除"命令。
- 为区别 DEBUG 命令,命令词 DEBUGOUT 至少要写出 6 个字母。

7.6.3 设置断点

在调试程序中设置断点是必需的。在 Visual FoxPro 的调试器窗口里可设置以下 4 种类型的断点。

1. 设置普通断点

设置普通断点是调试程序中最常用的手段,程序调试执行到这类断点处将无条件中断或暂停。设置普通断点的步骤是:

(1) 在跟踪窗口将光标定位在要设置断点的程序行处。

(2) 单击工具栏中的 按钮将光标所在当前行设置成断点或直接按 F9 键。

断点设置完成后,该代码行左端的灰色区域会显示一个实心的红色圆点。用同样的方法可以取消断点。另外,断点只能设置在可执行的语句上,当在非可执行语句(如注释语句、说明语句等)上设置断点时,断点将自动设置在该语句之后的第 1 条可执行语句上。

2. 设置条件定位断点

跟普通断点一样,条件定位断点也是在固定位置设置断点,但只有执行到断点处条件为真时程序才会中断。设置条件定位断点的步骤是：

（1）在指定位置上设置普通断点。

（2）在调试器窗口中，选择"工具"菜单中的"断点"命令或单击工具栏中的 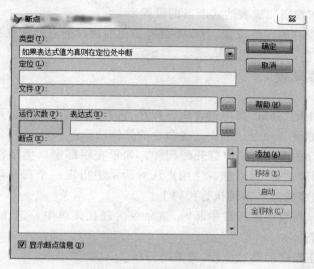 按钮，打开图 7-8 所示的"断点"对话框。

图 7-8　"断点"对话框

（3）在"类型"下拉列表框中选择"如果表达式值为真则在定位处中断"。

（4）在"断点"列表框中选择断点，"定位"和"文件"编辑框中将自动显示相关内容。

（5）在"表达式"编辑框中输入表达式。

（6）单击"确定"按钮完成条件定位断点的设置。

与普通断点设置完成后一样，该代码行左端的灰色区域会显示一个实心圆点。取消条件定位断点的方法与取消普通断点一样。

3．设置条件断点

条件断点提供了比条件定位断点更灵活的中断方法。设置一个条件，只要条件为真，程序可以在任何位置中断。设置条件断点的步骤是：

（1）在调试器窗口中，选择"工具"菜单上的"断点"命令，打开如图 7-8 所示的"断点"对话框。

（2）在"类型"下拉列表框中选择"当表达式值为真时中断"。

（3）在"表达式"编辑框中输入条件表达式。

（4）单击"添加"按钮将设置的条件断点添加到"断点"列表框。

（5）单击"确定"按钮完成条件定位断点的设置。

由于条件断点没有固定的位置，所以不会有类似前两种断点的圆点标志。

4．设置表达式断点

条件断点是在条件表达式（一定是逻辑表达式）值为真时中断，而表达式断点则是只要表达式的值（可以是任意表达式）改变了就发生中断。设置表达式断点的步骤是：

（1）在调试器窗口中，选择"工具"菜单中的"断点"命令，打开图 7-8 所示的"断点"对话框。

（2）在"类型"下拉列表框中选择"当表达式值改变时中断"。

（3）在"表达式"编辑框中输入表达式。

（4）单击"添加"按钮将设置的条件断点添加到"断点"列表框。

（5）单击"确定"按钮完成表达式断点的设置。

由于条件断点没有固定的位置，所以不会有类似前两种断点的圆点标志。

7.6.4　"调试"菜单项

在调试器窗口中的"调试"菜单包含执行程序、选择执行方式、终止程序执行、修改程序以及调整程序执行速度等命令。下面是各命令的具体功能：

（1）运行。执行在跟踪窗口中打开的程序。如果在跟踪窗口里还没有打开程序，那么选择该命令将会打开"运行"对话框。当用户从对话框中指定一个程序后，调试器随即执行此程序，并中断于程序的第一条可执行代码上。

（2）继续执行。当程序执行被中断时，该命令出现在菜单中。选择该命令可使程序在中断处继续往下执行。

（3）取消。终止程序的调试执行，并关闭程序。

（4）定位修改。终止程序的调试执行，然后在文本编辑窗口打开调试程序。

（5）跳出。以连续方式继续执行被调用模块程序中的代码，然后在调用程序的调用语句的下一行处中断。

（6）单步。单步执行下一行代码。如果下一行代码调用了过程或者程序，那么该过程或者程序在后台执行。

（7）单步跟踪。单步执行下一行代码。

（8）运行到光标处。从当前位置执行代码直至光标处中断。光标位置可以在开始时设置，也可以在程序中断时设置。

（9）调速。打开"调整运行速度"对话框，设置两代码行执行之间的延迟秒数。

（10）设置下一条语句。程序中断时选择该命令，可使光标所在行成为恢复执行后要执行的语句。

习题

一、选择题

1. 在 Visual FoxPro 中用于建立和修改程序文件的命令是（　　　　）。

    A. MODIFY＜文件名＞   B. MODIFY COMMAND＜文件名＞

    C. BUILD＜文件名＞   D. MODIFY PROCEDURE＜文件名＞

2. 在 Visual FoxPro 中用于执行程序的命令是（　　　　）。

    A. DO ＜文件名＞   B. RUN ＜文件名＞

    C. ！＜文件名＞   D. A 和 C 都正确

3. 用于退出 Visual FoxPro 系统,返回到操作系统的命令是(　　　)。

　　A. CANCEL 　　　　B. DO 　　　　　C. RETURN 　　　　D. QUIT

4. 退出循环的语句是(　　　)。

　　A. LOOP 　　　　　B. EXIT 　　　　　C. QUIT 　　　　　D. RETURN

5. 下列程序运行结果是(　　　)。

```
set talk off
clear
store 0 to A,B
do while A<=10
    if mod(A,2)=0
        B=B+1
    Endif
    A=A+1
enddo
? A,B
set talk on
```

　　A. 10　　　5 　　　B. 11　　　5 　　　C. 10　　　6 　　　D. 11　　　6

6. 以下程序执行后的结果是(　　　)。

```
set talk off
clear
P=0
Q=100
do while Q>P
    P=P+Q
    Q=Q-10
Enddo
? P
set talk on
return
```

　　A. 0 　　　　　　　B. 10 　　　　　　C. 100 　　　　　D. 99

7. 下面关于过程调用的陈述中,正确的是(　　　)。

　　A. 实参与形参数量必须相等

　　B. 当实参的数量多于形参的数量时,多余的实参被忽略

　　C. 当形参的数量多于实参的数量时,多余的形参取逻辑假

　　D. 上面 B 和 C 都对

8. 程序或过程中,如无 RETURN 语句则(　　　)。

　　A. 自动返回一个逻辑真.T. 　　　　　B. 自动返回一个逻辑假.F.

　　C. 不返回值 　　　　　　　　　　　D. 返回值不确定

9. 根据变量的作用范围不同,内存变量可以分为(　　　)。

　　A. 简单变量、数组变量和字段变量

　　B. 公共变量、私有变量和局部变量

    C. 直接变量和间接变量

    D. 显式变量和隐藏变量

10. 隐藏主程序中同名变量的语句是（   ）。

    A. PUBLIC   B. PRIVATE   C. LOCAL   D. DIMENSION

二、填空题

1. 下面程序的功能是求 1～10 之间所有整数的平方和，并输出结果，请将程序补充完整。

```
set talk off
clear
s=0
i=1
do while i<=10
    _____
    _____
enddo
? s
set talk on
return
```

2. 当从键盘输入一个班级号（学号的前 6 位）时，即可查询该班所有学生的课程成绩信息（Cjb），查询完一个班级后，系统提示"是否继续查询?"，用户若选择"是"，即可继续查询，否则退出程序。

```
SET TALK OFF
DO WHILE .T.
    _____"请输入要查询的班级号： " TO Bjh
    Select _____
    Y=_____
    IF Y=7
        return
    Else
        Clear
    Endif
Enddo
Use
Set talk on
```

3. 通过字符串操作竖向显示"伟大祖国"，横向显示"祖国伟大"。

```
set talk off
store '伟大祖国' to var
clear
n=1
do while n<8
    ? substr(_____)
```

```
    n=n+2
enddo
?_____
??substr(var,1,4)
return
```

三、编程题

1. 输入一个三位整数，将其反向输出。如输入 325，输出 523。

2. 在学生表中，分别统计汉族学生和少数民族学生的人数。

3. 使用过程方法计算：S＝A！＋B！＋C！，其中 A，B，C 从键盘输入。

4. 有一张厚 0.3mm，面积足够大的纸，将它不断对折。问对折多少次后，其厚度可达到珠穆朗玛峰的高度（8848m）？

第8章 面向对象程序设计基础

Visual FoxPro 不仅支持传统的过程式编程技术,还支持面向对象的编程技术。过程式编程基于求解过程来组织程序流程,在设计时必须考虑程序代码的全部流程,而面向对象编程引入了许多新的概念,提出了比过程式编程语言更高级的面向对象编程语言,这些概念和语言使得开发应用程序变得更容易,耗时更少,效率更高。

本章主要介绍与面向对象有关的新概念及对象的引用、类的定义、创建类库等内容,为后面的学习打下基础。

8.1 面向对象的概念

8.1.1 对象与类

面向对象是在结构化设计方法出现很多问题的情况下应运而生的。从结构化设计的方法中,不难发现,结构化设计方法求解问题的基本策略是从功能的角度审视问题域。它将应用程序看成实现某些特定任务的功能模块,其中子过程是实现某项具体操作的底层功能模块。在每个功能模块中,用数据结构描述待处理数据的组织形式,用算法描述具体的操作过程。在面向对象的程序设计方法中,程序设计人员不是完全按过程对求解问题进行分解,而是按照面向对象的观点来描述问题、分解问题,最后选择一种支持面向对象方法的程序语言来解决问题。在这种方法中,设计人员直接用一种称为对象的程序构件来描述客观问题中的实体,并用对象间的消息来模拟实体间的联系,用类来模拟这些实体间的共性。

1. 对象

对象(Object)是反映客观事物属性及行为特征的描述。每个对象都具有描述其特征的属性,及附属于它的行为。对象把事物的属性和行为封装在一起,是一个动态的概念。

对象是面向对象编程的基本元素,是"类"的具体实例。

属性(Attribute)是用来描述对象特征的参数,事件(Event)是每个对象可能用于识别和响应的某些行为和动作。对象的属性特征标识了对象的物理性质,对象的行为特征描述了对象可执行的行为动作;对象的每一种属性,都是与其他对象加以区别的特性,都具有一定的含义,并赋予一定的值;对象大多数是可见的,也有一些特殊的对象是不可见的。

如果把一个学生看成一个对象,用一组名词就可以描述这个学生的基本特征,如学号、姓名、籍贯、性别、身高、出生年月、专业班级等,这是学生作为对象的属性;模拟该实体对于一些事件的反应,如打他一下会有什么反应,他高兴时会有什么反应等,这是附属于学生对象的事件和方法。

当然,如果对成千上万个学生都这样一个个完全独立的设计程序对象,其工作量会大得惊人,这实际上也是不可能的。在面向对象方法中,通过另一种称为类的工具来解决这一问题。

2. 类

类(Class)实际上是对某种类型的对象定义变量和方法的原型。它表示对现实生活中一类具有共同特征的事物的抽象,是面向对象编程的基础。

在面向对象方法中,类是对现实世界的一种高度抽象与概括,而对象则是类的一个实例,对象一定具有其所属类的共同特征与行为规则,当然一个对象还可以具有其所属类未曾规定的特征和行为规则。这一点和现实生活是非常相同的,这样的模拟和抽象比较符合人们的思维习惯,这也正是面向对象方法具有强大生命力,能够获得越来越多的软件工作者欢迎并得到众多计算机开发商支持的一个基本原因。

在客观世界中,有许多具有相同属性和行为特征的事物。如果把 1 星级宾馆、2 星级宾馆、3 星级宾馆、4 星级宾馆、5 星级宾馆都归类于星级宾馆,那么其中的一个具体的星级宾馆就是这一类星级宾馆的一个实例。

由此可以理解,类是对象的抽象描述;对象是类的实例。类是抽象的,对象是具体的。

8.1.2　事件驱动编程机制

1. 事件是面向对象方法中驱动程序运行的引擎

面向对象与传统的面向过程的程序设计方法相比,一个很大的差别就是驱动程序模块运行的机制不同。在面向过程的程序设计方法中,要设计一个主控模块来协调并驱动程序各模块(子程序、过程、函数)的运行;而在面向对象方法中,则无须这样一个主控模块,各模块(对象)的运行是用一种称为事件的机制来驱动的。

事件是由外部实体作用在对象上的一个动作。在现实生活中,电话振铃、设定的闹钟响了以及过生日又长了一岁等都称为一个事件,人们都会对这些事件做出一定的反应,如电话振铃了就要接听电话、设定的闹钟响了可能要去做一件什么事情,而过生日后可能要入学了等。在面向对象方法中,作用在对象上的事件包括对象的创建、释放,收到其他对象发来的消息等,对于一些可视对象(如命令按钮等),其最常见的事件往往是通过用户的交互操作产生的,例如单击鼠标、移动鼠标或按下键盘上的某个键等。当作用在对象上的某个设定事件发生时,与该事件相联系的方法程序就运行并完成该程序的功能。面向对象就用这种机制来模拟对象对外部事件的反应,并进而完成由外部事件序列所规定的功能。

由此可以看出,程序模块方法中各对象所蕴涵的事件代码是由发生在该对象上的一个特定事件来触发的,在事件代码的执行过程中可能调用有关方法程序以简化设计过程,整个程序没有一个主控模块来控制和协调这些程序模块的运行。

2. 事件代码与方法代码

事件代码与方法代码都是定义在某个对象中的一个程序过程,有时也把两者统称为方法代码。但从狭义上说,事件代码可以由一个事件触发运行,其过程名与事件名相同,例如,为命令按钮的 Click(单击)事件编写的程序代码在 Click 事件被触发时执行。而一般方法程序没有一个与之对应的事件触发,必须靠其他程序调用才能得以运行。因为不能为对象建立新的事件,所以一个对象包含的事件代码是一定的,不能增加,而一个对象中所包含的方法代码是可以任意增加的,就像在一个程序中可以使用任意多个过程和函数一样。

3. 事件触发与停止

事件的触发分为用户操作触发和在程序运行过程中触发两种方式。典型的用户操作触发事件如 Click 事件,当用户单击鼠标时,触发该事件。程序运行过程中触发事件表示在程序运行过程中自动触发,如 Error 事件,表示当程序运行出现错误时自动触发。通常,让程序允许事件触发使用 READ EVENTS 命令;如果不允许事件触发可以使用 CLEAR EVENTS 命令。

8.1.3　子类与继承

类具有继承性、封装性和多态性等特性。

1. 继承性(Inheritance)

继承性是指通过继承关系利用已有的类构造新类。

继承表达了一种从一般到特殊的进化过程。在面向对象的方法里,继承是指在基于父类(现有的类)创建子类(新类)时,子类继承了父类里的方法和属性。当然也可以为子类添加新的方法和属性,使子类不但具有父类的全部属性和方法,而且还允许对已有的属性和方法进行修改,或添加新的属性和方法。

同时,继承可以使一个父类所做的改动自动反映到它的所有子类上,这种自动更新节省了时间和精力。

2. 封装性(Encapsulation)

类的封装性是指类的内部信息,如内部数据结构、对象的方法程序和属性代码等对用户是隐蔽的。在类的引用过程中,用户只能看到封装界面上的信息,类的内部信息(数据结构及操作范围、对象间的相互作用等)则是隐蔽的,只有程序开发者才了解类的内部信息。

8.2　Visual FoxPro 中的类与对象

Visual FoxPro 支持面向对象程序设计方法,它提供了丰富的基础类,即 Visual FoxPro 基类,用户可以直接使用这些基类而创建自己的子类或对象,以对具体问题进行描述。

8.2.1　Visual FoxPro 的基类

1. 基类

Visual FoxPro 的基类是系统内含的,并不存放在某个类库中,每个基类都有自己的一套属性、方法和事件。当扩展某个基类创建用户自定义类时,该基类就是用户自定义类的父类,用户自定义类继承该基类中的属性、方法和事件。Visual FoxPro 系统为用户提供了 29 个基类,具体如表 8-1 所示。

表 8-1 Visual FoxPro 的基类

基类名称	含　义	类型	可以包含的对象	可见否
CheckBox	复选框	控件	不包含其他对象	可见
Column	表格列	容器	标题对象以及除表单、工具栏、计时器 其他对象以外的任何对象	可见
ComboBox	组合框	控件	不包含其他对象	可见
CommandButton	命令按钮	控件	不包含其他对象	可见
CommandGroup	命令按钮组	容器	命令按钮	可见
Container	容器	容器	任何控件	可见
Control	控件	容器	任何控件	可见
Custom	自定义（或定制）	容器	任何控件、页框、容器和自定义对象	不可见
EditBox	编辑框	控件	不包含其他对象	可见
Form	表单	容器	任何控件、页框、容器和自定义对象	可见
FormSet	表单集	容器	表单、工具栏	不可见
Grid	表格	容器	栅格	可见
Header	列标头	控件	不包含其他对象	可见
Image	图像	控件	不包含其他对象	可见
Label	标签	控件	不包含其他对象	可见
Line	线条	控件	不包含其他对象	可见
ListBox	列表框	控件	不包含其他对象	可见
OLEBoundControl	ActiveX 绑定控件	控件	不包含其他对象	可见
OLEControl	ActiveX 控件	控件	不包含其他对象	可见
OptionButton	选项按钮	控件	不包含其他对象	可见
OptionButton Group	选项按钮组	容器	选项按钮	可见
Page	面	容器	任何控件和容器	可见
PageFrame	页框	容器	页面	不可见
Separator	分隔符	控件	不包含其他对象	可见
Shape	形状	控件	不包含其他对象	可见
Spinner	微调	控件	不包含其他对象	可见
TextBox	文本框	控件	不包含其他对象	可见
Timer	计时器	控件	不包含其他对象	不可见
ToolBar	工具栏	容器	任何控件、容器和自定义对象	可见

2．基类又可以分为容器类和控件类两种

（1）容器类（Container Class）可以容纳其他对象，并允许访问所包含的对象。例如，表单自身是一个对象，它又可以把按钮、编辑框、文本框等包含在其中。

（2）控件类（Control Object Class）不能容纳其他对象，它没有容器类灵活。例如，文本控件自身是一个对象，在文本控件中不可容纳其他对象。

由控件类创造的对象是不能单独使用和修改的，它只能作为容器类中的一个元素，通过由容器类创造的对象修改或使用。

8.2.2　对象的引用

在 Visual FoxPro 系统中，类就像是一个模板，对象都是由它生成的，类定义了对象所有的属性、事件和方法，从而决定了对象的一般性的属性和行为。

在进行容器类子类或对象的设计时，往往要调用容器中某一特定对象，这就要掌握面向对象方法中对象的标识方法。

1．容器类中对象的层次

容器中的对象仍然可以是一个容器，一般把一个对象的直接容器称为父容器，在调用特定的对象时，搞清该对象的父容器是至关重要的。

2．对象局域名

每个对象都有一个名字。在给对象命名时，只要保证同一个父容器下的各对象不重名即可，换句话说，对象使用的是局域名，因此不能单独使用对象名来引用对象，对象引用的一般格式是：

```
Object1.Object2.…
```

其中，Object1 为 Object2 的父容器，均为对象名，这种格式所表示的是 Object2，对象与其父容器间用一个圆点（.）分隔。

如果要引用对象的属性或方法，则在对象引用后直接接属性名或方法名，且对象引用和属性名或方法名之间仍然用一个圆点（.）分隔。例如，

```
Object1.Object2.Enabled
```

在进行对象引用时，有几个常用的代词，具体含义见表 8-2，使用它们可以更简单直接的表达出对象的调用。

为了更准确地理解对象的调用及关于对象的几个代词的用法，下面举一个例子。

例 8.1　对象引用方法举例。

如图 8-1 所示，表单 Form1 中包含有一个命令按钮对象 Command1 和一个命令按钮组对象 CommandGroup1，该命令按钮组对象又有 Command1（注意，该对象和直接包含在 Form1 中的命令按钮对象重名）和 Command2 两个对象。

如果想设置下面是命令按钮组中的按钮对象 Command2 中对应单击鼠标事件（Click）的方法程序：

```
This.Parent.Command1.Enabled=.not. This.Parent.Command1.Enabled
This.Parent.Parent.Command1.Enabled=NOT This.Parent.Parent.Command1.Enabled
```

表 8-2　几个代词的含义

代　词	含　义
Parent	表示对象的父容器对象
This	表示对象本身
ThisForm	表示对象所在的表单
ThisFormSet	表示对象所在的表单所属的表单集

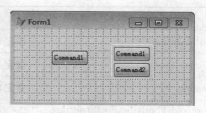

图 8-1　表单 Form1

在第一个语句中，This 指命令按钮组中的对象 Command2，This.Parent 指该对象的父容器，即命令按钮组对象，This.Parent.Command1 就是指命令按钮组中的另一个对象 Command1。在第二个语句中，在 This.Parent.后面再后缀一个 Parent 是指命令按钮组的父容器，即表单 Form1，所以在第二语句中的 Command1 就不是命令按钮组中的对象而是表单 Form1 中的 Command1 了。当然，第二句也可以改写成：

```
ThisForm.Command1.Enabled=NOT ThisForm.Command1.Enabled
```

其功能完全一样并且更清楚。

8.2.3　对象的属性、事件与方法

任何对象都有属性、事件和方法，应用程序通过属性、事件和方法来操纵对象。所有对象的属性、事件和方法程序在定义类时被指定。

1. 属性（Property）

属性是用来描述对象特征的参数，它属于某一个类，不能独立类而存在。可以对其进行设置，定义对象的特征或某一方面的行为。例如，Visible 属性影响一个控件在运行时是否可见。

对象的属性由对象所基于的类决定。Visual FoxPro 中最常见的类属性如表 8-3 所示。

表 8-3　Visual FoxPro 的最常见类属性

属　性	功　能
Alignment	指定与控件相关的文本对齐方式
AutoCenter	指定表单对象第一次显示于 Visual FoxPro 主窗口时，是否自动居中放置
Autosize	指定控件是否依据其内容自动调节大小
BackColor	指定用于显示对象中文本和图形的背景色
BackStyle	指定对象的背景是否透明
BorderColor	指定对象的边框颜色
BorderStyle	指定对象的边框样式
ButtonCount	指定命令按钮组或选项按钮组中的按钮数
Caption	指定在对象标题中显示的文本

属　　性	功　　能
ColumnCount	指定表格、组合框或列表框控件中列对象的数目
ControlSource	指定与对象绑定的数据源
Enable	指定对象能否响应用户引发的事件
Fontbold、FontItalic、FontStrikethru、FontUnderline	指定文本是否具有下列效果：粗体、斜体、删除线或下画线
Fontname	指定显示文本的字体名
Fontsize	指定对象文本的字体大小
ForeColor	指定用于显示对象中文本和图形的前景色
Height	指定对象在屏幕上的高度
InputMask	指定控件中数据的输入格式和显示方式
Interval	指定计时器控件的 Timer 事件之间的时间间隔毫秒数
KeyBoardHighValue	指定可用键盘输入到微调控件文本框中的最大值
KeyBoardLowValue	指定可用键盘输入到微调控件文本框中的最小值
Left	对于控件，指定对象的左边界（相对于其父对象）；对于表单对象，确定表单的左边界与 Visual FoxPro 主窗口左边界之间的距离
LinkMaster	指定表格控件中的子表所链接的父表
maxbutton	指定表单是否含有最大化按钮
minbutton	指定表单是否含有最小化按钮
movable	指定用户是否可以在运行时移动一个对象
Name	指定在代码中引用对象时所用的名称
PasswordChar	决定用户输入的字符或占位符是否显示在文本框控件中，并确定用作占位符的字符
Picture	指定需要在控件中显示的位图文件（.BMP），图标文件（.ICO）或通用字段
RecordSource	指定与表格控件相绑定的数据源
RowSource	指定组合框或列表框控件中值的来源
RowSourceType	指定控件中值的来源类型
SpecialEffect	指定控件的不同样式选项
Stretch	在一个控件内部，指定如何调整一幅图像以适应控件大小
Style	指定控件的样式
Tabindex	指定页面上控件的 Tab 键次序，以及表单集中表单对象的 Tab 键次序
Tabstop	指定用户是否可以使用 Tab 键把焦点移动到对象上

续表

属　　性	功　　能
Top	对于控件,指定相对其父对象最顶端的边缘所在位置;对于表单对象,确定表单顶端边缘与 Visual FoxPro 主窗口的距离
Value	指定控件的当前状态。对于组合框和列表框控件,此属性只读
Visible	指定对象是可见还是隐藏
Width	指定对象的宽度
WindowState	指定表单窗口在运行时是否可以最大化或最小化
WordWrap	在调整 AutoSize 属性为真(.T.)的标签控件大小时,指定是否在垂直方向或水平方向放大该控件,以容纳 Caption 属性指定的文本

2. 事件(Event)

在 Visual FoxPro 中,每种对象所能识别的事件是固定的,也就是说,用户不能自己规定一个对象不能识别的事件并设计一段与该事件相联系的程序,这样即便该事件发生了,由于对象不能识别,因而也就无法触发程序并使之运行。在 Visual FoxPro 系统中,对象可以响应 50 多种事件,事件有的适用于专门控件,有的适用于多种控件。Visual FoxPro 的核心事件集如表 8-4 所示,这些事件适用于大多数的控件。

表 8-4　Visual FoxPro 的核心事件集

事　　件	事件触发的动作
Click	单击鼠标
DblClick	双击鼠标
Destroy	释放对象
DragDrop	鼠标拖放
GotFocus	对象接收到焦点
Init	对象创建
InteractiveChange	使用键盘或鼠标更改控制的值
KeyPress	按下或释放键
LostFocus	对象失去焦点
MouseDown	当鼠标指针停在一个对象上时,按下鼠标按钮
MouseMove	在对象上移动鼠标
MouseUp	当鼠标指针停在一个对象上时,释放鼠标按钮
RightClick	右击鼠标

3. 方法(Method)

方法程序是指对象能够执行的一个操作。例如,列表框有这样一些方法程序维护它的列表内容:AddItem、RemoveItem 和 Clear。

方法程序是与对象相关联的过程,是指对象为完成某一功能而编写的一段程序代码。一个事件必定具有一个与之相关联的方法程序。例如,为 Click 事件编写的方法程序代码将在 Click 事件出现时被执行。方法程序也可以独立于事件而单独存在,此类方法程序必须在代码中被显式地调用。Visual FoxPro 中常见的方法如表 8-5 所示。

表 8-5　Visual FoxPro 的常见方法

方　　法	功　　能
AddObject	运行时,在容器对象中添加对象
CloneObject	复制对象,包括对象所有的属性、事件和方法
Help	打开"帮助"窗口
Hide	通过把 Visible 属性设置为"假"(.F.),隐藏表单、表单集或工具栏
Move	移动一个对象
NewObject	直接从一个 .VCX 可视类库或程序中将一个新类或对象添加到一个对象中
Print	在表单对象上打印一个字符串
Quit	退出 Visual FoxPro 的一个实例
Refresh	重画表单或控件,并刷新所有值,或者刷新一个项目的显示
Release	从内存中释放表单集或表单
RemoveObject	运行时从容器对象中删除一个指定的对象
SetFocus	为一个控制指定焦点
Show	显示一个表单,并且确定是模式表单还是无模式表单

8.3　类的创建

在利用面向对象编程技术进行数据库应用系统程序设计时,通常把常用的对象定义成一个类,这样可以根据需要在这个类的基础上,派生出一个或多个具体对象,再利用这些对象设计数据库应用系统程序。

创建类可以通过菜单方式和命令方式来完成,主要有三种方法:用菜单方式创建类、用命令方式创建类、用编程方式创建类。

8.3.1　创建类的一般方法

1. 类的创建

方法一:用菜单方式创建类。

操作步骤如下:

(1) 从"文件"菜单中选择"新建"命令,在"新建"窗口中再选择"类"选项,然后单击"新建文件"按钮。

(2) 在"新类"窗口中,定义如下信息:

- 在"类名"对话框中,定义新类名;
- 在"派生于"下拉表中,选择基类名或父类名;

- 在"存储于"对话框中,选择或定义类库名。

再单击"确定"按钮,进入"类设计器"窗口。

(3)进入"类设计器"窗口,如果不想改变父类属性、事件或方法,类就已经建立完成,同时被保存在类库中,供以后使用;如果想修改父类的属性、事件或方法,或给新类添加新的属性、事件或方法,在"类设计器"窗口可继续进行操作。

方法二:用命令方式创建类。

命令格式:

CREATE CLASS <类名>

或

CREATE CLASS <类名>of <类库名>

命令功能:打开"新类"窗口,以下仍然按菜单方式操作。

2. 类属性的定义

当类创建完成后,新类就已继承了基类或父类的全部属性。同时,系统也允许修改基类、父类原来的属性,或设置类的新属性。

设置类的属性操作步骤如下:

(1)在打开的类设计器中右击,选择"属性"命令,弹出"属性"窗口如图 8-2 所示。

(2)在"属性"窗口,可以修改基类或父类原来的属性。

(3)如果在"属性"窗口不能满足用户对类的属性定义,用户可以自己添加新的属性。将新属性添加到类。

- 从"类"菜单选择"新建属性"命令,出现图 8-3 所示的窗口。

图 8-2 "属性"窗口

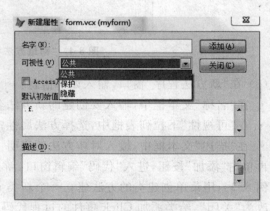

图 8-3 "新建属性"窗口

- 在"新建属性"对话框中输入属性的名称。
- 指定可视性:公共、保护或隐藏。

其中:

公共(Public)属性可在应用程序的任何位置被访问;

保护(Protected)表示只可以在本类中的其他方法或其子类中引用;

隐藏(Hidden)表示只可以在本类的其他方法中引用。

(4) 单击"添加"按钮。

还可以添加有关属性的说明。当把控件添加到表单或表单集时,这个说明在"类设计器"和"表单设计器"中的"属性"窗口下端显示出来。

3. 类的方法和事件的定义

当类创建完成后,虽然已继承了基类或父类的全部方法和事件,但多数时候还是需要修改基类、父类原来的方法和事件,或加入新的方法。

操作步骤如下:

(1) 打开"显示"菜单,选择"代码"命令,进入"代码编辑"窗口中。在该窗口中,可以在"对象"下拉列表框中选择对象,在"过程"窗口下拉列表框中确认继承下来的方法和事件,或修改继承的方法和事件。

(2) 在"代码编辑"窗口中,"过程"窗口下拉框中列出的方法如果不能满足对类的定义,用户可以自己添加新的方法:打开"类"菜单,选择"新方法程序"命令,进入"新方法程序"窗口,如图 8-4 所示。

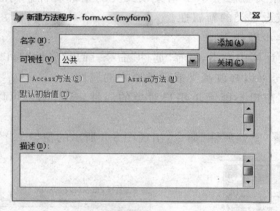

图 8-4　"新建方法程序"窗口

(3) 在"新方法程序"窗口,输入如下信息:

- 在"名称"文本框中,输入要创建的新方法名;
- 在"可视性"下拉列表框中,选择方法属性;
- 在"描述"文本框中,输入对新方法的说明。

再单击"添加"按钮,进入"代码"编辑窗口,新方法被加入到"代码编辑"窗口中。

例 8.2　用菜单创建类的方法建立一个新类 mybutton,修改其属性,把原有的 Caption 属性改为"关闭",给类添加 Click 事件的过程代码,实现退出系统的功能。

操作步骤如下:

(1) 打开"文件"菜单,选择"新建"命令,选择"类"选项,再单击"新建文件"按钮,进入"新建类"窗口,如图 8-5 所示。

(2) 在"新建类"窗口中输入如下信息:

- 在"类名"文本框中,输入要创建的新类名 mybutton;
- 在"派生于"下拉列表框中,选择基类名 CommandButton;

- 在"存储于"编辑框中,输入类库名 myclass。

再单击"确定"按钮,进入"类设计器"窗口,如图 8-6 所示。

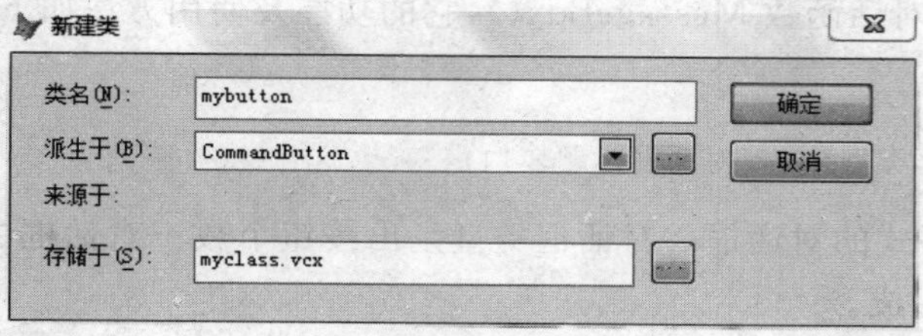

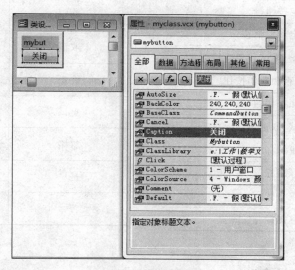

图 8-5 "新建类"窗口

图 8-6 "类设计器"窗口

（3）在已打开的"属性"窗口中,把原有的 Caption 属性由 Command1 改为"关闭",如图 8-7 所示。

图 8-7 修改属性

（4）在系统的"显示"菜单中,选择"代码"命令(或者双击刚建立的"关闭"按钮)进入"代码编辑"窗口。

（5）在"代码编辑"窗口,选择"对象"下拉列表框中的 mybutton 对象,在"过程"下拉列表框中选择 Click 事件,在下面的窗口中输入过程代码,如图 8-8 所示。

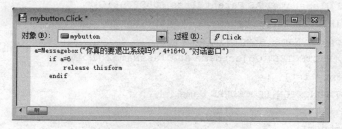

图 8-8 Click 事件代码窗口

（6）退出"代码编辑"窗口,保存类,结束创建类操作。

通过上例可以知道,创建一个类,要完成定义类名,确定类的父类,修改父类的属性、事件或方法等过程。

另外,例 8.2 中使用了一个人机对话函数 MessageBox(),它的功能及使用方法如下。

格式:

```
MessageBox(<信息提示>[,<对话框类型>[,< 对话框标题> ]])
```

功能:在屏幕上弹出一个指定格式的对话框。对话框类型是出按钮个数＋对话框中显示的图标＋默认按钮三组代码组合而成。

各代码含义如表 8-6 所示,按钮的返回值如表 8-7 所示。

表 8-6　对话框类型代表含义与功能

代　码	代码含义
0	确定按钮
1	确定和取消按钮
2	终止、重试和忽略按钮
3	是、否和取消按钮
4	是和否按钮
5	重试、取消按钮
16	停止图标
32	问号图标
48	感叹号图标
64	信息图标

表 8-7　对话框中按钮的返回值

按钮名称	返回值
确定	1
取消	2
终止	3
重试	4
忽略	5
是	6
否	7

8.3.2　用编程方式创建类

在 Visual FoxPro 系统中,定义类除了在类设计器中进行外,还可以通过 Define Class 命令编程来实现。

格式:

```
DEFINE CLASS ClassName1 AS ParentClass [OLEPUBLIC]
[[PROTECTED|HIDDEN PropertyName1, PropertyName2,...]
[Object.]PropertyName=eExpression ...]
[ADD OBJECT [PROTECTED] ObjectName AS ClassName2 [NOINIT]
[WITH cPropertylist]]...
[[PROTECTED] FUNCTION|PROCEDURE Name
cStatements
[ENDFUNC|ENDPROC]]
ENDDEFINE
```

功能:创建一个新类。其新类以 ParentClass 为基类,以 ClassName1 为名,含有以

ObjectName 为名的对象,具有指定的属性和指定的事件或方法代码。

其中,用大写字母组成的单词是保留字,而用小写字母组成的是参数。语句中各部分内容的含义如下:

(1) ClassName1 指定要建立的类的名字;AS ParentClass 指定要创建的类的父类,ParentClass 既可以是 Visual FoxPro 中的一个基类,也可以是用户自己定义的类。

(2) PropertyName1、PropertyName2 等列举该类中要保护或隐含的属性名称;PropertyName ＝ eExpression 建立类属性,并所一个属性值赋给该属性。

(3) ADD OBJECT 向类中添加对象;PROTECTED 阻止类定义外部访问改变对象的属性;ObjectName 是所建立对象的名字,并用来定义内部引用对象;AS ClassName2 为所建立对象 ObjectName 的类的名字;NOINIT 指一个对象被添加时 Init 方法不执行。

(4) WITH cPropertylist 指定所创建对象的属性列表和属性值。

(5) [[PROTECTED] FUNCTION | PROCEDURE Name … [ENDFUNC | ENDPROC]]为前面建立的对象 ObjectName 添加事件和方法,事件和方法通过一组函数或过程来实现;cStatements 是事件或方法的命令执行语句。

例 8.3　定义一个带命令按钮的新的容器类 myform,并确定其自身属性和所包含控件 comm1 的属性及控件的 Click 事件代码。

```
define class myform as form
    visible=.t.
    backcolor=rgb(128,128,0)
    caption="我的表单"
    left=20
    top=10
    height=223
    width=443
     add object comm1 as commandbutton with caption="关闭",left=300,top=150,
height=25,width=60
    procedure comm1.click
        a=MessageBox("你真的要退出系统吗?",4+16+0,"对话窗口")
            if a=6
                RELEASE THISFORM
            endif
    endproc
enddefine
```

8.3.3　对象的设计

类是对象的抽象,对象是类的实例。类是不能直接被引用的,必须将类定义成对象方可使用,因此,接下来的工作就是如何将类转换成对象。

1. 由类创建对象

通过编程方式创建的类和通过类设计器创建的类,在将类转换成对象时方法也有所不同,下面进行具体介绍。

1）由类设计器创建的可视类创建对象

可视类创建对象,其实就是将可视类象表单其他控件一样直接添加到表单上。将可视类添加到表单中应用,有三种方法:

（1）直接将类从"项目管理器"拖至"表单设计器"中。

（2）将类注册。

① 选择"工具"菜单中的"选项"命令,弹出"选项"对话框。

② 在"选项"对话框中,选择"控件"选项卡。

③ 单击"可视类库",并单击"添加"按钮。

④ 在"打开"对话框中,选择要注册的类库并单击"打开"按钮。

⑤ 单击"设置为默认值"按钮。

（3）使用表单控件窗口的"查看类"按钮,如图 8-9 所示,选择子菜单中的"添加",将自定义类库添加到"控件"工具栏。

图 8-9　添加可视化类

2）由编程方式创建的类创建对象

由编程方式创建的类创建对象,仍然要通过编程方式,可以使用 CREATEOBJECT()函数来实现,并将对象引用赋给内存变量或数组元素。

格式:

```
<对象名>=Createobject <类名>
```

功能:将以<类名>为名的类定义成以<对象名>为名的对象。

例 8.4　把例 8.3 中定义的类 myform 定义成对象 form1。

```
form1=Createobject("myform")
```

2. 对象的属性设置

对象的属性可以在对象设计阶段设置,还可以在对象运行过程中进行修改。设置对象属性的语句格式有如下两种。

格式 1:

```
<对象名>.<属性名>=<属性值>
```

格式 2:

```
WITH <对象名>
    <属性名 1>=<属性值 1>
        …
    <属性名 n>=<属性值 n>
ENDWITH
```

例 8.5　给一个表单对象 form1 设置属性值。

程序代码如下:

```
form1.backcolor=rgb(128,128,0)
form1.caption="我的表单"
form1.left=20
form1.top=10
```

```
form1.height=223
form1.width=443
```

或

```
With form1
    backcolor=rgb(128,128,0)
    caption="我的表单"
    left=20
    top=10
    height=223
    width=443
Endwith
```

3. 调用对象的方法

调用对象的方法为：

```
Parent.Object.Method
```

其中：

Parent 为对象的父类名；

Object 为当前对象名；

Method 为调用方法名。

例 8.6　调用前例 8.4 所生成的表单对象 form1。

代码为：

```
form1.show(1)
```

如果将上面几个例子综合起来，就可以实现完整的通过编程方式设计对象。

例 8.7　设计名为 form1 的表单对象，表单中包含一个"关闭"命令按钮，当单击该命令按钮时，触发 Click 事件。

程序代码如下：

```
* 由类创建对象并调用该对象
form1=Createobject("myform")
form1.show(1)
* 定义 myform 类
define class myform as form
    **定义类的属性
    visible=.t.
    backcolor=rgb(128,128,0)
    caption="我的表单"
    left=20
    top=10
    height=223
    width=443
    **给类添加一个 comm1 命令按钮
```

```
add object comm1 as commandbutton;
***定义命令按钮的属性
with caption="关闭",left=300,top=150,height=25,width=60
***定义命令按钮的 Click 事件代码
procedure comm1.click
    a=MessageBox("你真的要退出系统吗?",4+16+0,"对话窗口")
        if a=6
            RELEASE THISFORM
        endif
    endproc
enddefine
```

习题

一、选择题

1. Visual FoxPro 中的类分为(   )。
   A. 容器类和控件类   B. 容器和控件
   C. 表单和表格   D. 基础类和基类

2. 下列关于属性、方法和事件的叙述中,错误的是(   )。
   A. 属性用于描述对象的状态,方法用于表示对象的行为
   B. 基于同一个类产生的两个对象可以分别设置自己的属性值
   C. 事件代码也可以像方法一个被显示调用
   D. 在新建一个表单时,可以添加新的属性、方法和事件

3. 属于非容器类控件的是(   )。
   A. Form   B. Label   C. Page   D. Container

4. 表示当前对象的是(   )。
   A. This   B. THISFORM   C. ThisFromset   D. Parent

二、综合题

1. 什么是对象、类、属性、事件和方法?
2. 常用的基类有哪些?
3. 容器类和控件类有哪些差别?
4. 创建类有哪些方法? 各有什么特点?
5. 用 CreateObject()命令建立一个表单,并在表单中加入一个标签对象,标签的 Caption 属性设置为"我的第一个表单"。

6. 用可视化方法设计一个由命令按钮派生的子类,并为其加入一个属性 Number,为该子类设计两个事件程序 Click 和 RightClick,当 Click 事件发生时,判断其属性 Number 的值是否是一个奇数,当 RightClick 事件发生时,判断其属性 Number 的值是否是一个能被 3 整除的数。判断结果用 MessageBox()函数输出。

第 9 章　表单设计与应用

在 Visual FoxPro 系统中,表单(Form)是数据库应用系统的主要工作界面,也有人把它称为屏幕(Screen)或窗口。表单实际上是一种容器,在其中可以加入 Visual FoxPro 中的很多其他对象,用户可以通过表单对数据库中的数据进行编辑、查询、统计及其他操作。Visual FoxPro 中提供了强有力的表单设计手段,用户通过可视化的设计方法,能够方便地定义表单中的各种对象、对象的属性、对象的方法,同时,表单本身也有属性、事件和方法。

本章将介绍在 Visual FoxPro 环境下表单的建立、修改、运行,以及向表单中添加控件、表单控件的属性、事件、方法的定义等内容。

9.1　表单的建立与运行

表单(Form)是 Visual FoxPro 提供的用于建立应用程序界面的最主要工具之一。表单的创建是一个全新的领域。创建表单的过程,就是定义控件的属性,确定事件或方法、代码的过程。在 Visual FoxPro 中,可以使用表单向导和表单设计器来建立表单。利用表单向导,可以比较快速地生成一个表单原型,完成对表的添加、修改、删除和查询等操作。如果有进一步的要求,可以在表单原型的基础上在表单设计器窗口进行修改、补充和完善,这比完全用手工过程来建立一个表单要快捷。表单文件的扩展名是. scx。

9.1.1　用表单向导建立表单

Visual FoxPro 提供了两种表单向导来帮助用户建立表单:表单向导和一对多表单向导。"表单向导"针对一个表建立表单,"一对多表单向导"针对两个存在一对多关系的表建立表单。注意:由表单向导创建的只能是数据表单。

例 9.1　用表单向导创建表单 form1. scx,如图 9-1 所示。

操作步骤如下:

(1) 打开"文件"菜单,选择"新建"命令,进入"新建"窗口。

(2) 在"新建"窗口中选择"表单"选项,再单击"向导"按钮,进入"向导选择"窗口,如图 9-2 所示。

(3) 在"向导选择"窗口,选择 Form Wizard 选项,进入表单向导步骤 1 窗口,如图 9-3 所示。

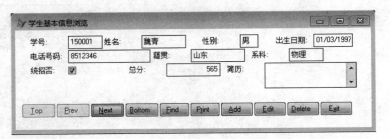

图 9-1　表单向导的表单运行实例

图 9-2　"向导选择"窗口

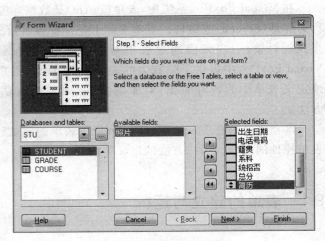

图 9-3　表单向导步骤 1

　　(4) 在表单向导步骤 1 窗口,先在 Databases and tables(数据库和表)列表框中选择作为数据源的数据表 STU;再在 Available fields(可用字段)列表框中选择将出现在表单中的字段,如图 9-3 所示,将之发送至 Selected fields(选定字段)框中;最后单击 Next 按钮,进入表单向导步骤 2 窗口,如图 9-4 所示。

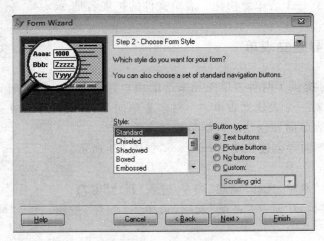

图 9-4　表单向导步骤 2

（5）在表单向导步骤 2 窗口，在 Style（样式）列表框中选择表单样式 Standard；在 Button type（按钮类型）列表框中选择表单中的按钮样式 Text buttons；单击 Next 按钮，进入表单向导步骤 3 窗口，如图 9-5 所示。

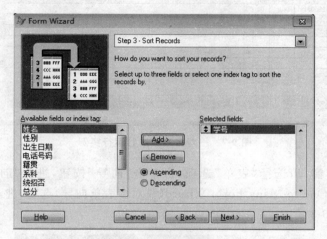

图 9-5　表单向导步骤 3

（6）在表单向导步骤 3 窗口，先在 Available fields or index tag（可用的字段或索引标识）列表框中选择建立索引的字段"学号"，将之发送至 Selected fields 列表框中。如果该表已按某一字段建立了索引，则可略去此步操作，直接进入步骤 4，再单击 Next 按钮，进入表单向导步骤 4 窗口，如图 9-6 所示。

图 9-6　表单向导步骤 4

（7）在表单向导步骤 4 窗口，先在 Type a title for your form（请键入表单标题）文本框中输入表单的标题"学生基本信息浏览"；再选择表单的保存方式 Save and run form（保存并运行表单）；单击 Finish 按钮，保存表单 form1 并运行，其运行结果如图 9-1 所示。

例 9.2　用表单向导创建一对多表单 form2，如图 9-7 所示。

操作步骤如下：

（1）打开"文件"菜单，选择"新建"命令，进入"新建"窗口。

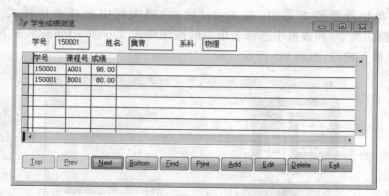

图 9-7   一对多表单向导运行实例

（2）在"新建"窗口，选择"表单"选项，再单击"向导"按钮，进入"向导选择"窗口，如图 9-2 所示。选择 One-to-Many Form Wizard（一对多表单向导）选项，进入一对多表单向导步骤 1 窗口，如图 9-8 所示。

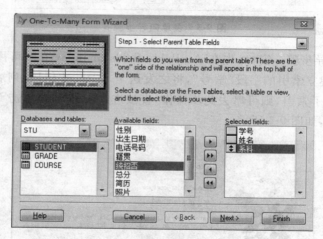

图 9-8   一对多表单向导步骤 1

（3）在一对多表单向导步骤 1 窗口中，先在"数据库和表"列表框中选择作为数据源的数据库，并且这个数据库中必须有两个表已经建立了一对多的关联关系，在这里选择数据库 STU，并确定其中的 STUDENT 为父表，选择字段"学号"、"课程号"、"成绩"，单击 Next 按钮，进入一对多表单向导步骤 2 窗口，如图 9-9 所示。

（4）在一对多表单向导步骤 2 窗口，选择子表 GRADE 中出现的字段"学号"、"课程号"、"成绩"，再单击 Next 按钮，进入一对多表单向导步骤 3 窗口，如图 9-10 所示。

（5）在一对多表单向导步骤 3 窗口中，选择数据库父表与子表的关联字段"学号"，单击 Next 按钮，进入一对多表单向导步骤 4 窗口，如图 9-11 所示。

（6）在一对多表单向导步骤 4 窗口，先在 Style 列表框中选择表单样式 Text button，单击 Next 按钮，进入一对多表单向导步骤 5 窗口，如图 9-12 所示。

（7）在步骤 5 窗口，选定"学号"字段作为索引标识字段，单击 Next 按钮进入步骤 6 窗口，如图 9-13 所示。

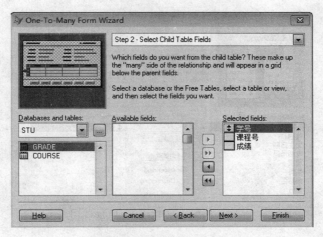

图 9-9 一对多表单向导步骤 2

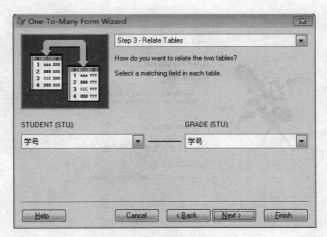

图 9-10 一对多表单向导步骤 3

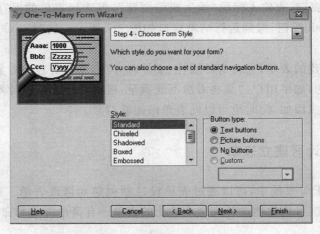

图 9-11 一对多表单向导步骤 4

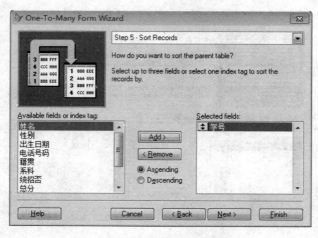

图 9-12　一对多表单向导步骤 5

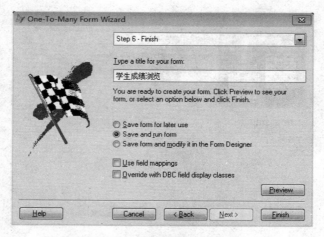

图 9-13　一对多表单向导步骤 6

（8）在步骤 6 窗口，先输入标题"学生成绩浏览"，再选择表单的保存方式为"保存并运行表单"，单击 Finish 按钮，得到运行结果窗口如图 9-7 所示。这时一对多的表单 form2 建立完成。

由表单向导创建的表单，它自身的属性、事件和方法，及它所容纳对象的属性、事件和方法，都是系统提供的，如果用户的某些需求不能满足，可以通过表单设计器对已有的属性、事件和方法进行修改或添加，同时也可以向表单添加新对象。

9.1.2　用表单设计器建立表单

在 Visual FoxPro 系统中，可以通过表单设计器创建和修改表单。在表单设计器环境下，用户可以交互式、可视化地设计完全个性化的表单。有菜单方式和命令方式两种方法可以调用表单设计器。

1. 菜单方式调用

（1）单击"文件"菜单中的"新建"命令，打开"新建"对话框。

（2）选择"表单"文件类型，单击"新建文件"按钮。

2. 命令方式调用

在命令窗口输入命令：

CREATE FORM [表单名]

以上两种方法均可以打开"表单设计器"窗口，如图 9-14 所示。

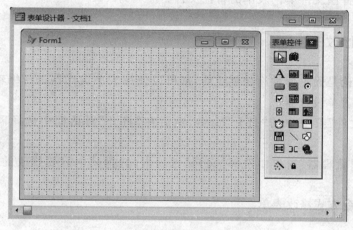

图 9-14　"表单设计器"窗口

采用这种方式创建的表单是空白表单，可以通过调用表单生成器方便、快捷地产生表单。调用表单生成器的方法有三种：

（1）选择"表单"菜单中的"快速表单"命令。

（2）单击表单设计器工具栏中的"表单生成器"按钮。

（3）右击表单窗口，然后在弹出的快捷菜单中选择"生成器"命令。

采用上面任意一种方法后，系统都将打开"表单生成器"对话框，如图 9-15 所示。在该对话框中，用户可以从某个表或视图中选择若干个字段，这些字段将以控件形式被添加到表

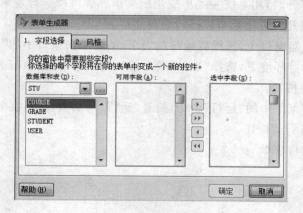

图 9-15　表单生成器

单上。要寻找某个表或数据库,可以单击"数据库和表"下拉列表框右侧的 ⋯ 按钮,调出"打开"对话框,然后从中选定需要的文件。在"样式"选项卡中可以为添加的字段控件选择它们在表单上的显示样式。

通常利用表单生成器产生的表单不能满足特定应用的需要,还需要开发者在表单设计器中做进一步的编辑、修改和设计。

要保存设计好的表单,可以在表单设计器环境下,选择"文件"菜单中的"保存"命令,然后在打开的"另存为"对话框中指定表单文件的文件名。设计好的表单将被保存在一个表单文件和一个表单备注文件里。表单的备注文件扩展名为.sct。

9.1.3　表单的修改

一个表单无论是通过何种途径创建的,都可以使用表单设计器进行编辑修改。可以使用如下方法打开表单设计器:

(1)单击"文件"菜单中的"打开"命令,然后在"打开"对话框中选择需要修改的表单文件。

(2)在"项目管理器"窗口中选择"文档"选项卡,选择其中需要修改的表单,然后单击"修改"按钮。

(3)使用命令方式修改表单。

格式:

MODIFY FORM <表单文件名>

功能:打开表单设计器,修改表单及其控件的属性、事件或方法。如果命令中指定的表单文件不存在,系统将启动表单设计器创建一个新表单。

例如要打开修改表单 form2,可以在命令窗口中输入 MODIFY FORM form2.scx。

9.1.4　表单的运行

在表单设计器打开时,用系统主菜单或快捷菜单方式可以运行表单,另外以命令方式也可以运行表单。下面几种方法都可以运行表单文件:

(1)在项目管理器窗口中,选择要运行的表单,然后单击窗口中的"运行"按钮。

(2)在表单设计器环境下,选择"表单"菜单或快捷菜单中的"执行表单"命令,或单击标准工具栏上的"运行"按钮。

(3)选择"程序"菜单中的"运行"命令,打开"运行"对话框,然后在对话框中指定要运行的表单文件并单击"运行"按钮。

(4)使用命令运行表单

格式:

DO FORM <表单名> .scx

功能:运行以<表单名>为名的表单。

例如,在命令窗口输入以下命令运行表单 form2。

```
DO FORM form2.scx
```

9.2　表单的操作

本节详细介绍表单设计器的环境及在该环境下如何为表单添加控件、管理表单控件和设置表单数据环境。

9.2.1　表单设计器环境

表单设计器启动后,Visual FoxPro 主窗口上将出现表单设计器窗口、属性窗口、表单控件工具栏、表单设计器工具栏,如图 9-16 所示。

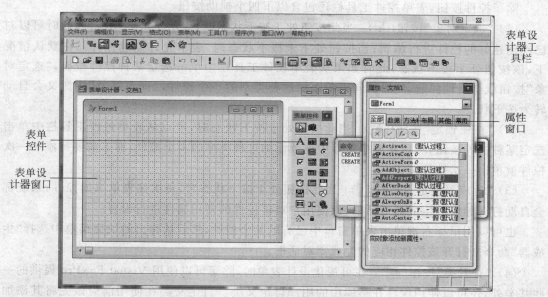

图 9-16　　Visual FoxPro 主窗口

1. 表单设计器窗口

表单设计器窗口内包含正在设计的表单的设计窗口,用户可在表单中对控件进行可视化的添加和修改。表单只能在“表单设计器”窗口内移动。

2. 属性窗口

设计表单时一般要使用属性窗口。在属性窗口中,可以完成表单设计的大部分工作。根据所选的对象不同,属性窗口显示的内容也不尽相同。当选定的对象多于一个时,窗口显示的是多个对象的共同属性。

属性窗口如图 9-16 所示,包括最上面的对象框和“全部”、“数据”、“方法程序”、“布局”及其他五个属性框。对于表单及控件的绝大多数属性,其数据类型通常是固定的,如 Width 属性只能接收数值型数据,Caption 属性只能接收字符型数据。但有些属性的数据类型并不是固定的,如文本框的 Value 属性可以是任意数据类型,复选框的 Value 属性可以是数值型的,也可以是逻辑型的。

一般来说,要为属性设置一个字符型值,可以在设置框中直接输入,不需要加定界符。但对那些既可接收数值型数据又可接收字符型数据的属性来说,如果在设置框中直接输入数字,系统会首先把它作为数值型数据对待。如果要输入的是数字格式的字符串,如"123",可以采用表达式的方式,如="123"。

属性窗口可以通过单击表单设计器工具栏中"属性窗口"按钮或选择"显示"菜单中的"属性"命令打开或关闭。

3. 表单控件工具栏

表单控件工具栏如图 9-16 所示,内含控件按钮,将鼠标移到某个按钮上面停留片刻就会显示该控件的名称。利用表单控件工具栏可以方便地向表单添加控件,操作方法是:先单击控件工具栏中的相应的控件按钮,然后将鼠标移至表单窗口的合适位置单击鼠标或拖动鼠标以确定控件大小。

除了控件按钮,表单控件工具栏还包含以下四个辅助按钮。

(1)"选定对象"按钮( ):当此按钮处于按下状态时,表示不可创建控件,此时可以对已经创建好的控件进行编辑;当按钮处于未按下状态时,表示允许创建控件。在默认情况下,该按钮处于按下状态,此时如果从表单控件工具栏中单击选定某种控件按钮,"选定对象"按钮就会自动弹起,然后再向表单添加这种类型的一个控件,"选定对象"按钮又会自动转为按下状态。

(2)"按钮锁定"按钮( ):当此按钮处于按下状态时,可以从表单控件工具栏中单击选定某种控件按钮,然后在表单窗口中连续添加这种类型的多个控件,而不需要每添加一次控件就单击一次控件按钮。

(3)"生成器锁定"按钮( ):当此按钮处于按下状态时,每次往表单添加控件,系统都会自动打开相应的生成器对话框,以便用户对该控件的常用属性进行设置。

也可以用鼠标右键单击表单窗口中已有的某个控件,然后从弹出的快捷菜单中选择"生成器"命令来打开该控件相应的生成器对话框。

(4)"查看类"按钮( ):在可视化设计表单时,除了可以使用 Visual FoxPro 提供的一些基类外,还可以使用保存在类库中的用户自定义类。自定义类在使用前应该先将其添加到表单控件工具栏中。

表单控件工具栏可以通过单击表单设计器工具栏中的表单控件工具栏按钮或通过"显示"菜单中的"工具栏"命令打开和关闭。

9.2.2　控件的操作与布局

1. 控件的基本操作

在表单设计器环境下,经常需要对表单上的控件进行移动、改变大小、复制、删除等操作。

1)选定控件

要选定单个控件,只要单击该控件即可。要同时选定相邻的多个控件,只需要在表单控件工具栏上的"选定对象"按钮按下的情况下,拖动鼠标使出现的框围住要选的控件即可。
要同时选定不相邻的多个控件,可以在按住 Shift 键的同时,依次单击各控件。

2)移动控件

先选定控件,然后用鼠标将控件拖动到所需要的位置即可。如果拖动时按住了 Ctrl
键,可以使鼠标移动的步长减小。使用方向键也可以移动控件。

3)调整控件大小

先选定控件,然后拖动控件四周的控点可以改变控件的宽度和高度。

4)复制控件

先选定控件,接着选择"编辑"菜单中的"复制"命令,然后选择"编辑"菜单中的"粘贴"命
令,最后将复制产生的新控件拖动到新的位置。

5)删除控件

选定需要删除的控件,按 Delete 键或选择"编辑"菜单中的"剪切"命令。

2. 控件布局

利用控件布局工具栏中的按钮,可以方便地调整表单窗口中被选控件的相对大小和位
置。控件布局工具栏中各按钮功能如表 9-1 所示。

表 9-1　控件布局工具栏各按钮功能

按　钮	说　明
左边对齐	让选定的所有控件沿其中最左边的那个控件的左侧对齐
右边对齐	让选定的所有控件沿其中最左边的那个控件的右侧对齐
顶边对齐	让选定的所有控件沿其中最左边的那个控件的顶侧对齐
底边对齐	让选定的所有控件沿其中最左边的那个控件的底侧对齐
垂直居中对齐	使所有被选控件的中心处在一条垂直轴上
水平居中对齐	使所有被选控件的中心处在一条水平轴上
相同宽度	调整所有被选控件的宽度,使其与其中最宽控件的宽度相同
相同高度	调整所有被选控件的宽度,使其与其中最高控件的高度相同
相同大小	使所有被选控件具有相同大小
水平居中	使被选控件在表单内水平居中
垂直居中	使被选控件在表单内垂直居中
置前	将被选控件移至最前面,可能会把其他控件覆盖
置后	将被选控件移至最后面,可能会被其他控件覆盖

3. 设置 Tab 键次序

当表单运行时,用户可以按 Tab 键选择表单中的控件,使焦点在控件间移动。控件的
Tab 次序决定了选择控件的次序。Visual FoxPro 提供了两种方式来设置 Tab 键次序:交
互方式和列表方式。在"工具"菜单中选择"选项"命令,打开"选项"对话框,选择"表单"选项
卡,在"Tab 键次序"下拉列表框中选择"交互"或"按列表"。

在交互方式下，设置 Tab 键次序的步骤如下：

（1）选择"显示"菜单中的"Tab 键次序"→"交互式"命令或单击表单设计器工具栏上的"设置 Tab 键次序"按钮，进入 Tab 键次序设置状态。此时控件左上方出现深色小方块，称为 Tab 键次序盒，显示该控件的 Tab 键次序号码，如图 9-17 所示。

（2）双击某个控件的 Tab 键次序盒，该控件将成为 Tab 键次序中的第一个控件。

（3）按希望的顺序依次单击其他控件的 Tab 键次序盒。

（4）单击表单空白处，确认设置并退出设置状态；按 Esc 键，放弃设置。

在列表方式下，设置 Tab 键次序的步骤如下：

（1）选择"显示"菜单中的"Tab 键次序"→"通过列表指定"命令，打开"Tab 键次序"对话框，如图 9-18 所示。在列表框中按 Tab 键次序显示各控件。

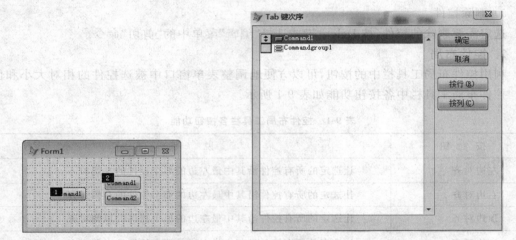

图 9-17　交互方式设置 Tab 键次序　　　　　图 9-18　列表方式设置 Tab 键次序

（2）通过拖动控件左侧的按钮移动控件，改变控件的 Tab 键次序。

（3）单击"按行"按钮，将各控件在表单上的位置从左到右、从上到下自动设置各控件的 Tab 键次序；单击"按列"按钮，将各控件在表单上的位置从上到下、从左到右自动设置各控件的 Tab 键次序。

9.2.3　表单的数据环境

表单可以建立数据环境，数据环境中能够包含与表单有联系的表和视图以及表之间的关系。通常情况下，数据环境中的表或视图会随着表单的打开或运行而打开，并随着表单的关闭或释放而关闭。可以用数据环境设计器来设置表单的数据环境。

1. 打开数据环境设计器

在表单设计器中，单击表单设计器工具栏上的"数据环境"按钮，或选择"显示"菜单中的"数据环境"命令，即可打开"数据环境设计器"窗口，此时，系统菜单栏上将出现"数据环境"菜单。

2. 向数据环境添加表或视图

在数据环境设计器环境下，按下列方法向数据环境添加表或视图：

（1）选择"数据环境"菜单中的"添加"命令，或右击"数据环境设计器"窗口，然后在弹出的快捷菜单中选择"添加"命令，打开"添加表或视图"对话框。如果数据环境原来是空的，那么在打开数据环境设计器时，该对话框会自动出现。

（2）选择要添加的表或视图并单击"添加"按钮。如果单击"其他"按钮，将调出"打开"对话框，用户可以从中选择需要的表。如果数据环境原来是空的且没有打开的数据库，那么在打开数据环境设计器时，会自动出现"打开"对话框。

3. 从数据环境移去表或视图

在数据环境设计器环境下，按下列方法从数据环境移去表或视图：

（1）在"数据环境设计器"窗口中，单击选择要移去的表或视图。

（2）选择"数据环境"菜单中的"移去"命令。

也可以右击要移去的表或视图，然后在弹出的快捷菜单中选择"移去"命令。当表从数据环境中移去时，与这个表有关的所有关系也将随之消失。

4. 在数据环境中设置关系

如果添加到数据环境的表之间具有在数据库中设置的永久关系，这些关系也会自动添加到数据环境中。如果表之间没有永久关系，可以根据需要在数据环境设计器下为这些表设置关系。设置关系的方法很简单，只需将主表的某个字段（作为关系表达式）拖动到子表的相匹配的索引标记上即可。如果子表中没有与主表字段相匹配的索引，可以将主表字段拖动到子表的某个字段上，这时应根据系统提示确认创建索引。

要解除表之间的关系，可以选单击选定表示关系的连线，然后按 Delete 键。

5. 向表单添加字段

前面提到，利用表单控件工具栏可以很方便地将一个标准控件放置到表单上。当要通过控件来显示和修改数据时，一般要为控件设置一些属性。比如，用一个文本框来显示或编辑一个字段数据，这时就需要为该文本框设置 ControlSource 属性，使其与该字段关联。

Visual FoxPro 为用一个文本框来显示或编辑一个字段数据提供了更好的方法，它允许用户从数据环境设计器窗口、项目管理器窗口或数据库设计器窗口中直接将字段、表或视图拖入表单，系统将产生相应的控件并与字段相联系。

默认情况下，如果拖动的是字符型字段，将产生文本框控件；如果拖动的是备注型字段，将产生编辑框控件；如果拖动的是表或视图，将产生表格控件。但用户可以选择"工具"菜单中的"选项"命令，打开"选项"对话框，然后在"字段映像"选项卡中修改这种映像关系。

9.3 常用表单控件

表单设计离不开控件，而要很好地使用和设计控件，则需要了解控件的属性、方法和事件。本节主要以几种常用的表单控件的主要属性为线索，分别介绍常用表单控件的使用和设计。

9.3.1　标签控件

标签(Label)常用来显示表单中的各种说明或提示,被显示的文本在 Caption 属性中指定,称为标题文本。标签没有数据源,显示的文本不能在屏幕上直接编辑修改,但可以在代码中通过重新设置 Caption 属性间接修改。标签标题文本最多可包含的字符数是 256 个。

标签具有自己的一套属性、方法和事件,能够响应绝大多数鼠标事件。表 9-2 列出了标签的常用属性。

表 9-2　标签的常用属性

属 性 名	说　　明	默 认 值
AutoSize	确定是否根据标题的长度来调整标签大小	.F.
Caption	标签显示的文本	标签的名字
BackColor	标签的背景颜色(在 BackStyle=2)时不起作用	
ForeColor	标签内容的颜色	
Left	标签距离表单左边框的长度	
Top	标签距离表单上边框的长度	
Visual	标签在运行时是否可见	.T.
Name	引用该对象时所用的名称	Label 加数字
FontName	标签内容字体的名称	宋体
FontSize	标签内容字体的大小	9
BackStyle	确定标签是否透明	1—不透明
WordWrap	确定标签上显示的文本能否换行	.F.

例 9.3　设计"学生信息管理系统"的欢迎界面表单,如图 9-19 所示,表单文件名为"欢迎.scx"。

图 9-19　欢迎界面表单运行实例

表单设计步骤如下:

(1) 创建表单,在表单中添加三个标签控件 Label1、Label2 和 Label3。

(2) 分别设计其属性,如表 9-3 所示。

表 9-3 标签控件属性

控件对象	属　　　　　　　　　　性
Form1	Caption="学生信息管理系统"
	Picture="bg.jpg"(bg.jpg 为默认目录里的一个背景图片)
Label1	Caption="学生信息管理系统"
	Alignment="2-中央"
	Autosize=.T.
	Backstyle="0-透明"
	FontBold=.T.
	FontName="隶书"
	FontSize=36
	ForeColor="0,128,255"
Label2	Cation="版权所有(A) 2016"
	FontSize=20
	其他同 Label1
Label3	Cation="制作者:陶瓷学院"
	其他同 Label2

(3) 保存为"欢迎.scx"并运行表单。

9.3.2 命令按钮与命令按钮组控件

1. 命令按钮控件

命令按钮(CommandButton)是常见的一种控件,由其派生出的命令按钮对象在表单中随处可见,通常用来启动某个事件代码及完成特定功能,如关闭表单、移动记录指针、打印报表等。一般要为命令按钮设置 Click 事件的方法程序。命令按钮的主要属性如表 9-4 所示。

表 9-4 命令按钮的主要属性

属　性	说　　　　　明	默 认 值
Caption	命令按钮上显示的文字	Command 加数字
Name	命令按钮的名字	
Picture	指定要在按钮上显示的图形文件	
DownPicture	指定当按钮被选定时显示的图形文件	
Cancel	Cancel 属性值为.T. 的命令按钮称为"取消"按钮。按 Esc 键可以激活"取消"按钮,执行该按钮的 Click 事件代码	.F.
Default	Default 属性值为.T. 的命令按钮称为"确认"按钮。一个表单内只能有一个"确认"按钮	.F.
Enabled	指定表单或控件能否响应由用户引发的事件	.T.
Visible	指定对象是可见还是隐藏	.T.

例 9.4　　打开例 9.3 所建立的欢迎界面表单,在适当位置添加两个命令按钮控件,分别实现调用系统登录表单(登录.scx)和退出系统,如图 9-20 所示。

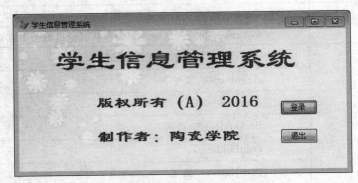

图 9-20　欢迎表单运行实例

表单设计步骤如下:

(1) 打开"欢迎.scx"表单,在图 9-20 所示位置加入两个命令按钮控件 Command1 和 Command2,并将它们的 Caption 分别设置为"登录"和"退出"。

(2) 添加代码如下:

```
Command1: DO FORM 登录.scx              Command2: RELEASE THISFORM
         RELEASE THISFORM                        QUIT
```

(3) 保存为"欢迎.scx",并运行表单。

注意:这时还并未建立"登录.scx"表单,所以在运行时,单击"登录"按钮并不能真正调出该表单,为了测试程序的正确性,可以将 DO FORM 登录.scx 这句先变成注释语句,增加 MessageBox 语句,即改为:

```
Command1: * DO FORM 登录.scx
         MessageBox("OK")
         RELEASE THISFORM
```

如果运行时单击"登录"按钮出现 OK 对话框,即说明程序正确。

2. 命令按钮组控件

命令按钮组(CommandGroup)控件是包含一组命令按钮的容器控件,用户可以单个或作为一组来操作其中的按钮。

在表单设计器中,为了选择命令按钮组中的某个按钮,有如下两种方法:从属性窗口的对象下拉列表框中选择所需的命令按钮;右击命令按钮组,然后从弹出的快捷菜单中选择"编辑"命令,这样命令按钮组就进入了编辑,用户可以通过单击来选择某个具体的命令按钮。

命令按钮组中的按钮既可以单独操作,也可作为一个组来统一操作。当单独操作时,和单个的命令按钮的使用方法一样;当作为一个组统一操作时,可以通过命令按钮组的 Value 属性指明该事件发生在哪个按钮。下面是一个按钮组设计的 Click 方法示例代码:

```
DO CASE
```

```
Case.Value=1
    * DO FORM 登录.scx
    MessageBox("OK")
    RELEASE THISFORM
Case.Value=1
    RELEASE THISFORM
ENDCASE
```

注意,此段程序写在命令按钮组的 Click 事件中。

命令按钮组的常用属性如表 9-5 所示。

表 9-5 命令按钮组的常用属性

属 性 名	说　　明	默 认 值
ButtonCount	命令按钮组中命令按钮的个数	2
BackStyle	命令按钮组背景是否透明。一个透明的背景与组面下的对象颜色相同	1-不透明
Value	指定鼠标按下的是第几个按钮	1
Enabled	指定是否对用户引起的事件进行响应	.T.
Visible	指定命令按钮组是否可见	.T.

9.3.3 文本框与编辑框控件

1. 文本框控件

文本框(TextBox)控件主要用于表中非备注型和通用型字段值的输入、输出,以及内存变量赋值和输出等操作,其数据源来自于其 Control Source 属性。

文本框常用的属性设置可以通过其生成器方便地设定。

文本框的常用属性如表 9-6 所示。

表 9-6 文本框的常用属性

属 性 名	说　　明	默 认 值
Alignment	文本框中的内容的对齐方式。自动对齐取决于数据类型,如数值型右对齐,字符型左对齐	3-自动
ControlSource	文本框的数据来源	
InputMask	指定每个字符输入必须遵守的规则	
PasswordChar	文本框内显示的隐含字符	
ReadOnly	指定是否为只读状态	
Value	文本框的当前值	.F.
SelectOnEntry	当文本框得到焦点时,是否自动选中文本框中的内容	.F.

2. 编辑框控件

编辑框(EditBox)控件与文本框相似,主要功能也是显示文本,但它有自己的特点。

(1) 编辑框实际上是一个完整的字处理器,利用它能够选择、剪切、粘贴以及复制文本;可以实现自动换行;能够有自己的垂直滚动条;可以用箭头键在正文中移动光标。

(2) 编辑框只能输入、编辑字符型数据,包括字符型内存变量、数组元素、字段及备注型字段里的内容。

前面介绍的有关文本框的属性(不包括 PasswordChar、InputMask 属性)对编辑框同样适用。编辑框的主要属性如表 9-7 所示。

表 9-7　编辑框的主要属性

属　　性	说　　明	默 认 值
AllowTabs	确定用户在编辑框中能否使用 Tab 键	.F.
HideSelection	编辑框失去焦点时,编辑框中选定的文本是否仍显示为选定状态	.T.
ReadOnly	用户能否修改编辑框中的文本	.F.
ScrollBars	指定编辑框是否有滚动条。0 表示没有,2 表示包含垂直滚动条	2-垂直

例 9.5　设计如图 9-21 所示的表单,实现学生成绩的输入。表单文件名为"成绩输入.scx"。

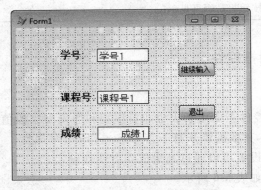

图 9-21　成绩输入表单运行实例

表单设计步骤如下:

(1) 新建表单,进入表单设计器界面,右击表单空白处,在出现的快捷菜单中选择"数据环境"命令,将表 grade.dbf 添加到数据环境中。

(2) 执行"表单"→"快速表单"菜单,在弹出的对话框中选择需要输入的字段。

(3) 拖动各个对象到合适位置,并调整三个标签控件的 FontSize 属性值为 12。

(4) 向表单中添加两个命令按钮,其 Caption 属性分别为"继续输入"和"退出"。

(5) 双击表单,在表单 Form1 的 Load 事件窗口中输入:

```
APPEND BLANK                    && 添加空记录
```

(6) 设置"继续输入"按钮的 Click 事件代码为:

```
APPEND BLANK
THISFORM.REFRESH
```

（7）设置"退出"命令按钮的 Click 事件代码如下：

```
USE grade.dbf EXCLUSIVE
DELETE FOR 学号=' '
PACK
RELEASE THISFORM
```

（8）保存表单为"成绩输入.scx"，并运行。

9.3.4　复选框与选项按钮组控件

1. 复选框控件

复选框（CheckBox）是只有两个逻辑值选项的控件。当选定某一选项时，与该选项对应的复选框中会出现一个对号，利用复选框逻辑状态值可以实现选择操作，以及完成对逻辑型数据的输入、输出操作。

复选框控件的 Value 属性值有三种状态：当 Value 属性值为 0（或逻辑值为.F.）时，表示没有选中复选框；当 Value 属性值为 1（或逻辑值为.T.）时，表示选中了复选框；当 Value 的属性值为 2（或 NULL）时，复选框显示灰色（表示不可用）。

复选框控件的主要属性如表 9-8 所示。

表 9-8　复选框控件的主要属性

属 性 名	说　　明	默认值
Caption	复选框的提示文字	
Name	复选框的名字	
Value	指定复选框的当前值	0

2. 选项按钮组控件

选项按钮组（OptionGroup）控件是包含单选按钮的容器。一个选项按钮组中往往包含若干个选项按钮，但用户只能从中选择一个按钮。当用户选择某个选项按钮时，该按钮即成为被选中状态，而选项按钮组的其他选项按钮，不管原来是什么状态，都变为未选中状态。被选中的选项按钮中会显示一个一个圆点。

选项按钮组的常用属性如表 9-9 所示。

表 9-9　选项按钮组的常用属性

属 性 名	说　　明	默认值
ButtonCount	指定选项按钮组件所包含的选项按钮个数	2
Caption	选项按钮的提示文字	
Name	选项按钮的名字	
Value	选项按钮的当前状态	1
ControlSource	选项按钮组的数据源	

例 9.6　设计一个表单,从表单中选择三个表中的一个进行浏览或编辑,如图 9-22 所示。

表单设计步骤如下:

(1) 打开表单设计器窗口,加入一个标签、一个选项按钮组、一个复选框和两个命令按钮。

(2) 在数据环境中加入 student. dbf、course. dbf 和 grade. dbf 三个表。

(3) 设置选项按钮组。右击选项按钮组,选择"生成器"命令,在"按钮"选项卡中设置按钮数为 3,将表格标题列中的三项标题设定为学生表、课程表和成绩表,在"布局"选项卡中设置按钮间隔为 10。

(4) 其他控件属性设置如表 9-10 所示。

表 9-10　其他控件属性

对象名	属性名	属性值
Label1	Caption	请选择要维护的数据表
	Fontsize	16
	AutoSize	. T.
Check1	Caption	编辑
Command1	Caption	确定
Command2	Caption	\＜Q 退出

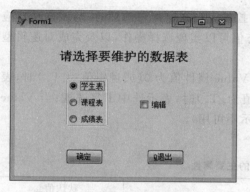

图 9-22　选项按钮组表单运行实例

(5) OptionGroup1 的 Click 事件代码:

```
do case
    case this.value=1
        select student
    case this.value=2
        select course
    case this.value=3
        select grade
endcase
```

(6) Command1 的 Click 事件代码:

```
IF THISFORM.Check1.Value=1
    BROWSE
ESLE
    BROWSE NOMODIFY NOAPPEND NODELETE
ENDIF
```

(7) Command2 的 Click 事件代码:

```
THISFORM.release
```

9.3.5 微调控件

微调控件(Spinner)用来控制数值型数据的使用范围,并在规定范围内调整、选择数据。利用微调控件框可输入一个数据,或通过(Up、Down)按钮选择一个数据。

微调控件的主要属性包括微调框中输入数据的最大值、最小值,以及单击按钮的增减值。

微调控件的主要属性如表 9-11 所示。

表 9-11 微调控件的主要属性

属 性 名	说 明	默认值
Increment	每次单击按钮增加或减少的值	1.00
KeyboardHighValue	能输入到微调文本框中的最大值	—
KeyboardLowValue	能输入到微调文本框中的最小值	—
SpinnerHighValue	单击向上箭头时,微调控件能显示的最大值	—
SpinnerLowValue	单击向下箭头时,微调控件能显示的最小值	—
Value	微调框中的当前值	—

9.3.6 列表框与组合框控件

1. 列表框控件

列表框控件(ListBox)用于显示一系列供用户选择的数据项,用户从中可选择一项或多项。当列表项很多,不能同时显示时,列表框会出现滚动条。列表框不允许用户输入数据。

列表框控件常用的属性如表 9-12 所示。

表 9-12 列表框控件常用的属性

属 性 名	说 明	默认值
ControlSource	列表项中选择的值保存在何处	—
ColumnCount	列表框的列数	1
List	用来存取列表框中选项的字符串数组	—
MultiSelect	用户能否从列表中一次选择一个以上的项	.F.
RowSource	列表中显示的值的来源	—
RowSourceType	确定 RowSource 是哪种类型:值、表、SQL 语句、查询、数组、文件列表或字段列表	0-无
Selected	指定列表框内的某个选项是否处于选定状态	.F.
Value	列表框中被选中的条目	—

列表框常用的方法程序如下:

- AddItem——给 RowSourceType 属性为 0 的列表添加一项。
- RemoveItem——从 RowSourceType 属性为 0 的列表中删除一项。
- Requery——当 RowSource 中的值改变时更新列表。

2. 组合框控件

组合框控件(ComboBox)由一个列表框和一个编辑框组成。它主要用于从列表项中选取数据,并将数据显示在编辑窗口中的操作。组合框控件有下拉列表框和下拉组合框两种。由 Style 属性值决定。

组合框控件的主要属性如表 9-13 所示。

表 9-13　组合框控件的主要属性

属 性 名	说　　明	默认值
ControlSource	指定用于保存用户选择或输入值的表字段	—
ColumnCount	指定组合框包含的列数	0
DisplayCount	指定在列表中允许显示的最大数目	0
InputMask	对于下拉组合框,指定允许输入的数值类型	—
IncrementalSearch	指定在用户输入每一个字母时,控件是否和列表中的项匹配	.T.
RowSource	指定组合框中数据的来源	—
RowSourceType	指定组合框中数据源类型。同列表框	—
Style	指定组合框的类型。0-下拉组合框,2-下拉列表框	0

例 9.7　设计如图 9-23 所示的数据查询表单,文件名为"组合框查询.scx"。要求在组合框中输入或选择学生姓名以供查询。

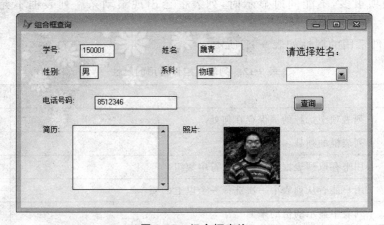

图 9-23　组合框查询

表单设计步骤如下:

(1) 新建一个表单,打开表单设计器,添加数据环境 student.dbf,修改表单 Form1 的 Caption 值为"组合框查询",Picture 属性值为 bg.jpg(bg.jpg 为默认目录里的一个背景图片）。

（2）执行菜单"表单"→"快速表单"命令，选取要显示的字段，并排列好各控件的位置。

（3）向表单添加一个标签控件，并修改其 Caption 值为"请选择姓名："，FontSize 值为 12。

（4）向表单添加一个组合框控件 Combo1，并通过右键快捷菜单打开其生成器。在组合框生成器中的"列表项"选项卡中的"填充"列表框中选择"表或视图中的字段"，并选定 student 表中的姓名字段。

（5）向表单添加一个按钮控件 Command1。修改其 Caption 值为"查询"，添加其 Click 代码如下：

```
SELECT student
THISFORM.refresh
```

（6）以文件名"组合框查询.scx"保存表单。

如果将本例中的组合框换成列表框，只要设定列表框的 RowSource 值为 student.学号，即可实现一样的功能。

9.3.7　表格控件

表格控件（Grid）是以一种表格式的显示方式输入、输出数据的，表格中分为若干行和列。表格控件在一对多的表关系中经常使用。在实际应用中，通常用文本框控件显示父表中的记录信息，用表格控件显示子表中对应的多个记录信息。

表格控件中的表格、列、标头和控件都拥有自己的一组属性、事件和方法程序，从而使表格控件非常灵活。通常使用表格生成器可以很方便地设置表格属性。

表格控件的主要属性如表 9-14 所示。

表 9-14　表格控件的主要属性

属 性 名	说　　　明	默认值
Columncount	定义表格的列数，为一1 则未包含任何列	一1
ControlSource	在列中要显示的数据，常见的是表中的一个字段	—
CurrentControl	表格中哪一个控件是活动的，如果在列中添加了一个控件，则可以将它指定为 CurrentControl	Text1
Sparse	用于确定 CurrentControl 属性是影响列中的所有单元格还是只影响活动单元格	.T.
RecordSourceType	与表格关联的数据源类型，有表、别名、查询等选择	1-别名
RecordSource	表格数据源	—

一旦指定了表格的列的具体数目（表格的 ColumnCount 属性值不是一1），就可以有两种方法来调整表格的行高和列宽：一是通过设置表格的 HeaderHeight 和 RowHeight 属性调整行高，通过设置列对象的 Width 属性调整列宽；二是让表格处于编辑状态下，然后通过鼠标拖动操作可视地调整表格的行高和列宽。

要通过鼠标调整行高和列宽,需要表格处于编辑状态,可通过选择表格右键快捷菜单中的"编辑"命令或在属性窗口对象框中选择表格的一列。

表格的设计也可以通过表格生成器来进行,可以很快地设置表格属性。

将鼠标指针移到表格对象上,右击,从弹出的快捷菜单中选择"生成器"命令,进入如图 9-24 所示的界面。

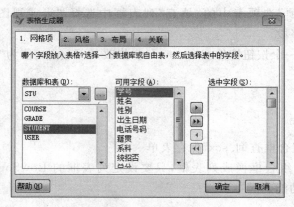

图 9-24　表格生成器

(1)"网格项"选项卡:在对应栏目中选择数据库和表,然后从表中选定字段。

(2)"风格"选项卡:选择喜欢的表格样式,一般采用系统默认状态即可。

(3)"布局"选项卡:可以调整表格布局。

(4)"关联"选项卡:如果表格对应多个表,需要在"关联"选项卡中设置表之间的对应关系。

在上述 4 个选项卡中,只有"网格项"选项卡是必须设置的。

例 9.8　建立一个表单"表格查询.scx",在例 9.7 的基础上进行修改,将其中的性别、电话号码、简历字段内容删去,新增加一个表格控件,如图 9-25 所示。要求在组合框中输入或选择姓名查询时,表格中能显示该学生选修的课程及该课程的成绩。

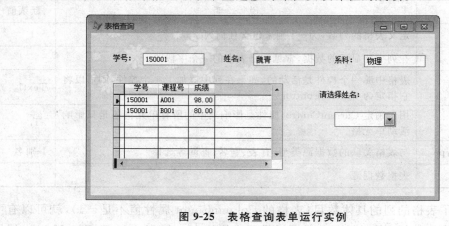

图 9-25　表格查询表单运行实例

表单设计步骤如下:

(1)打开例 9.7 建立的"组合框查询.scx",另存为"表格查询.scx"。

（2）右击表单空白处，打开数据环境设计器，向其中添加表 grade.dbf。

（3）将表单中的性别、电话号码、简历字段内容删去，新增加一个表格控件 Grid1，并按图 9-25 所示排列放好。

（4）右击表格控件，打开表格控件的生成器。在表格生成器"网格项"选项卡中选定 grade 表的学号、课程号、成绩三个字段；在表格生成器"关联"选项卡中设定父表中的关键字段为"Student.学号"，子表中的相关索引为"学号"。

（5）设置表单 Form1 的 Caption 属性为"表格查询"，保存并运行表单，结果如图 9-25 所示。

9.3.8　页框控件

页框控件（PageFrame）是一种包含多个页面的容器控件，可以放置任何控件、容器和自定义对象，一个页面在运行时对应一个屏幕窗口。在一个表单中可以将一个问题划分为若干个子问题，每个子问题可以放置在一个页面中，每个页面相当于一个表单。页面的效果相当于"选项卡"。

在表单设计器环境下，向表单添加页框的方法与添加其他控件的方法相同。默认情况下，添加的页框包含两个页面，它们的标签文本分别是 Page1 和 Page2（与它们的对象名相同）。用户可以通过设置页框的 PageCount 属性重新指定页面数目，通过设置页面的 Caption 属性重新指定页面的标签文本。

如果要向某页面中进行添加控件等操作，应使该页面成为活动页面，操作步骤为：右击页框，在弹出的快捷菜单中选择"编辑"命令，然后再单击相应页面的标签，使该页面成为活动的。也可以从属性窗口的对象框中直接选择相应的页面，这时页框四周出现粗框。

页框控件的主要属性如表 9-15 所示。

表 9-15　页框控件的主要属性

属 性 名	说　　　明	默认值
PageCount	页框包含的页面数量	2
Tabs	指定页框中是否显示页面标签栏	.T.
Pages	Pages 属性是一个数组，用于存取页框中的某个页对象。例如要将页框 PageFram 中的第 1 页的页面标签设置为"成绩"，可用下面的代码：ThisForm.PageFrame.Pages(1).Caption="成绩"	
TabStretch	设置是否多行显示标签文本。值为 0 时可以多行显示，为 1 时仅可单行显示。仅在 Tabs 属性值为 .T. 时才有效	1
ActivePage	返回页框中活动页的页号，或使页框中的指定页成为活动的	1

例 9.9　建立一个表单"页框应用.scx"，在例 9.8 的基础上进行修改，要求在组合框中输入或选择姓名查询时，显示该学生选修的课程及成绩，同时显示所有的课程信息。

表单设计步骤：

考虑该表单中要同时显示学生选修课程的成绩和所有课程信息两部分内容，所以应该在例 9.8 的基础上再增加一个表格控件，用来显示课程信息。观察图 9-25，可以采用增加一个页框控件的方法达到这个要求。

（1）打开例 9.8 建立的"表格查询.scx"，另存为"页框应用.scx"，修改表单的 Caption 属性值为"页框应用"。

（2）右击表单空白处，打开数据环境设计器，增加表 course.dbf。

（3）向表单中增加一个页框控件 PageFrame1，调整到合适大小。

（4）选中页框控件中的 Page1 页面，将表单中的 Grid1 控件移动到该页面中。

（5）选中页框控件中的 Page2 页面，增加一个表格控件 Grid1，右击该控件，打开其生成器窗口。在表格生成器"网格项"选项卡中选定 Course 表的课程号、课程名、学时数、学分四个字段。

（6）保存并运行表单，结果如图 9-26 和图 9-27 所示。

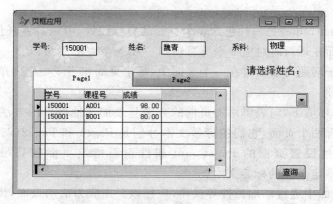

图 9-26　页框表单运行实例（第 1 页）

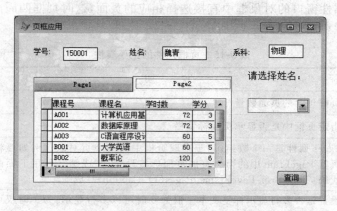

图 9-27　页框表单运行实例（第 2 页）

9.3.9　计时器控件

计时器控件（Timer）主要是利用系统时钟来控制某些具有规律性、周期性储备的定时操作，独立于用户的操作。

计时器控件不能单独使用，必须与表单、容器类或者控件类一同使用。计时器控件在运行时是不可见的,它在表单中的位置和大小无关紧要。计时器控件有两个主要属性,见表 9-16。

表 9-16 计时器控件的主要属性

属 性 名	说　　明	默认值
Intervel	指定计时器控件的 Timer 事件之间的时间间隔毫秒数	0
Enabled	属性为.T.时表示启动计时器,为.F.时表示终止计时器。可以通过触发"命令按钮"控件中的 Click 事件启动计时器	.T.

计时器控件的常用事件是 Timer,当一个计时器的时间间隔(由 Interval 属性值规定)过去后,Visual FoxPro 将产生一个 Timer 事件。

例 9.10 设计一表单如图 9-28 所示,表单上显示系统当前日期和时间,日期每 10 秒显示一次,每次显示 10 秒;系统时间的数字式表每秒显示一次新的时间。

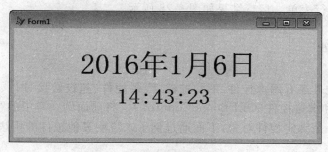

图 9-28 计时器表单运行实例

表单设计步骤如下:

(1) 打开表单生成器,向其中添加两个标签控件 Label1 和 Label2,两个计时器控件 Timer1 和 Timer2。

(2) 设置各控件属性如表 9-17 所示。

表 9-17 控件属性设置

控件对象	属性名	属　性　值
Label1	Alignment	2-中央
	AutoSize	.T.
	BackStyle	0-透明
	Caption	＝ALLT(STR(YEAR(DATE())))＋"　年"＋ALLT(STR(MONTH(DATE())))＋"　月"＋ALLT(STR(DAY(DATE())))＋"日"
	FontSize	36
Label2	Caption	＝TIME()
	FontSize	28
	其余同 Label1	

控件对象	属性名	属 性 值
	Intervel	10000

Timer1	Timer 事件	IF ThisForm. Label1. Visible=. T.
		    ThisForm. Label1. Visible=. F.
		ELSE
		    ThisForm. Label1. Visible=. T.
		ENDIF

	Intervel	1000
Timer2	Timer 事件	IF ThisForm. Label1. Caption! =TIME() ThisForm. Label2. Caption=TIME() ENDIF

(3) 保存并运行表单。运行结果如图 9-28 所示。

9.3.10　其他控件

表单常用的控件还有图像控件、形状控件、线条控件、超级链接控件、容器控件、捆绑控件(OLEControl)和绑定控件(OLEBoundCountrol)。将前面例 9.7 中的"照片"字段添加到表单时就生成了一个绑定控件对象,下面通过例子来说明其他控件的用法。

1. 图像控件

图像控件(Image)主要用于图形文件的输出。由于图像控件可以在程序运行的动态过程中加以控制,因此可以实现系统窗口的动态界面功能。

图像控件的常用属性如表 9-18 所示。

表 9-18　图像控件的常用属性

属 性 名	说　　明	默认值
Picture	指定待显示的图片文件名	
BorderStyle	指定图像控件的边框样式	0-无
BackStyle	指定图像的背景是否透明	1-不透明
Stretch	指定如何对图片的尺寸进行调整	0-裁剪

图像控件的 Stretch 属性定义了图像的三种显示方式:当 Stretch 的属性值为 0 时,将把图像的超出部分裁剪掉;当 Stretch 的属性值为 1 时,等比例填充;当 Stretch 的属性值为 2 时,变比例填充。

注 1:中图片字段为通用型,显示表中图片。例:设计一个数据浏览表单,将 student 表中的所有字段显示出来。使用 oleboundcontrol。

注 2:表中图片字段为字段型,显示表中图片。例:设计一个数据浏览表单,将 student 表中的所有字段显示出来。使用 image。

2. 线条和形状控件

线条控件(Line)是一种用来在表单上画各种类型线条的图形控件,形状控件(Shape)用来在表单上画矩形、圆角矩形、正方形、圆角正方形、椭圆或圆等类型的形状。它们通常用于美化应用程序的界面。

线条的常用属性见表 9-19。

表 9-19 线条的常用属性

属 性 名	说 明	默认值
BorderStyle	指定线条的线型	1-实线
BorderWidth	指定线条的线宽(0～8 192 个像素点)	1
BorderColor	指定线条的边框颜色	
LineSlant	指定线条的倾斜方向。取值有\(左上到右下)、/(左下到右上)	\

形状的常用属性见表 9-20。

表 9-20 形状的常用属性

属 性 名	说 明	默认值
Curvature	指定形状控件的角的曲率。取值有：0(无曲率,图形为矩形或正文形)、1～98(指定圆角)、99(最大曲率,图形为圆或椭圆)	0
BorderStyle	指定线条的线型	1-实线
FillStyle	指定用来填充形状的图案	1-透明
SpecialEffect	指定形状的外观	1-平面

3. 超级链接控件

超级链接控件(Hyperlink)用于创建一个超链接对象,通过超级链接控件的 NavigateTo 方法可以跳转到一个给定的 URL,从而进入网络。超级链接控件在运行时也是不可见的,它在表单中的位置和大小无关紧要。

4. 容器控件

容器控件(Container)是一种可以包含其他控件的容器,并且允许访问被包含对象。

例 9.11 设计如图 9-29 所示的表单。文件名为"其他控件. scx",表单上有图像控件、容器控件和超级链接等对象。

表单设计步骤:

(1) 新建一个表单,打开表单设计器,在表单的合适位置上添加一个容器对象,调整其大小,设置其 SpecialEffect 属性值为"0-凸起";在刚添加的容器里面添加一个小的容器对象,调整其大小,设置其 SpecialEffect 属性值为"1-凹下"。

(2) 在第二个容器上面添加一个标签,设置其 Caption 属性值为"其他控件应用",设置其他属性(如字体、字体大小、背景等)。

(3) 向表单添加一个图像控件对象,移动到合适位置,设置图像对象 Picture1 的 Stretch 属性值为"2-变比填充";Picture 属性值为图 9-29 中图像所在文件名。

(4) 在图像控件的右侧添加一个形状控件对象 Shape1,在其上添加两个命令按钮,分别

图 9-29 其他控件表单运行实例

设置命令按钮的 Caption 属性值为"网易"和"新浪"。

（5）添加一个超级链接对象（Hyperlink1）。设置命令按钮"网易"的 Click 代码为：

```
ThisForm.Hyperlink1.Navigateto("www.163.com")
```

设置命令按钮"新浪"的 Click 代码为：

```
ThisForm.Hyperlink1.Navigateto("www.sina.com.cn")
```

（6）保存并运行表单。运行结果如图 9-29 所示。

例 9.12 创建一个日历表单"捆绑控件应用.scx"，表单中只有一个日历对象。

表单设计步骤如下：

（1）建立一个新的表单，打开表单设计器。

（2）单击表单控件工具栏中的 ActiveX 控件（OleControl），在表单的合适位置单击，弹出"插入对象"对话框，如图 9-30 所示。在"插入对象"对话框中选择"插入控件"单选按钮，在后面的"控件类型"列表框中选中"日历控件 8.0"，单击"确定"按钮。

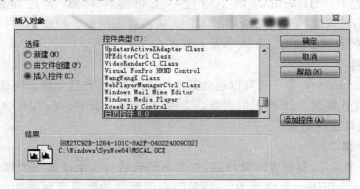

图 9-30 "插入对象"对话框

注意：如果此处没有"日历控件 8.0"选项，则可以通过下面的"添加控件"按钮进行添加。

（3）调整日历对象的大小，并移动到合适位置。保存并运行表单。结果如图 9-31 所示。

图 9-31　捆绑控件应用实例

9.4　表单的应用

本节通过几个实际例子说明表单的应用,在学习过程中应重点领会表单的设计方法、步骤以及一些常用控件的用法,从而掌握这一在实际开发工作中有着广泛应用的设计工具。

9.4.1　设计"说明"表单

"说明"表单是为系统操作做出说明的工作窗口,这种类型的表单在形式上可以多样化,要做到说明性强、说明信息格式醒目、说明信息内容简单扼要,主要包括"系统介绍"表单、"系统主页"表单和"退出系统"表单等。

例 9.13　设计一个"系统主页"表单,如图 9-32 所示。在此表单中,中间三行文字是固定不动的,最上面和最下面两行文字是动态的。

图 9-32　"系统主页"表单运行实例

244
Visual FoxPro 应用系统开发教程

表单设计步骤如下：

（1）新建一个表单文件，打开表单设计器窗口。设置表单 Form1 的属性如表 9-21
所示。

表 9-21　Form1 的属性

属 性 名	属 性 值	属 性 名	属 性 值
Caption	学生信息管理系统	Picture	bg.jpg
AutoCenter	. T.	Titlebar	0-关闭

（2）向表单添加三个固定标签控件 Label1、Label2 和 Label3，其属性分别设置如
表 9-22 所示。

表 9-22　标签 Label1、Label2 和 Label3 属性设置

对象名	属 性 名	属 性 值	对象名	属 性 名	属 性 值
Label1	Caption	学生信息管理系统	Label2	Caption	版权所有（A）2016
	AutoSize	. T.		FontSize	20
	BackStyle	0-透明		其他属性同 Label1	
	FontBlod	. T.	Label3	Caption	制作者：程序员
	FontName	隶书		FontSize	20
	FontSize	36		其他属性同 Label1	
	ForeColor	0,128,255			

（3）向表单添加两个移动标签 Label4 和 Label5，其属性分别设置如表 9-23 所示。

表 9-23　标签 Label4 和 Label5 属性设置

对象名	属 性 名	属 性 值
Label4	Caption	欢迎使用学生信息管理系统
	AutoSize	. T.
	BackStyle	0-透明
	FontBlod	. T.
	FontName	楷体_GB2312
	FontSize	14
	FontUnderline	. T.
	ForeColor	255,0,0
Label5	Caption	欢迎使用学生信息管理系统
	其他属性同 Label4	

（4）向表单添加两个计时器控件 Timer1 和 Timer2，设置两个计时器控件的 Interval 属
性值为 200。分别定义它们的 Timer 事件代码。

- Timer1 对象的 Timer 事件代码如下：

```
IF ThisForm.Label4.Left+312>ThisForm.Width
    ThisForm.Label4.Left=8-312
ELSE                            &&312是Label4的Width属性值,8为Label4的右界起始值
    ThisForm.Label4.Left=ThisForm.Label4.Left+2    && 2是Label4向右移动的参数值
ENDIF
```

- Timer2 对象的 Timer 事件代码如下：

```
IF ThisForm.Label5.Left<1
    ThisForm.Label5.Left=ThisForm.Width-8            && 8为Label5的左界起始值
ELSE
    ThisForm.Label5.Left=ThisForm.Label5.Left-2      && 2是Label4向右移动的参
数值
ENDIF
```

（5）向表单添加两个命令按钮控件 Command1 和 Command2，设置它们的 Caption 属性值分别为"登录"和"退出"。分别定义它们的 Click 事件。

- Command1 对象的 Click 事件代码如下：

```
DO FORM 系统登录.scx                    &&"系统登录"表单内容详见 9.4.2 节
RELEASE THISFORM
```

- Command2 对象的 Click 事件代码如下：

```
RELEASE THISFORM
QUIT
```

（6）保存为系统主页.scx，并运行表单，运行结果如图 9-32 所示。

例 9.14 设计"退出系统"表单，如图 9-33 所示。

表单设计步骤如下：

（1）新建一个表单，打开表单设计器。定义表单的 Caption 属性值为"退出系统"，Picture 属性值为 bg.jpg。

（2）向表单中添加一个标签控件和两个命令按钮控件。两个命令按钮的 Caption 属性值分别设置为"否"和"是"；标签控件的属性如表 9-24 所示。

表 9-24　标签属性值

属 性 名	属 性 值
Caption	确定要退出系统吗?
AutoSize	.T.
BackStyle	0-透明
FontName	隶书
FontSize	16

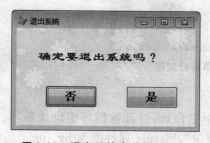

图 9-33　退出系统表单运行实例

（3）双击命令按钮，进入"代码编辑"窗口。

"否"按钮的代码:

RELEASE THISFORM

"是"按钮的代码:

CLOSE ALL
QUIT

（4）保存为"退出系统.scx"并运行表单,运行结果如图 9-33 所示。

9.4.2 设计"系统登录"表单

"系统登录"表单是保护系统安全的工作窗口,通过"系统登录"表单验证用户密码,可以使数据库应用系统在安全上有一定的保证。"系统登录"表单应具有接收密码、验证密码的功能;具有容错功能,如果密码输入错误,允许再次输入;具有操作员等级区分能力,给不同的用户提供不同的操作环境。

下面的例子中,需要用到用户表 user.dbf。该表结构如表 9-25 所示。

表 9-25 "user.dbf"数据表的表结构

字段名	字段类型	字段宽度	小数点	索引否
username	字符型	10	—	—
userpsw	字符型	16	—	—

例 9.15 设计"系统登录"表单,如图 9-34 所示。

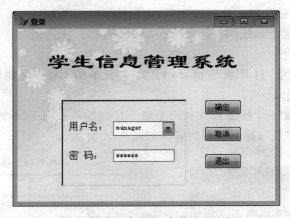

图 9-34 "系统登录"表单运行实例

表单设计步骤如下:

（1）新建一个表单,打开表单设计器。右击表单空白处,打开数据环境设计器,向其中添加表 user.dbf。定义表单的 Caption 属性值为"登录",Picture 属性值为 bg.jpg。

（2）向表单中添加一个标签控件 Label1 和容器控件 Container1,位置参见图 9-34。设置其属性如表 9-26 所示。

表 9-26 标签控件属性

对 象	属 性 名	属 性 值
Label1	Caption	学生信息管理系统
	AutoSize	. T.
	BackStyle	0-透明
	FontName	隶书
	FontSize	28
	ForeColor	0,128,255
Container1	SpecialEffect	1-凹下

（3）向表单中添加两个标签控件 Label2 和 Label3，一个组合框控件 Combo1 和一个文本框控件 Text1，将它们按图中位置放在容器控件中。组合框属性由生成器设定，显示 user 表中的 username 字段。其他控件的属性设置如表 9-27 所示。

表 9-27 控件属性

对 象	属 性 名	属 性 值
Label2	Caption	用户名：
	AutoSize	. T.
	BackStyle	0-透明
	FontName	宋体
	FontSize	12
Label3	Caption	密 码：
	其他同 Label2	
Text1	PassWordChar	*

（4）向表单添加 3 个命令按钮 Command1、Command2 和 Command3，按图 9-34 中所示位置摆放好。分别设置其 Caption 属性值为"确定"、"取消"和"退出"。

（5）双击命令按钮，进入"代码编辑"窗口。

定义表单 Form1 的 Init 事件代码如下：

```
public i
i=0
```

定义 Command1 控件的 Click 事件代码如下：

```
i=i+1
select user
locate for username=allt(THISFORM.combo1.value)
if found() and userpsw=allt(THISFORM.text1.value)
    do form 主页.scx                    && y 主页.scx 为登录后显示的系统主页面
```

```
        Release ThisForm
else
    if i<3
        MessageBox("操作员密码错误!"+chr(13)+"请再试一次",48,"警告")
        THISFORM.text1setfocus
    else
        MessageBox("你已输入 3 次!"+chr(13)+"非法用户",48,"严重警告")
        ThisForm.release
    endif
endif
```

定义 Command2 控件的 Click 事件代码如下：

```
Release ThisForm
quit
```

定义 Command3 控件的 Click 事件代码如下：

```
Release ThisForm
close all
quit
```

（6）保存表单为"登录.scx"并运行表单，结果如图 9-34 所示。

9.4.3 设计"数据维护"表单

"数据维护"表单是数据输入、维护的工作窗口，这种类型的表单在形式上要根据数据资源而定，它应该具有添加数据、删除数据、修改数据等功能。

例 9.16 设计"数据维护"表单，如图 9-35 所示。

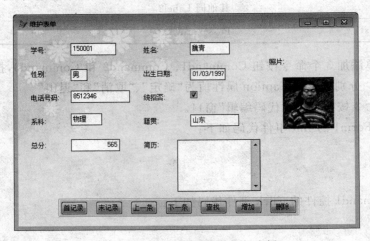

图 9-35 "数据维护"表单运行实例

表单设计步骤如下：

（1）新建一个表单，打开表单设计器。右击表单空白处，打开数据环境设计器，向其中添加表 student. dbf。定义表单的 Caption 属性值为"维护表单"，Picture 属性值为 bg. jpg。

（2）执行菜单"表单"→"快速表单"命令，选取要显示的字段，并排列好各控件的位置。修改添加的 OLE 绑定型控件，设置 Stretch 属性为 2-变比填充。

（3）向表单中添加一个命令按钮组，放置在表单的最下方，通过命令按钮组的生成器设置其属性。

（4）设计各命令按钮代码。

命令按钮组的 Click 事件代码如下：

```
do case
    case this.value=1
        go top
        this.command1.enabled=.f.
        this.command2.enabled=.t.
        this.command3.enabled=.f.
        this.command4.enabled=.t.
    case this.value=2
        go bottom
        this.command1.enabled=.t.
        this.command2.enabled=.f.
        this.command3.enabled=.t.
        this.command4.enabled=.f.
    case this.value=3
        skip-1
        if bof()
            this.command1.enabled=.f.
            this.command2.enabled=.t.
            this.command3.enabled=.f.
            this.command4.enabled=.t.
        else
            this.command1.enabled=.t.
            this.command2.enabled=.t.
            this.command3.enabled=.t.
            this.command4.enabled=.t.
        endif
    case this.value=4
        skip
        if eof()
            go bottom
            this.command1.enabled=.t.
            this.command2.enabled=.f.
            this.command3.enabled=.t.
            this.command4.enabled=.f.
        else
            this.command1.enabled=.t.
            this.command2.enabled=.t.
```

```
                this.command3.enabled=.t.
                this.command4.enabled=.t.
            endif
        case this.value=5
            xh=""
            do form 输入学号 to xh
            dqjlh=recno()
            if len(xh)<>0
                locate for 学号=xh
                if not found()
                    MessageBox("无此学号!")
                    go dqjlh
                endif
            endif
        case this.value=6
            zy=MessageBox("需要增加学生名单吗?",4+32+256,"确认")
            if zy=6
                append blank
            endif
        case this.value=7
            sy=MessageBox("需要删除学生名单吗?",4+32+256,"确认")
            if sy=6
                delete
                pack
                skip-1
            endif
        endcase
endcase
THISFORM.refresh
```

（5）保存为"数据维护.scx"并运行表单，运行结果如图 9-35 所示。如果单击了"查找"
按钮，将执行输入学号表单，如图 9-36 所示。然后根据输入的学号查询相应记录。

图 9-36 输入学号表单

输入学号表单中的"确定"命令按钮的事件代码为：

```
ThisForm.xh=trim(ThisForm.Text1.Value)
ThisForm.Release
```

输入学号表单中的"取消"命令按钮的事件代码为：

```
xh=""
ThisForm.Release
```

注意：在调用自定义的对话框表单时，往往需要获得该表单执行后的选择结果或是某些控件的值等。VFP 提供了一种安全的方法，使得表单不只能够接收参数，而且能够返回值。由于不使用全程变量，表单的通用性和独立性得以增强。要使得一个表单能够返回值，必须满足以下条件：

* 该表单的窗体类型必须是模式窗体；
* 调用该表单的命令为

```
DO FORM frmName [WITH 参数列表] TO VarName
```

其中 frmName 是被调用表单的名称（若表单有参数应正确指定实参），VarName 就是用来接收表单返回值的变量名。如果该变量原先没有定义，则会被自动创建。

* 被调用表单必须在 unload 方法的代码中使用返回语句：

```
return 表达式
```

并且应保证该语句一定能够被执行到，以将表达式的值送入指定的变量中。return 命令后的表达式可以是任意类型的合法表达式，如果省略了 return 语句后的表达式，则表单将返回值逻辑值.T.。

故而在上面的输入学号表单中，要想让其 xh 变量的值能够正确返回，必须还要做下面的几步操作：

① 添加新属性 xh；操作方法见 8.3.1 节内容。

② 在 form1 表单的 unload 方法中添加代码：

```
return thisfrom.xh
```

注意：由于表单的 unload 事件发生在 destroy 事件之后，而此时依附于表单的其他控件都已经释放，只能引用表单的属性，而不能引用这些控件的任何属性值。因此一定要先将需要返回的值送入表单的公共属性 xh 中，这样才能够获得表单的返回值。

③ 设置表单属性 windowtype 的值为 1，即表单为模式表单。

9.4.4　设计"数据查询"表单

数据查询是数据库经常的操作任务，数据查询表单样式和类型要根据系统需求而定，但无论是什么样的数据查询表单，都要方便用户输入查询信息以及浏览查询结果。

数据查询表单和数据浏览表单与数据编辑表单的差别不大。实际上，很多时候把两种表单合并起来，在同一个表单中即可实现数据的查询，又可进行数据的插入、删除、修改等编辑工作。但是把两种表单合二为一有两点不便：第一，用户可能只是希望查询数据，但由于不小心而误改了数据，并且无法还原，这将对数据的准确性造成很大的潜在危险；第二，对一个系统的数据有查询权限的用户比有修改权限的用户要多得多，为区分这两种不同身份的用户的不同权限要求,一般需要把数据的查询模块和修改模块分别进行设计。

例 9.17　设计一个数据查询表单"学生基本信息查询.scx",能够按选择按学号或姓名查询,如图 9-37 所示。

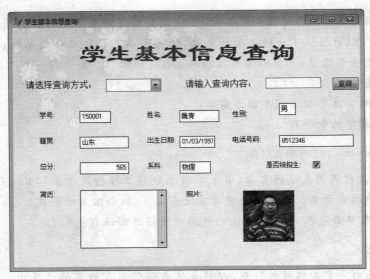

图 9-37　学生基本信息查询运行实例

表单设计步骤如下:

(1) 新建一个表单,打开表单设计器。右击表单空白处,打开数据环境设计器,向其中添加表 student.dbf。定义表单的 Caption 属性值为"学生基本信息查询",Picture 属性值为 bg.jpg。

(2) 执行菜单"表单"→"快速表单"命令,选取要显示的字段,并排列好各控件的位置。修改添加的 OLE 绑定型控件,设置 Stretch 属性为 2-变比填充。

(3) 设置各文本框控件、复选框控件和编辑框控件的 ReadOnly 属性值为.T.。

(4) 向表单添加三个标签控件 Label1、Label2 和 Label3,一个组合框控件,一个文本框控件,一个命令按钮控件。设置三个标签控件的属性如表 9-28 所示。

表 9-28　标签控件的属性

对　象	属　性　名	属　性　值
Label1	Caption	学生基本信息查询
	AutoSize	.T.
	BackStyle	0-透明
	FontBlod	.T.
	FontName	隶书
	FontSize	36
	ForeColor	0,128,255

续表

对　象	属　性　名	属　性　值
Label2	Caption	请选择查询方式
	FontSize	12
	BackStyle	0-透明
Label3	Caption	请输入查询内容
	其他属性同 Label2	

组合框控件通过生成器设定属性，如图 9-38 所示。

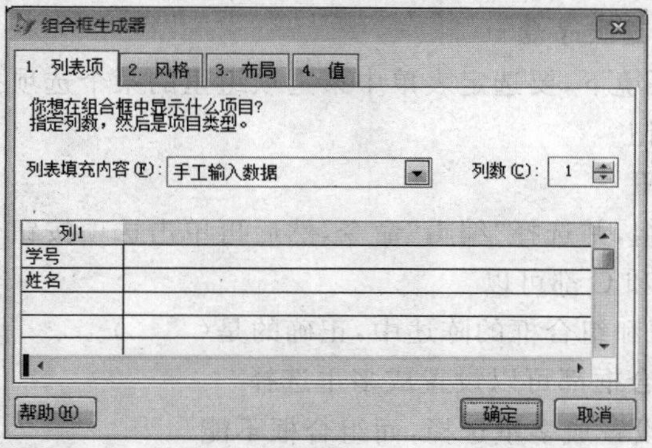

图 9-38　组合框设置

（5）查询按钮的 Caption 属性改为"查询"，并添加 Click 事件代码如下：

```
select student
do case
    case ThisForm.combo1.value="学号"
        locate for 学号=alltrim(ThisForm.text1.value)
        ThisForm.refresh
    case THISFORM.combo1.value="姓名"
        locate for 姓名=alltrim(ThisForm.text1.value)
        ThisForm.refresh
endcase
```

（6）保存为"学生基本信息查询.scx"，并运行表单，运行结果如图 9-37 所示。

除此之外，还可以建立多表的查询，具体可参考 9.3.7 节中的例 9.8。

习题

一、选择题

1. 在 Visual FoxPro 中，数据环境（　　　）。

　A. 可以包含与表单有联系的表和视图以及表之间的关系

B. 不可以包含与表单有联系的表和视图以及表之间的关系

C. 可以包含与表有联系的视图以及表之间的关系

D. 可以包含与视图有联系的表以及表单之间的关系

2. 下面关于表单控件基本操作的陈述中,不正确的是(　　　)。

A. 要在表单控件工具栏中显示某个类库文件中自定义类,可以单击工具栏的"查看类"按钮,然后在弹出的菜单中选择"添加"命令

B. 要在表单中复制某个控件可以按住 Ctrl 键并拖放该控件

C. 要使表单中所有被选控件具有相同的大小,可单击布局工具栏中的"相同大小"按钮

D. 要将某个控件 Tab 序号设置为 1,可在进入 Tab 键次序交互式设置状态后,双击控件的 Tab 键次序盒

3. 在表单设计器环境下,要选定表单中某选项组里的某个选项按钮,可以(　　　)。

A. 单击选项按钮

B. 双击选项按钮

C. 先单击选项组,并选择"编辑"命令,然后再单击选项按钮

D. 以上选项 B 和 C 都可以

4. 下面关于列表框和组合框的陈述中,正确的是(　　　)。

A. 列表框和组合框都可以设置成多重选择

B. 列表框可以设置成多重选择,而组合框不能

C. 组合框可以设置成多重选择,而列表框不能

D. 列表框和组合框都不能设置成多重选择

5. 计时器控件的主要属性是(　　　)。

A. Enabled　　　　　　B. Caption　　　　　　C. Interval　　　　　　D. Value

6. 可以设置文本框进行密码输入的属性是(　　　)。

A. Passwordchar　　　B. Fondname　　　　　C. Interval　　　　　　D. Value

二、综合题

1. 设计一个系统介绍表单。

2. 设计一个表单,表单中包含一个命令按钮和一个文本框,文本框的初始值设置为 0,当单击一次命令按钮时,文本框中的数值加 1。

3. 分别设计能给表 student. dbf、course. dbf 和 grade. dbf 添加记录的三个表单。

4. 设计一个查询表单,要求通过输入学生学号,能查询并显示该学号在表 student. dbf、grade. dbf 对应的记录。

5. 设计一个修改表单,要求通过在列表框中选择学生的学号,能显示该学号在 grade. dbf 中对应的记录以供修改。

6. 设计一个选择表单,通过选择不同的功能选项可以运行上面设计的输入、查询和修改几个表单。

第 10 章 菜 单 设 计

一个应用程序一般以菜单的形式列出其具有的功能,而用户则通过菜单调用应用程序的各种功能。本章首先介绍 Visual FoxPro 系统菜单的基本情况,然后介绍如何配置与定制系统菜单以及如何设计下拉式菜单和快捷菜单。

10.1 菜单设计概述

要设计一个菜单系统,首先要了解菜单的结构和建立菜单系统的步骤。另外,调用 Visual FoxPro 系统菜单功能也是菜单设计中经常使用的方法。

10.1.1 菜单的结构

Visual FoxPro 支持两种类型的菜单:条形菜单(一级菜单)和弹出式菜单(子菜单)。它们都有一组菜单选项显示于屏幕供用户选择。用户选择其中的某个选项时都会有一定的动作。这个动作可以是下面三种情况中的一种:执行一条命令、执行一个过程或激活另一个菜单。

每一个菜单选项都可以有选择地设置一个热键和快捷键。热键通常是一个字符,当菜单激活时,可以按菜单项的热键快速选择该菜单项。快捷键通常是 Ctrl 和另一个字符键组成的组合键。不管菜单激活与否,都可以通过快捷键选择相应的菜单选项。

常规的菜单系统一般是一个下拉式菜单,由一个条形菜单和一组弹出式菜单组成。其中条形菜单作为主菜单,弹出式菜单作为子菜单。当选择一个条形菜单选项时,激活相应的弹出式菜单。如图 10-1 所示的学生档案管理系统菜单就是一个下拉式菜单。另外还有快捷菜单,而快捷菜单一般由一个或一组上下级的弹出式菜单组成。

在 Visual FoxPro 中,可以利用"菜单设计器"来设计并生成下拉式菜单与快捷菜单。若想从已有的 Visual FoxPro 菜单系统开始创建菜单,则可以使用"快速菜单"功能。

10.1.2 建立菜单系统的步骤

不管应用程序的规模多大,打算使用的菜单多么复杂,创建菜单系统都需以下步骤:

(1)规划与设计菜单系统。确定需要哪些菜单项、菜单项出现在界面的什么位置、哪些菜单要有子菜单、哪些菜单要执行相应的操作等。

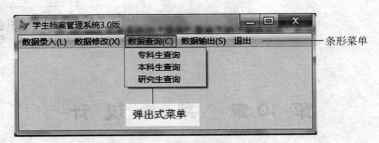

图 10-1　学生档案管理系统菜单

（2）建立菜单项和子菜单。使用菜单设计器可以定义菜单标题、菜单项和子菜单。

（3）按实际要求为菜单系统指定任务。指定菜单所要执行的任务，例如显示表单或对话框等。菜单建立好之后将生成一个以 .mnx 为扩展名的菜单文件和以 .mnt 为扩展名的菜单备注文件。

（4）利用已建立的菜单文件，生成扩展名为 .mpr 的菜单程序文件。

（5）运行生成的菜单程序文件。

10.1.3　系统菜单的控制

Visual FoxPro 系统菜单是一个典型的菜单系统，其主菜单是一个条形菜单。选择条形菜单中的每一个菜单项都会激活一个弹出式菜单。在 Visual FoxPro 中，每一个条形菜单都有一个内部名字和一组菜单选项，每个菜单选项都有一个名称（标题）和内部名字。例如，Visual FoxPro 主菜单的内部名字为 _MSYSMENU，条形菜单项"文件"、"编辑"和"窗口"的内部名字分别为 _MSM_FILE、_MSM_EDIT 和 _MSM_WINDOW。每一个弹出式菜单也有一个内部名字和一组菜单选项，每个菜单选项则有一个名称（标题）和选项序号。例如，_MFILE、_MEDIT、_MWINDOW 为弹出式菜单项"文件"、"编辑"和"窗口"的内部名。菜单项的名称用于在屏幕上显示菜单系统，而内部名字或选项序号则用于在程序代码中引用。

通过 SET SYSMENU 命令可以允许或禁止在程序执行时访问系统菜单，也可以重新设置系统菜单。命令格式是：

```
SET SYSMENU ON|OFF|AUTOMATIC
|TO [<弹出式菜单名表>]|TO [<条形菜单项名表>]
|TO [DEFAULT]|SAVE|NOSAVE
```

其中各子句的含义是：

（1）ON 允许程序执行时访问系统菜单，OFF 禁止程序执行时访问系统菜单，AUTOMATIC 可使系统菜单显示出来，可以访问系统菜单。

（2）TO 子句用于重新设置系统菜单。"TO［<弹出式菜单名表>］"以菜单项内部名字列出可用的弹出式菜单。例如，命令"SET SYSMENU TO _MFILE,_MEDIT"将使系统菜单只保留"文件"和"编辑"两个子菜单。"TO［<条形菜单项名表>］"以条形菜单项内部名字列出可用的子菜单。例如，上面的系统菜单设置命令也可以写成"SET SYSMENU TO _MSM_FILE,_MSM_EDIT"。

（3）"TO［DEFAULT］"将系统菜单恢复为默认设置。

（4）SAVE 将当前系统菜单配置指定为默认设置。如果在执行了 SET SYSMENU SAVE 命令之后，修改了系统菜单，那么执行 SET SYSMENU TO DEFAULT 命令就可以恢复 SET SYSMENU SAVE 命令执行之前的菜单配置。

（5）NOSAVE 将默认设置恢复成 Visual FoxPro 系统的标准配置。要将系统菜单恢复成标准设置，可先执行 SET SYSMENU NOSAVE 命令，然后执行 SET SYSMENU TO DEFAULT 命令。

不带参数的 SET SYSMENU TO 命令将屏蔽系统菜单，使系统菜单不可用。

10.2　下拉式菜单设计

下拉式菜单是最常见的一种菜单。在 Visual FoxPro 中，利用菜单设计器可以很方便地设计下拉式菜单。

10.2.1　菜单设计器窗口

1. 打开菜单设计器窗口

无论建立菜单或者修改已有的菜单，都需要打开菜单设计器窗口。操作方法是：

在 Visual FoxPro 系统主菜单下，从"文件"菜单中选择"新建"命令。打开"新建"对话框后，选择"菜单"单选按钮，然后单击"新建文件"按钮，屏幕上出现图 10-2 所示的"新建菜单"对话框。此时若选"菜单"按钮，将进入菜单设计器窗口，如图 10-3 所示。

图 10-2　"新建菜单"对话框

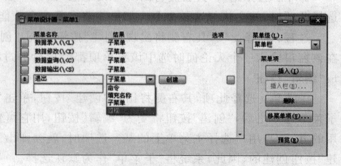

图 10-3　菜单设计器窗口

若已经建立了一个菜单文件，可以选择"文件"菜单的"打开"命令，在"打开"对话框的"文件类型"列表框中选择"菜单（＊．mnx）"选项。在文件列表中选择某菜单文件，单击"确定"按钮，也会出现菜单设计器窗口。

也可以用命令来建立或打开菜单，建立菜单的命令格式是：

CREATE MENU <菜单文件名>

打开和新建菜单的命令格式为：

MODIFY MENU <菜单文件名>

命令中的<菜单文件名>指菜单文件,其扩展名为. mnx,但允许省略。若<菜单文件名>是新名字,则为建立菜单,否则为打开菜单。

也可以通过项目管理器来建立或打来菜单,方法为:

打开项目管理器窗口,选择"其他"选项卡,选择列表中的"菜单"选项,然后单击"新建"按钮来建立菜单。或选择"菜单"下的某菜单名,单击"修改"按钮可打开"菜单设计器"窗口。

2. 菜单设计器窗口的组成

菜单设计器窗口左边是一个列表框,其中每一行定义当前菜单的一个菜单项,包括菜单名称、结果和选项 3 项内容。窗口右边有 1 个组合框和 4 个按钮,其中的"菜单级"列表框用于从下级菜单页切换到上级菜单页,插入、插入栏、删除、预览等按钮分别用于插入菜单项、删除菜单项和菜单模拟显示。

1)"菜单名称"列

"菜单名称"列指定菜单项的名称,也称为标题,用于显示,并非内部名字。

在指定菜单名称时,可以设置菜单项的访问键,方法是在要作为访问键的字符前加上"\<"两个字符 。在图 10-3 中,菜单项名称"数据录入(\<L)"表示字母 L 为该菜单项的访问键。

可以根据各菜单项功能的相似性或相近性,将弹出式菜单的菜单项分组,如查找、替换分为一组。方法是在相应行的"菜单名称"列上输入"\-"两个字符。

2)"结果"列

"结果"列的组合框用于定义菜单项的动作,单击该列将出现一个下拉列表框,有命令、填充名称、子菜单、过程 4 个选项。

命令:选择此项,其右侧将出现一文本框,在文本框中可输入一条单命令,当在菜单中选择此项时,就会执行这条命令。如果需要多条命令才能完成,那么应该选择"过程"选项。

过程:选择此项,其右侧将出现"创建"按钮,单击"创建"按钮,出现编辑窗口,用户可以在该窗口输入一个无论何时选中该菜单项都会运行的过程。该过程建立之后,该按钮将变成"编辑"按钮。

子菜单:选择此项,其右侧将出现"创建"按钮,单击"创建"按钮可以生成一个子菜单。子菜单建立之后,"创建"按钮将变为"编辑"按钮,用它可修改已经定义的子菜单。这是最常用的方式,当用户选择主菜单上的某一选项时,就会弹出下拉菜单,这个下拉菜单就是用"创建"按钮创建的,因此,系统将"子菜单"作为默认选择。

填充名称或菜单项♯:该选项让用户定义第一级菜单的内部菜单名或子菜单的菜单项序号。当前若是一级菜单就显示"填充名称",让用户定义菜单的内部名称;若是子菜单则显示"菜单项♯",让用户定义菜单项序号。定义时将名字或序号输入到它右侧的文本框内。

3)"选项"列

针对任一菜单选项选中此按钮都将显示"提示选项"对话框,利用该对话框可进行如下操作。

(1)为菜单项设置快捷键。

使用快捷键可以在不显示菜单的情况下选择菜单中的某一个菜单项。在"快捷方式"选项组中,单击"键标签"框或直接按 Alt＋A,然后按下要定义的快捷键,快捷键一般用 Ctrl

或 Alt 与另一个键组合使用;如 Ctrl+字母键或 Ctrl+功能键等,但要注意,Ctrl+J 是无效的快捷键。"键说明"框用来输入在该菜单项旁出现的提示信息,默认情况下,"键说明"框中将重复"键标签"框中的快捷键标记,用户也可以根据具体情况加以更改。

(2) 定义菜单项的位置。

可设置在编辑 OLE 对象时菜单项位置。方法为:在"位置"选项组中,单击"对象"右侧的下拉列表框或直接按 Alt+O 键,可从中指定该菜单选项的位置。

(3) 启用或废止菜单项。

可以根据逻辑条件启用或废止菜单及菜单项。方法为:在"跳过"框中输入一个逻辑表达式,该表达式将用于确定是启用菜单或菜单项,还是废止菜单或菜单项。如果该表达式取值为"假"(.F.),则启用该菜单或菜单项;否则(为.T.)将废止该菜单或菜单项。用户也可通过单击"跳过"框右侧的···按钮(即"表达式生成器"按钮)来产生此表达式。

(4) 为菜单项设置提示信息。

在"信息"框中输入提示信息字符串,该字符将在该菜单项被选中时显示提示信息。用户也可通过单击"信息"框右侧的···按钮(即"表达式生成器"按钮)来产生此提示信息。

(5) 给菜单项命名。

在"主菜单名"/"菜单项#"框中输入主菜单或菜单项内部名称(即引用名)。默认情况下,系统在生成菜单程序时将给出一个随机的名字。

4)"插入"按钮

"插入"按钮用于在当前菜单项的前面插入一个新的菜单项。

5)"插入栏"按钮

"插入栏"按钮用于在当前菜单项(非主菜单)的前面插入 VFP 系统菜单项。

6)"删除"按钮

"删除"按钮用于删除当前的菜单项。

7)"预览"按钮

"预览"按钮用于预览所设计菜单的实际效果,但无法执行菜单的相应功能。

8)"移动"按钮

每一个菜单项左侧都有一个移动按钮,拖动移动按钮可以改变菜单项在当前菜单中的位置。

3."显示"菜单

在菜单设计器启动后并处于活动状态时,"显示"菜单中将增加"常规选项"、"菜单选项"两个命令。这两个命令都配有对话框。

1)"常规选项"对话框

若选择"常规选项"命令,则出现"常规选项"对话框,如图 10-4 所示。利用该对话框可完成如下功能。

(1)"编辑"编辑框:为整个菜单系统指定一个过程代码。如果菜单系统中的某个菜单项没有规定具体的动作,那么当选择此菜单选项时,将执行该默认过程代码。可以在"编辑"框内直接输入过程代码,也可以单击"编辑"按钮打开一个专门的代码编辑窗口,单击"确定"按钮可激活该文本编辑窗口。

(2)"位置"选项组:用来确定正在定义的菜单与系统菜单的关系,可以有以下几种

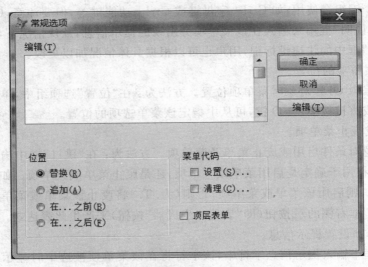

图 10-4 "常规选项"对话框

选择：

替换——用定义好的菜单替换已激活的菜单，为默认选择。

追加——选项按钮能将用户定义的菜单添加到当前系统菜单的右面。

在…之前——若选中此项，其右侧将出现一个下拉列表，其中显示已激活菜单的菜单名称，可从中选择一个菜单名，定义好的菜单将出现在该菜单名的前而。

在…之后——若选中此项，其右侧将出现一个下拉列表，其中显示已激活菜单的菜单名称，可从中选择一个菜单名，定义好的菜单将出现在该菜单名的后面。

（3）"菜单代码"选项组：该选项组包含"设置"、"清理"两个复选框，无论选择哪一个，屏幕上都会出现一个文本编辑窗口，用户可以输入相应的代码。对于"设置"来说，该代码在显示菜单之前执行，可以包含创建环境的代码、定义内存变量的代码、打开所需文件的代码，以及使用 PUSH MENU 和 POP MENU 保存或恢复菜单系统的代码等；对于"清理"而言，该代码在显示菜单之后执行，常包含初始时启用或废止菜单或菜单项的代码。

（4）"顶层表单"复选框：用于创建单文档界面（SDI）菜单，该菜单可出现在 SDI 表单当中，但需注意：加入该菜单的表单类型必须为顶层表单。

2）"菜单选项"对话框

若选择"显示"菜单中"菜单选项"命令，则出现"菜单选项"对话框，如图 10-5 所示。该对话框中有一个"过程"编辑框，可供用户为当前弹出式菜单写入公共的过程代码，如果这些菜单项未设置任何命令或过程动作，也无下级菜单，那么选择此菜单选项时，将执行该默认过程代码。

10.2.2　建立菜单文件

1. 定义菜单项

在菜单设计窗口，很容易定义菜单项。只要在"菜单名称"列下输入菜单项名字，在"结

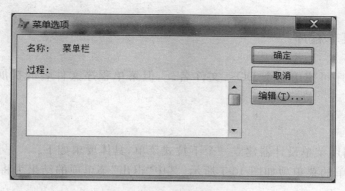

图 10-5　"菜单选项"对话框

果"列下设置菜单项的对应操作,在"选项"列下定义菜单项的附加属性即可。

2. 保存菜单定义

菜单设计完成后,应将菜单定义保存到扩展名为.mnx 的菜单文件和扩展名为.mnt 的菜单备注文件中。保存菜单定义可选用以下四种方法:

(1) 单击菜单设计器窗口的关闭按钮,系统会自动提示"要将所做更改保存到菜单设计器中去吗?",若单击"是"按钮,菜单定义即被保存,且窗口被关闭。

(2) 按组合键 Ctrl+W,即保存菜单定义,且窗口被关闭。

(3) 选择系统菜单中"文件"菜单的"保存"命令或常用工具栏中的保存工具,系统即保存菜单定义,但菜单设计器窗口不关闭。

(4) 如果没有保存过,在生成菜单程序时系统会自动提示"要将所做更改保存到菜单设计器中吗?",应单击"是"按钮。

10.2.3　生成菜单程序

菜单定义文件存放菜单的各项定义,其本身不能运行。这一步就是要根据菜单定义文件生成可执行的菜单程序文件,方法是:选择"文件"菜单中的"保存"命令,弹出"另存为"对话框,然后在该对话框中指定菜单文件的名称和存放路径,单击"保存"按钮对项目进行保存,然后选择"菜单"菜单中的"生成"命令,出现如图 10-6 所示的窗口,最后单击"生成"按钮。生成的菜单程序文件其主名与菜单定义文件相同,扩展名为.mpr。例如,菜单文件名为 mpp1.mnx,则菜单程序名就为 mpp1.mpr。

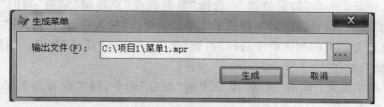

图 10-6　"生成菜单"对话框

10.2.4 运行菜单程序

运行菜单程序可使用命令 DO<文件名>,但菜单程序文件名的扩展名.mpr 不能省略。例如,

```
DO mpp1.mpr
```

例 10.1 利用菜单设计器建立一个下拉式菜单,具体要求如下:

(1) 条形菜单的菜单项如图 10-1 所示,其中"退出"菜单项的结果为将系统菜单恢复为标准设置。

(2) 弹出式菜单"数据查询"的菜单项的结果分别为执行表单:zks. scx、bks. scx、yjs. scx。

(3) 为菜单项"退出"定义过程代码:单击"结果"列的"创建"按钮,打开文本编辑窗口,输入以下代码:

```
SET SYSMENU NOSAVE
SET SYSMENU TO DEFAULT
```

(4) 设置弹出式菜单"数据查询"的结果,如图 10-7 所示。

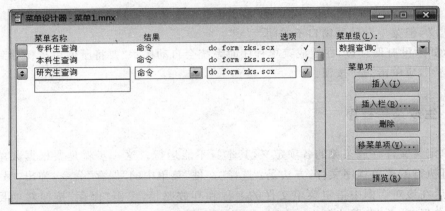

图 10-7　设置"数据查询"的下级菜单项的结果

(5) 从"菜单级"下拉列表框中选择"菜单栏"选项,返回到主菜单页。

(6) 定义弹出式菜单"数据修改":选择"数据修改"菜单项"结果"列的"子菜单"选项后,单击"创建"按钮,设计器窗口切换到子菜单页。单击"插入栏"按钮,打开"插入系统菜单栏"对话框,从该对话框的列表框中选择"剪切"选项,再单击"插入"按钮。用同样方法插入"复制"和"粘贴",如图 10-8 所示。

(7) 保存菜单定义:单击"文件"菜单中的"保存"命令,结果保存在菜单定义文件 cd1.mnx 和菜单备注文件 cd1. mnt 中。

(8) 生成菜单程序:单击"菜单"菜单中的"生成"命令,产生菜单程序文件 cd1. mpr。

(9) 运行菜单程序:DO cd1. mpr。

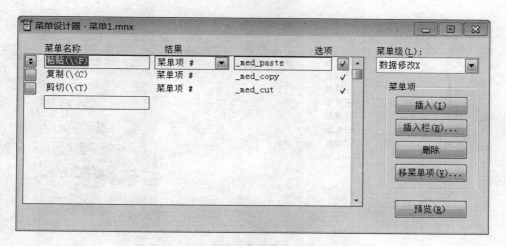

图 10-8　设置"数据修改"子菜单

10.3 "快速菜单"命令

菜单设计器启动后，系统菜单中会有一个名为"菜单"的菜单项，如图 10-9 所示。

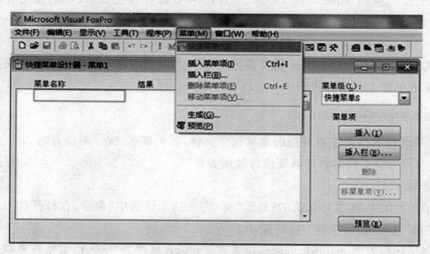

图 10-9　"菜单"菜单项下"快速菜单"命令

选择"快速菜单"命令后，一个与 Visual FoxPro 系统菜单一样的菜单会自动复制到菜单设计器窗口，如图 10-10 所示，供用户修改成符合自己需要的菜单。这种方法能快速建立高质量的菜单。但请注意，"快速菜单"只有在菜单设计器窗口为空时才允许选择，否则为浅色不可选。还要注意，快速菜单命令仅可用于产生下拉式菜单，不可用于产生快捷菜单。

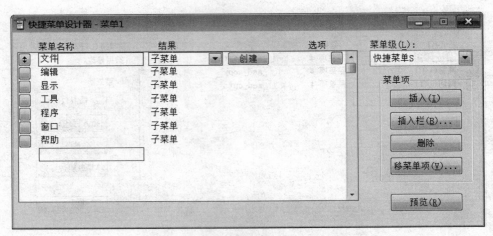

图 10-10　建立快速菜单后的菜单设计器窗口

10.4　为顶层表单添加菜单

一般情况下，标题 Microsoft Visual FoxPro 一直都在顶层显示，要把顶层表单中添加菜单，可以按以下步骤操作：

（1）在"常规选项"对话框中选择"顶层表单"复选框，创建顶层表单的菜单；

（2）将表单的 Show Window 属性设置为"2-作为顶层表单"，使该表单成为顶层表单；

（3）在表单的 Init 事件代码中添加以下代码：

```
DO <菜单程序名>WITH THIS, .T.
```

其中，<菜单程序名>指定被调用的菜单程序文件，其扩展名.mpr 不能省略。

例 10.2　为学生档案管理系统设计顶层表单。

操作步骤如下：

（1）单击 cd1.mnx 菜单系统的"显示"菜单下的"常规选项"命令，在打开的对话框中选择"顶层表单"选项，然后重新"生成"菜单。

（2）创建标题表单 mainform.scx，设置其 Caption 属性为"学生档案管理系统 3.0 版"，Show Window 属性为"2-作为顶层表单"。

（3）在表单的 Init 事件代码中输入如下代码：

```
DO cd1.mpr WITH THIS, .T.
```

（4）运行 mainform.scx，得到如图 10-11 所示的窗口。

从图 10-11 可以看出，该表单已经不在 Visual FoxPro 窗口中，而是一个单独的表单。使用该表单作为应用系统的启动表单，就可以使用户菜单在自己的窗口中。

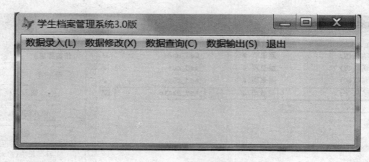

图 10-11　顶层表单

10.5　快捷菜单设计

一般来说,下拉式菜单作为一个应用程序的菜单系统,列出了整个应用系统所具有的功能。快捷菜单一般从属某个界面对象。实际上菜单设计器仅能生成快捷菜单的菜单本身,要实现右击弹出一个菜单的动作需要编程。

(1)启动菜单设计器;

(2)从"菜单"菜单中选择"快速菜单"选项,此时"菜单设计器"中将包含 VFP 系统主菜单信息;

(3)通过添加、修改或删除菜单项定制菜单系统。

例 10.3　建立一个具有"撤销"和"剪贴板"功能的快捷菜单,供浏览学生表时使用。当用户在浏览窗口右击时,即出现此快捷菜单。

操作步骤如下:

(1)打开快捷菜单设计器窗口。

在 Visual FoxPro 系统主菜单下,从"文件"菜单中选择"新建"命令,打开"新建"对话框后,选择"菜单"单选按钮,然后单击"新建文件"按钮,屏幕上出现"新建菜单"对话框。在"新建菜单"对话框中,单击"快捷菜单"按钮,进入"快捷菜单设计器"窗口。

(2)插入系统菜单栏。

在快捷菜单设计器窗口中,单击"插入栏"按钮,进入"插入系统菜单栏"对话框,在"插入系统菜单栏"对话框中选择"粘贴"选项,并单击"插入"按钮,类似地插入"复制"、"剪切"、"撤销"等选项,最后单击"关闭"按钮返回到快捷菜单设计器窗口,如图 10-12 所示。

(3)生成菜单程序。

打开"菜单"菜单,选择"生成"命令,在保存文件时,将菜单文件主名取为 lppcd,于是菜单保存在菜单文件 lppcd. mnx 和菜单备注文件 lppcd. mnt 中。在"生成菜单"对话框中单击"生成"按钮,就会生成菜单程序 lppcd. mpr。

(4)编写调用程序。

在命令窗口中输入 MODI COMM dylppcd 命令,并在程序编辑窗口中输入如下代码:

```
CLEAR ALL
```

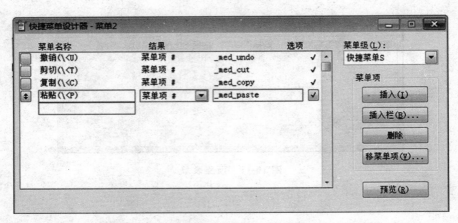

图 10-12   具有撤销和剪贴板功能的快捷菜单设计器窗口

```
PUSH KEY CLEAR                              && 清除以前设置过的功能键
ON KEY LABEL RIGHTMOUSE DO lppcd.mpr        && 设置鼠标右键为功能键,预置弹出式菜单
USE 学生
BROWSE
USE
PUSH KEY CLEAR
```

(5) 行调用程序及快捷菜单程序。

执行命令 DO dylppcd,屏幕上就会出现浏览窗口。选择任何数据后,右击随即弹出快捷菜单,便可进行撤销、剪切、复制、粘贴等操作,如图 10-13 所示。

学号	姓名	性别	出生日期	电话号码	籍贯	系科
150001	魏青	男	01/03/97	8512346	山东	物理
150002	李冬兰	女	02/04/97	8512357	安徽	化学
150003	万云华	男	03/04/97	8512346	湖北	计算机
150004	刘延胜	男	04/06/96	8512345	山东	数学
150005	席敦	男	05/12/96	8512343	江西	中文
150006	贺志强	男	06/28/97	8512342	安徽	历史
150007	谭彩	女	07/06/97		江西	物理
150008	孔令孺	女	08/08/96		安徽	数学
150009	李静	女	09/20/97		湖北	计算机
150010	康小丽	女	10/30/96		山东	外语1
150011	谢晓飞	男	10/30/97	8512346	江西	中文
150012	陈嫣颖	女	11/30/96	8512357	湖南	计算机

图 10-13   快捷菜单的使用

习题

1. 菜单由哪几部分组成?
2. 简述菜单文件与菜单程序的区别与联系。
3. 什么是快速菜单和快捷菜单? 两者有何区别?

4．设计一个菜单程序通常应包含哪些步骤？

5．在菜单设计器中，"插入栏"按钮的功能是什么？

6．为"销售管理系统"应用程序创建一个较实用的菜单系统。

7．设计并创建一个具有"新建表"、"打开表"、"生成表"和"关闭表"等菜单项的快捷菜单。

Chapter 11

第 11 章　报表与标签设计

在对数据库进行操作时，数据和文档的输出通常有两种方式：屏幕显示和打印机打印。报表是最常用的打印文档，是用户使用打印机输出数据库数据及文档的一种实用的方式，它为显示并总结数据提供了灵活的途径。报表与标签设计是数据库应用系统开发中很重要的技术，本章介绍报表与标签的设计方法。

11.1　报表设计

报表主要包括两部分内容：数据源和布局。数据源是报表的数据来源，通常是数据库中的表或自由表，也可以是视图、查询或临时表。视图和查询对数据库中的数据进行筛选、排序、分组，在定义了一个表、一个视图或查询之后，便可以创建报表。

Visual FoxPro 提供了三种创建报表的方法：利用报表向导创建报表，使用报表设计器创建自定义的报表，使用快速报表创建简单规范的报表。

11.1.1　利用报表向导设计报表

启动报表向导有以下 4 种常用方法。

方法 1：打开"项目管理器"，选择"文档"选项卡中的"报表"选项，单击"新建"按钮，在弹出的"新建报表"对话框中，再单击"报表向导"按钮，如图 11-1 所示。

方法 2：打开"文件"菜单中的"新建"命令，在文件类型栏中选择"报表"，然后单击"向导"按钮。

方法 3：打开"工具"菜单中的"向导"子菜单，选择"报表"命令，如图 11-2 所示。

图 11-1　从项目管理器启动报表向导

图 11-2　"向导选择"对话框

方法 4：直接单击工具栏上的"报表"图标，也可以启动报表向导。

无论用上述哪种方法启动报表向导，都会弹出"向导选择"对话框。如果数据源是一个表，应选择"报表向导"；如果数据源包括父表和子表，则应选择"一对多报表向导"。

例 11.1 使用报表向导，以"学生表"中的数据创建一份"学生简历报表"。

参考操作步骤如下：

（1）执行"文件"菜单中的"新建"命令，在弹出的"新建"对话框中选中"报表"单选按钮，然后单击"向导"按钮，弹出如图 11-2 所示的"向导选择"对话框。

（2）选取报表向导。如果数据源只是一个表，应选择"报表向导"；如果数据源包括父表和子表，应选取"一对多报表向导"，这里选择"报表向导"，然后单击"确定"按钮，出现"报表向导"对话框。

（3）选取数据表和字段。在 Database and tables（数据库和表）列表框中选定 STUDENT 表，然后将需要在报表中输出的字段从 Available fields（可用字段）列表框移到 Selected fields（选定字段）列表框中，如图 11-3 所示。

图 11-3 选取字段

（4）单击 Next 按钮，在出现的 Group Records（分组记录）窗口中，根据需要设定记录的分组方式，如图 11-4 所示。注意：只有已建立索引的字段才能作为分组的关键字段。在本例中没有指定分组选项。此外，单击图 11-4 中的 Summary Options（总结选项）按钮，可在报表中添加分组统计函数项，如图 11-5 所示。

（5）单击图 11-4 中的 Next 按钮，在出现的 Choose Report Style（选择报表样式）窗口中，选取一种喜欢的报表样式。本例选择 Executive，如图 11-6 所示。

（6）单击 Next 按钮，在出现的 Define Report Layout（定义报表布局）窗口中，指定报表的布局是单栏还是多栏、是行报表还是列报表、是纵向打印还是横向打印。本例选定为 Portrait（纵向）打印的单栏列式报表，如图 11-7 所示。

（7）单击 Next 按钮，在出现的 Sort Records（排序记录）窗口中指定报表中记录的排列顺序即选取排序的关键字段，并指定是升序或降序。单击 Next 按钮，在出现的 Finish（完成）窗口中，指定报表的标题并选择报表的保存方式，如图 11-8 所示。

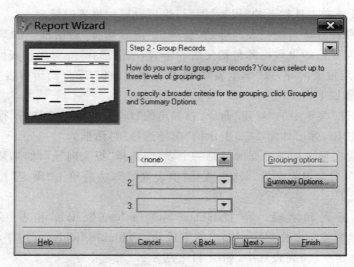

图 11-4　记录分组

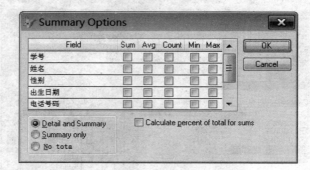

图 11-5　Summary Options 对话框

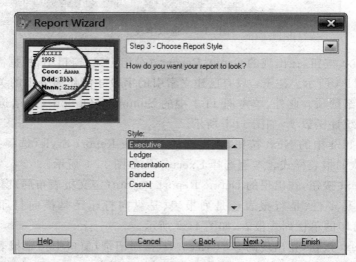

图 11-6　选取报表样式

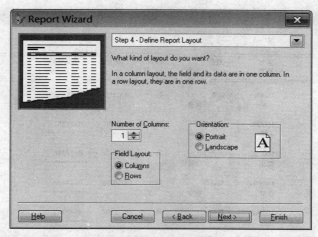

图 11-7　定义报表布局

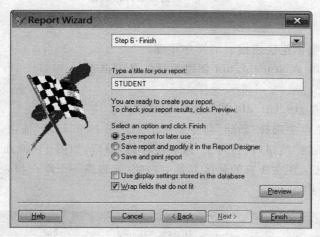

图 11-8　完成步骤

（8）单击 Preview 按钮，对所设计报表的打印效果进行预览。本例的预览效果如图 11-9 所示。此时在主窗口将会出现一个"打印预览"工具栏，包括对预览的报表前后翻页观看，以及"缩放"、"关闭预览"、"打印报表"等多个按钮。在打印机准备好的情况下，单击"打印报表"按钮即可开始报表的打印。若对报表的设计效果感到不满意，则可单击"报表向导"对话框中的 Back 按钮，返回前面的步骤中修改。

（9）单击"关闭预览"按钮后回到"完成"对话框。然后单击"完成"按钮，在弹出的"另存为"对话框中指定报表的文件名和保存位置，将设计完成的报表保存为扩展名为 .frx 的"学生简历"报表文件。

11.1.2　利用快速报表设计报表

除了用报表向导创建报表外，还可以用"快速报表"来建立简单的报表，这是一项方便的功能，只需在其中选择基本的报表组件，Visual FoxPro 就会根据选择的布局，自动建立简单

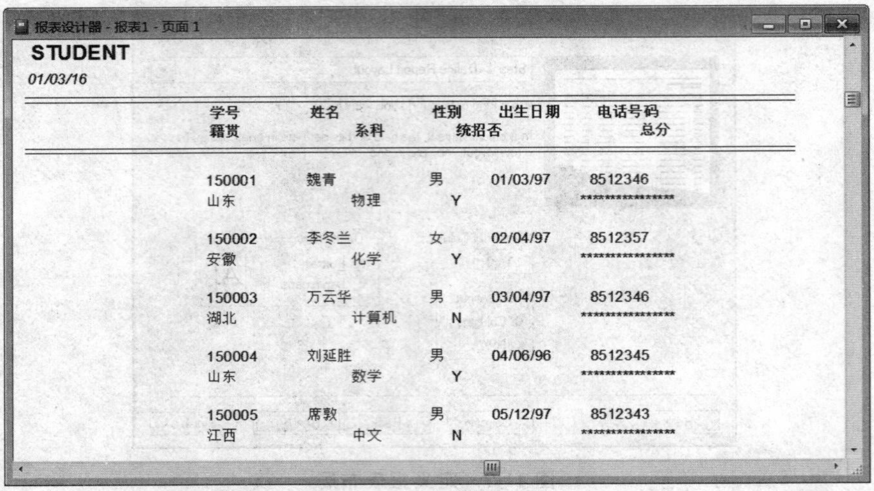

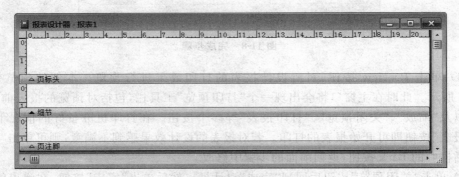

图 11-9　预览报表打印效果

的报表布局。

下面以实例说明创建快速报表的操作步骤。

例 11.2　对自由表 student.dbf 创建教师信息表报表。

操作步骤如下：

（1）打开自由表 student.dbf 作为报表的数据源。

（2）在"文件"菜单中选择"新建"命令或单击工具栏上的"新建"按钮，在"新建"窗口中选择"报表"并单击"新建"按钮，就打开了"报表设计器"窗口，如图 11-10 所示。其中的几个的白色区域称为"带区"，现在所有的带区都是空白的，此表是一个空白报表。报表设计器将在11.1.3 节中详细介绍。

图 11-10　报表设计器窗口

（3）在主菜单栏出现的"报表"菜单中选择"快速报表"命令，会弹出"快速报表"对话框，如图 11-11 所示。

在这个对话框中可以为报表选择所需的字段、字段布局以及标题和别名选项，其选项的含义如下：

- 字段布局——选择左侧为列布局可使字段在页面上从左到右排列；选择右侧为行布局可使字段在页面上从上到下排列。本例选择列布局。

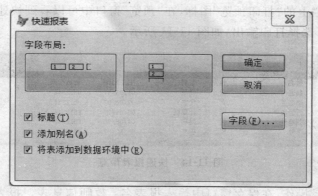

图 11-11　"快速报表"对话框

- 标题——确定是否在报表中为每一个字段添加一个字段名标题。
- 添加别名——确定是否在报表中的字段前面添加表的别名。如果数据源是多个表则选择此项，否则别名无实际意义。
- 将表添加到数据环境中——确定是否自动将表添加到数据环境中作为报表的数据源。
- 字段——单击"字段"按钮，显示"字段选择器"对话框，如图 11-12 所示。在此可为报表选择要输出的字段或全部字段（通用型字段除外）。

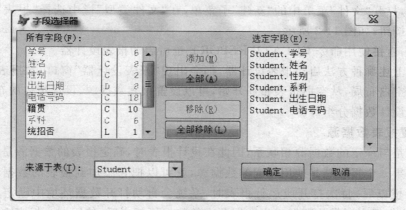

图 11-12　"字段选择器"对话框

（4）单击"字段选择器"中的"确定"按钮，返回"快速报表"对话框，再单击"确定"按钮，选中的选项就出现在"报表设计器"的布局中，如图 11-13 所示。

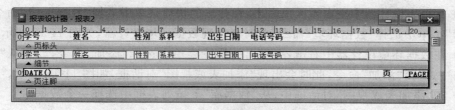

图 11-13　报表设计器布局

（5）单击工具栏上的"打印预览"图标，在"预览"窗口中可以看到快速报表的输出结果。如果对报表满意，可选择打印输出，如图 11-14 所示。

图 11-14　快速报表预览

（6）进行"保存"操作，在保存窗口中输入报表名：教师信息表。报表保存在以 .frx 为扩展名的文件中。

11.1.3　利用报表设计器设计报表

Visual FoxPro 提供的报表设计器允许用户通过直观的操作来直接设计报表，或者修改报表。启动报表设计器有以下三种常用方法：

方法一，打开"项目管理器"，选择"文档"选项卡中的"报表"选项，单击"新建"按钮，在弹出"新建报表"对话框中，再单击"新建报表"按钮，如图 11-1 所示。

方法二，打开"文件"菜单中的"新建"子菜单，在"文件类型"栏中选择"报表"，然后单击"新建文件"按钮，如图 11-2 所示。

方法三，直接使用命令 CREATE REPORT 也可启动报表设计器。

无论用上述哪种方法启动报表设计器，都会出现"报表设计器"窗口。"报表设计器"提供的是一个空白布局，从空白报表布局开始，可以设置报表数据源、设计报表的布局、添加报表的控件和设计数据分组等。

1．设置报表数据源

报表总是与一定的数据源相联系，因此在设计报表时，确定报表的数据源是首先要完成的任务。如果一个报表总是使用相同的数据源，就可以把它添加到报表的数据环境中。在设计数据环境以后，每次打开或运行报表时，系统会自动打开数据环境中已定义的表或视图，并从中收集报表所需的数据。当数据源中的数据更新之后，使用同一报表文件打印的报表将反映新的数据内容，但报表的格式不变。当关闭和释放报表时，系统也将关闭已打开的表或视图。因此，设置数据环境能够方便地添加控件。

设置报表的数据源是在数据环境设计器中进行。操作步骤如下：

（1）在报表设计器中空白带区里右击，在弹出的快捷菜单中选择"数据环境"命令，或者从"显示"菜单中选择"数据环境"命令，此时会出现数据环境设计器，如图 11-15 所示。

（2）在数据环境设计器中右击，在弹出的快捷菜单中选择"添加"命令，或者从"数据环境"菜单中，选择"添加"命令，此时会出现"添加表或视图"对话框，如图 11-16 所示。

（3）在"添加表或视图"对话框中，从"数据库"下拉列表框中选择一个数据库。

（4）在"选择"选项组中选取"表"或"视图"。

（5）在"数据库中的表"列表框中，选取一个表或视图。

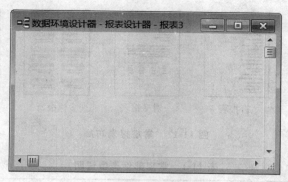

图 11-15　数据环境设计器

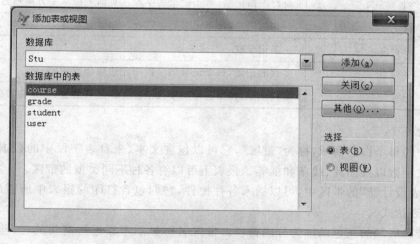

图 11-16　"添加表或视图"对话框

（6）单击"添加"按钮，数据环境设计器就会出现选择的数据源的字段列表。

（7）如果要选择多个数据源，可重复第（3）～（6）步，最后单击"关闭"按钮。

这样，选择的一个或多个数据源就可以添加到数据环境设计器中。

如果报表不是固定使用同一个数据源，例如，在每次运行报表时才能确定要使用的数据源，则不把数据源直接放在报表的数据环境设计窗口中，而是在使用报表时由用户先做出选择。

2. 设计报表的布局

创建报表之前，应该确定所需报表的常规格式。报表可能同基于单表的电话号码列表一样简单，也可能复杂得像基于多表的发票那样。另外还可以创建特殊种类的报表。例如，邮件标签便是一种特殊的报表，其布局必须满足专用纸张的要求。常规报表布局如图 11-17 所示。

为帮助选择布局，表 11-1 给出了常规部件的一些说明，以及它们的一般用途举例。

3. 报表设计器窗口

在报表设计器中就可以添加各种控件，如表头、表尾、页标题、字段、各种线条及 OLE 控件等。

| 列报表 | 行报表 | 一对多报表 | 多栏报表 | 标签 |

图 11-17　常规报表布局

表 11-1　常规部件类型说明

布局类型	说　明
列	每行一条记录,每条记录的字段在页面上按水平方向放置
行	一列的记录,每条记录的字段在一侧竖直放置
一对多	一条记录或一对多关系
多列	多列的记录,每条记录的字段沿左边缘竖直放置
标签	多列记录,每条记录的字段沿左边缘竖直放置,打印在特殊纸上

1) 报表带区

报表中的每个白色区域,称为"带区",它可以包含文本、来自表字段中的数据、计算值、用户自定义函数以及图片、线条和框等。报表上可以有各种不同类型的带区。

在"报表设计器"的带区中,可以插入各种控件,它们包含打印的报表中所需的标签、字段、变量和表达式。

每一带区底部的灰色条称为分隔符栏。带区名称显示于靠近蓝箭头的栏,蓝箭头指示该带区位于栏之上,而不是之下。

默认情况下,"报表设计器"显示三个带区:页标头、细节和页注脚。页标头带区包含的信息在每份报表中只出现一次。一般来讲,出现在报表标头中的项包括报表标题、栏标题和当前日期。细节带区一般包含来自表中的一行或多行记录。页注脚带区包含出现在页面底部的一些信息(如页码、节等)。

报表也可能有多个分组带区或者多个列标头和注脚带区。根据表 11-2,可以添加所需的带区。

表 11-2　报表带区及作用

带区名称	作　用
标题	每张报表开头打印一次,例如报表标题
页标头	每个报表页面打印一次,例如列报表的字段名称
细节	每个记录打印一次
页注脚	每个页面底部打印一次,例如页码和日期
总结	每张报表最后一页打印一次

续表

带区名称	作　用
组标头	报表数据分组时,每组开头打印一次
组注脚	报表数据分组时,每组尾部打印一次
列标头	报表数据分栏时,每栏开头打印一次
列注脚	报表数据分栏时,每栏尾部打印一次

在"报表设计器"中,可以修改每个带区的大小和特征。方法是：用鼠标左键按住相应的分隔符栏,以左侧标尺作为指导,将带区栏拖动到适当高度,标尺量度仅指带区高度,不表示页边距。注意：不能使带区高度小于布局中控件的高度。可以把控件移进带区内,然后减少带区高度。如果希望精确设置带区高度,可双击带区名称,弹出"带区"对话框,然后在该对话框中改变"高度"文本框中的数值就可精确调整相应带区的高度。

2）标尺

"报表设计器"中最上面部分设有标尺,可以在带区中精确地定位对象的垂直和水平位置。将标尺和"显示"菜单的"显示位置"命令一起使用可以帮助定位对象。

标尺刻度由系统的测量设置决定。可以将系统默认刻度（英寸或厘米）改变为 Visual FoxPro 中的像素。若要更改标尺刻度为像素可用如下方法：从"格式"菜单中选择"设置网格刻度"命令,显示图 11-18 所示的"报表属性"对话框。系统默认值根据系统的语言设置,指定英尺或厘米为标尺上显示的度量单位。像素指定像素作为标尺的度量单位。在"报表属性"对话框中选定"像素"并单击"确定"按钮。

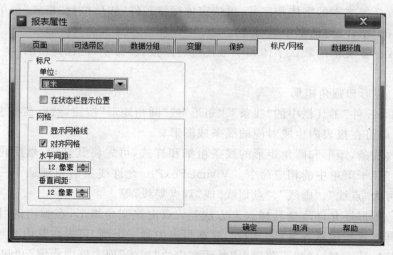

图 11-18　"报表属性"对话框

如果标尺的刻度设置为像素,并且状态栏中的位置指示器（如果在"显示"菜单上选中了"显示位置"）也以像素为单位显示。

4. 报表工具栏

当"报表设计器"打开时,可以从"显示"菜单中选择"报表设计器工具栏"和"报表控件工具栏"等工具栏。"报表设计器"工具栏及其他有关报表工具栏如图 11-19 所示。

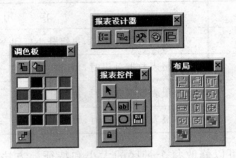

图 11-19 "报表设计器"工具栏

5．报表控件的使用

利用"报表设计器"工具栏中的各个工具按钮可以方便地向报表的带区中添加所需的控件。其方法是：先在"报表设计器"工具栏中单击所要添加控件的对应按钮，然后在某个报表带区的适当位置单击或拖动鼠标即可。

添加到报表内的各种控件可用鼠标任意拖放到适当的位置，单击某个控件将其选定后，拖动它的某个控点即可改变其大小。按住 Shift 键，可将逐个单击的控件同时选定。利用剪贴板可对选定的控件进行"剪切"、"复制"和"粘贴"等操作。

1）标签控件

标签控件常用来在报表中添加标题或说明性文字。单击"报表控件"工具栏中的"标签"按钮，然后在报表内单击，在该处将出现一个闪烁的插入点，便可输入标签的文字内容。

若要更改标签文本的字体和字号，可选定该标签控件，然后执行"格式"菜单中的"字体"命令，在弹出的"字体"对话框中进行设定。

若要更改标签文本的默认字体和字号，应执行"报表"命令，再在弹出的"字体"对话框中进行设定。

2）线条、矩形和圆角矩形

单击"报表控件"工具栏中的"线条"、"矩形"或"圆角矩形"按钮，然后在报表中的适当地方拖动鼠标，即可在报表内生成对应的线条或图形。

若要更改线条、矩形和圆角矩形的线条粗细和样式，可先将其选定，然后再执行"格式"菜单的"绘图笔"子菜单中的相应命令。Visual FoxPro 允许线条的粗细从 1~6 磅不等，线条的样式则可为"点线"、"虚线"、"点划线"或"双点划线"等。

对于圆角矩形还允许改变其样式。方法是：双击该圆角矩形，在弹出的"圆角矩形"对话框中指定其样式和位置等参数。例如，要在报表中画一个圆，可先在其内添加一个圆角矩形控件，然后双击，在弹出的"圆角矩形"对话框内的"样式"列表框中指定为"圆形"，单击"确定"按钮。

在报表中添加域控件，可以实现将变量（包括内存变量及数据表中的字段变量）或表达式的计算结果显示在报表中。

3）图片/ActiveX 绑定控件

利用"报表控件"工具栏中的"图片/OLE 绑定控件"按钮，可以在报表中插入图片、声音、文档等 OLE 对象。

　　单击"报表控件"工具栏中的"图片/OLE 绑定控件"按钮,然后在报表的某个带区内单击,将会出现图 11-20 所示的"图片/OLE 捆绑属性"对话框。

　　如果要在报表中插入由文件产生的图片,可在"图片/OLE 捆绑属性"对话框的"图片来源"框中选取"文件"选项,并在其旁边的文本框中输入文件的路径与文件名。也可以单击右侧的编辑按钮,在弹出的对话框中选取一个扩展名为.BMP、.JPG 或.GIF 的图片文件。单击"确定"按钮后,该图片即出现在报表中。

　　如果要插入人员照片等随记录而改变的图片,则必须在"图片来源"框中选取"字段"选项,并在其旁边的文本框中输入有关数据表的通用型字段名,或者单击右侧的编辑按钮来选取字段。单击"确定"按钮后,该通用字段的占位符将出现在报表中。当打印报表时该图片将随着记录的改变而打印出对应的图片。

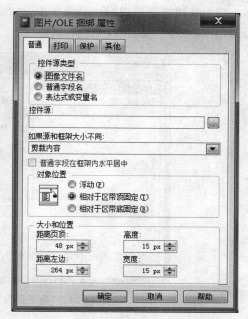

图 11-20　"图片/OLE 捆绑属性"对话框

　　如果图片大小与设定的图文框不一致,在"图片/OLE 捆绑属性"对话框中提供了三种处理办法,可任选其一。

11.1.4　报表数据分组

　　在设计报表时,有时所需报表的数据是成组出现的,需要以组为单位对报表进行处理。例如在设计教师花名册时,为阅读方便,需要按所在部门或职称进行分组。利用分组可以明显地分隔每组记录,使数据以组的形式显示。组的分隔是根据分组表达式进行的,这个表达式通常由一个以上的表字段生成,有时也可以相当复杂。可以添加一个或多个组、更改组的顺序、重复组标头或者更改、删除组带。分组之后,报表布局就有了组标头和组注脚带,可以向其中添加控件。组标头带中一般都包含组所用字段的"域控件",可以添加线条、矩形、圆角矩形,也可以添加希望出现在组内第一条记录之前的任何标签。组注脚通常包含组总计和其他组总结性信息。

　　报表布局实际上并不排列数据,它只是按数据在数据源中存在的顺序处理数据。因此,如果数据源是表,记录的顺序不一定适合于分组。当设置索引的表、视图或查询作为数据源时,可以把数据适当排序来分组显示记录。排序必须使用视图、索引或布局以外的其他形式的数据操作来完成。

1. 添加单个数据分组

　　一个单组报表可以基于输入表达式进行一级数据分组。例如,对教师表按字段排序后,可以把组设在"职称"字段上来打印所有记录,相同职称的记录在一起打印。

添加单个数据分组的步骤如下：

（1）从快捷菜单或"报表"菜单中，选择"数据分组"命令，出现"报表属性"对话框的"数据分组"选项卡。如图 11-21 所示。

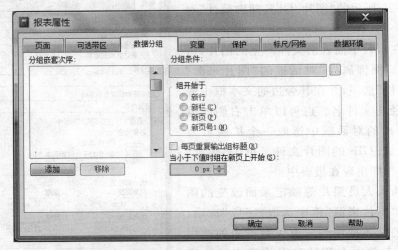

图 11-21 "报表属性"对话框的"数据分组"选项卡

这里的属性设置包括打印标头和注脚文本来区别各个组，在新的一页上打印每一组，当某组在新页上开始打印时，重置页号。

"数据分组"选项卡的选项含义如下：

分组表达式——显示当前报表的分组表达式，如字段名，并允许输入新的字段名。如果想创建一个新的表达式，可单击编辑按钮，调出"表达式生成器"对话框。

组属性——此属性用以指定如何分页。

- 每组从新的一列上开始。当组改变时，从新的一列上开始。
- 每组从新的一页上开始。当组改变时，从新的一页上开始。
- 每组的页号重新从 1 开始。当组改变时，组在新页上开始打印，并重置页号。
- 每页都打印组标头。当组分布在多页上时，指定在所有页的页标头后打印组标头。
- 小于右值时组从新的一页上开始。要打印组标头时，组标头距页底的最小距离。

插入——在"分组表达式"框中插入一个空文本框，以便定义新的分组表达式。

删除——从"分组表达式"框中删除选定的分组表达式。

（2）在第一个"分组表达式"框内输入分组表达式。或者单击对话按钮，在"表达式生成器"对话框中创建表达式。

（3）在"组属性"域，选定想要的属性。

（4）单击"确定"按钮。

添加表达式后，可以在带内放置任意需要的控件。通常，把分组所用的域控件从"细节"带移动到"组标头"带。

2. 添加多个数据分组

有时需要对报表进行多个数据分组，如在打印教师花名册时在用"所在部门"分组的基础上，还想按职称分组，这也称为嵌套分组。嵌套分组有助于组织不同层次的数据和总计表达式。在报表内最多可以定义 20 级的数据分组。

添加多个数据分组步骤如下：

（1）从"报表"菜单中，选择"数据分组"命令。出现"数据分组"选项卡，如图 11-21 所示。

（2）在第一个"分组表达式"框内输入分组表达式。或者选择对话按钮，在"表达式生成器"对话框中创建表达式。

（3）在"组属性"域，选定想要的属性。

（4）选择"插入"并且对每个分组表达式重复（2）、（3）步。

（5）单击"确定"按钮。

注意：在选择一个分组层次时，要先估计一下分组值的可能更改的频度，然后定义最经常更改的组为第一层。例如，报表可能需要一个按省份的分组和一个按城市的分组。城市字段的值比省份字段更易更改，因此，城市应该是两个组中的第一个，省份就是第二个。在这个多组报表内，表必须在一个关键值表达式上排序或索引过，例如：省份＋城市。

还可以对添加的单个或者多个数据组进行更改分组设置，包括更改组带区、删除组带区和更改分组次序等操作。

11.1.5 报表输出

设计报表的最终目的是要按照一定的格式输出符合要求的数据。报表文件的扩展名为.frx，该文件存储报表设计的详细说明。每个报表文件还带有扩展名为.frt 的报表文件。报表文件不存储每个数据字段的值，只存储数据源的位置和格式信息。

报表文件按数据源中记录出现的顺序处理记录，如果直接使用表内的数据，数据就不会在布局内正确地按组排序。因此，在打印一个报表文件之前，应确认数据源已对数据进行了正确排序。一般情况下，建议报表的数据源使用视图或查询文件。

报表输出时，应该先进行页面设置，通过预览报表调整版面效果，最后再打印输出到纸介质上。

1. 页面设置

规划报表时，通常会考虑页面的外观。例如页边距、纸张类型和所需的布局。在"页面设置"对话框中可以设置报表的左边距并为多列报表设置列宽和列间距，设置纸张大小和方向，步骤如下：

（1）从"文件"菜单中，选择"页面设置"命令，出现"报表属性"对话框的"页面"选项卡，如图 11-22 所示。

（2）在"左边空白"框中输入一个边距数值。页面布局将按新的页边距显示。

（3）若要选择纸张大小，则单击"页面设置"按钮。

（4）在"页面设置"对话框中，从"大小"列表中选定纸张大小。

（5）若要选择纸张方向，从"方向"区选择一种方向，再单击"确定"按钮。

（6）在"页面设置"对话框中，单击"确定"按钮。

图 11-22 "报表属性"对话框"页面"选项卡

2. 预览报表

通过预览报表,不用打印就能看到它的页面外观。例如,可以检查数据列的对齐和间隔,或者查看报表是否返回所需的数据。具体有两个选择:显示整个页面或者缩小到一部分页面。

"预览"窗口有它自己的工具栏,使用其中的按钮可以逐页预览。步骤如下:

(1) 从"显示"菜单中选择"预览"命令,或在"报表设计器"中右击并从弹出的快捷菜单中选择"预览"命令,也可以直接单击"常用"工具栏中的"打印预览"按钮。

(2) 在打印预览工具栏中,选择"上一页"或"前一页"按钮来切换页面。

(3) 若要更改报表图像的大小,选择"缩放"列表。

(4) 若要打印报表,单击"打印报表"按钮。

(5) 若想要返回到设计状态,单击"关闭预览"按钮。

注意:如果得到提示"是否将所做更改保存到文件?"那么,在关闭"预览"窗口时一定还选取了关闭布局文件。此时可以单击"取消"按钮回到"预览"窗口,或者单击"保存"按钮保存所做更改并关闭文件。如果选定了"否",将不保存对布局所做的任何更改。

3. 打印输出

使用报表设计器创建的报表布局文件只是一个外壳,它把要打印的数据组织成令人满意的格式。如果使用预览报表,在屏幕上获得最终符合设计要求的页面后,就要打印出来。步骤如下:

(1) 从"文件"菜单中选择"打印"命令,或在报表设计器中右击并从弹出的快捷菜单中选择"打印"命令,也可以直接单击"常用"工具栏中的"运行"按钮,出现"打印"对话框。

(2) 在"打印"对话框中,设置合适的打印机、打印范围、打印份数等项目,通过"属性"按钮设置打印纸张的尺寸、打印精度等。

(3) 单击"确定"按钮,Visual FoxPro 就会把报表发送到打印机上。

如果未设置数据环境,则会显示"打开"对话框,并在其中列出一些表,从中可以选定要进行操作的一个表。

在命令窗口或程序中使用 REPORT FORM＜报表文件名＞［PREVIEW］命令，也可以打印或预览指定的报表。

例 11.3　将学生表中的记录按"籍贯"进行分组，以进一步改善报表的布局。参考操作步骤如下：

（1）为了正确进行分组，必须事先对学生表中的记录按"籍贯"进行排序，通常是以此字段为关键字建立索引。

（2）采用菜单方式或命令方式打开"报表设计器"窗口。然后执行主窗口"报表"菜单中的"快速报表"命令，在弹出的"打开"对话框中选取学生表作为报表的数据源。并在出现的"快速报表"对话框中指定报表的布局，然后单击右下角的"字段"按钮，在弹出的"字段选择器"对话框中为报表选择需要输出的字段。

（3）单击"确定"按钮，关闭"字段选择器"对话框后回到"快速报表"对话框。再次单击"确定"按钮，所设计的快速报表框架会出现在"报表设计器"窗口中。

（4）执行"报表"菜单中的"数据分组"命令，或者单击"报表设计器"工具栏上的"数据分组"按钮，在弹出的"报表属性"对话框中的"数据分组"标签，单击第一个"分组表达式"右侧的对话框按钮，在出现的"表达式生成器"对话框中选择"学生表籍贯"作为分组依据，单击"确定"按钮后返回"数据分组"选项卡，如图 11-23 所示。

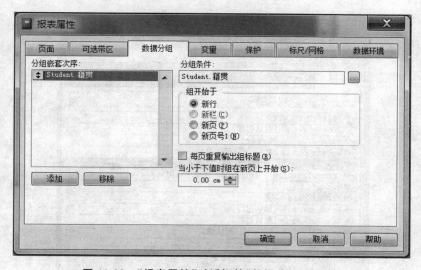

图 11-23　"报表属性"对话框的"数据分组"选项卡

（5）在"数据分组"选项卡下部的"组属性"框中，根据需要做进一步的选择设置后单击"确定"按钮，可以看到"报表设计器"窗口中增加了"组标头"和"组注脚"两个带区。

（6）执行主窗口"报表"菜单下的"标题/总结"命令，在"报表设计器"窗口中添加一个"标题"带区，并调整其高度，然后单击"报表控件"工具栏中的"标题"按钮，在其中输入报表标题"学生表（按籍贯分组）"，并适当设置其字体大小与位置。

（7）将"籍贯"字段域控件从"细节"带区拖放到"组标头"带区的左端，再将"页标头"带区的"籍贯"字段标签拖动到该带区的左端；然后调整"页标头"带区其他标题的位置和"细节"带区其他域控件的位置，使相应的控件上下对齐，如图 11-24 所示。

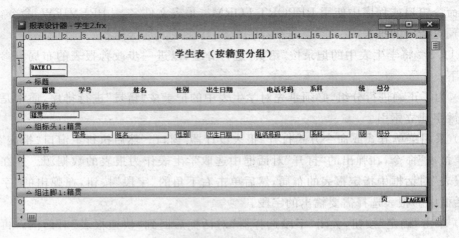

图 11-24　"报表设计器"内设计完成的分组报表

（8）指定数据源的主控索引：单击"报表设计器"工具栏上的"数据环境"按钮，打开数据环境设计器；右击，在弹出的快捷菜中执行"属性"命令，在打开的"属性"窗口中，确认其上端的对象框中显示的是 Cursorl，然后单击"全部"选项卡，将其中的 Order 属性设定为"籍贯"。如图 11-25 所示。

图 11-25　数据源属性窗口

（9）单击"常用"工具栏上的"保存"按钮将设计结果命名后保存。单击"打印预览"按钮进行预览，预览效果如图 11-26 所示。

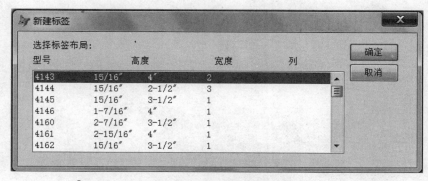

图 11-26　分组报表的预览效果

11.2　标签设计

标签是一种特殊的报表，它的创建、修改方法与报表基本相同。和创建报表一样，可以使用标签向导创建标签，也可以直接使用标签设计器创建标签。无论使用哪种方法来创建标签，都必须指明使用的标签类型，它确定了标签设计器中的"细节"尺寸。标签设计器是报表设计器的一部分，它们使用相同的工具菜单和工具栏，甚至有的界面名称都一样。主要的不同是标签设计器基于所选标签的大小自动定义页面和列。

若要快速创建一个简单的标签布局，可以像报表设计器中那样在"报表"菜单中选择"快速报表"命令。"快速报表"提示输入创建标签所需的字段和布局。这里只简要介绍一下如何用标签设计器创建标签。

在"文件"菜单中选择"新建"命令，在"新建"对话框中选定"标签"并单击"新建文件"按钮。显示"新建标签"对话框。标准标签纸张选项出现在"新建标签"对话框中。如图 11-27 所示。

图 11-27　"新建标签"对话框

列表框中提供了几十种型号的标签,每种型号的后面列出了其高度、宽度和列数。标签向导提供了多种标签尺寸,分为英制和公制两种。

从"新建标签"对话框中,选择标签布局,然后单击"确定"按钮,出现"标签设计器"窗口,如图 11-28 所示。

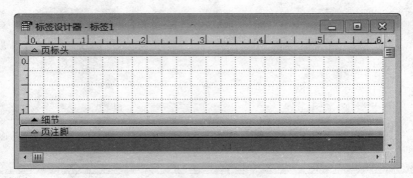

图 11-28　标签设计器窗口

标签设计器将出现刚选择的标签布局所定义的页面,默认情况下,标签设计器显示 5 个报表带区:页标头、列标头、细节、列注脚和页注脚,还可在标签上添加组标头、组注、脚标题、总结带区。接着就可以像处理报表一样在标签设计器中给标签指定数据源并插入控件。

习题

1. 报表与标签有什么相同和不同之处?
2. 简述在 Visual FoxPro 中创建报表可采用的几种方法。
3. 在设计报表时,使用"报表控件"工具栏中的"域控件"按钮可用来实现哪些功能?
4. 报表的主要功能是什么?
5. 报表包括哪几个基本组成部分?

第 12 章 数据库应用系统开发

建立数据库应用系统是学习 Visual FoxPro 的最终目的。通过前面各个章节的系统介绍，已经掌握了 Visual FoxPro 的基本操作和程序设计的基本方法，本章将介绍 Visual FoxPro 数据库应用系统的开发方法。先对应用程序的开发的一般步骤做简单的介绍，然后结合一个实例阐述数据库应用系统的开发。

12.1 数据库应用系统的开发步骤

数据库应用系统的开发过程一般包括需求分析、系统初步设计、系统具体设计、编码、调试、系统切换等几个阶段，每阶段应提交相应的文档资料，包括《需求分析报告》《系统初步设计报告》《系统具体设计报告》《系统测试大纲》《系统测试报告》以及《操作使用说明书》等。但根据应用系统的规模和复杂程度不同，在实际开发过程中往往有一些相应的灵活处理，有时候把两个甚至三个过程合并进行，不一定完全刻板地遵守上述的过程。不管所开发的应用系统的复杂程度如何，这个过程中的需求分析、系统设计、编码—调试—修改步骤都是不可缺少的。

1. 需求分析

需求分析是整个数据库应用系统开发过程中十分重要的工作。这一阶段的基本任务简单说来有两个：一是摸清现状，二是理清将要开发的目标系统应该具有哪些功能。具体说来，摸清现状就要做深入细致的调查研究、摸清完成任务所依据的数据及其联系、使用什么规则、对这些数据进行什么样的加工、加工结果以什么形式表现；理清目标系统的功能就是要明确说明系统将要实现的功能，也就是明确说明目标系统能够对人们提供哪些支持。需求分析完成后，应撰写《需求分析报告》并请项目委托单位签字认可，以作为下阶段开发方和委托方共同合作的依据。

2. 系统设计

系统设计是在需求分析的基础上，采用一定的标准和准则，设计数据库应用系统各个组成部分在计算机系统上的结构，为下一阶段的系统实现做准备。它主要包括两大部分：数据库、表的设计和应用系统功能设计。

在明确了现状与目标后，还不能马上就进入程序设计阶段，而先要对系统的一些问题进行规划和设计，这些问题包括：设计工具和系统支撑环境的选择、怎样组织数据、系统界面的设计、系统功能模块的设计；对一些较为复杂的功能，还应该进行算法设计。这一部分工作完成后，要撰写《系统设计报告》，在《系统设计报告》中，要以表格的形式具体列出目标系统的数据模型,并列出系统功能模块图、系统主要界面图,以及相应的算法说明。《系统设计报告》既作为系统开发人员的工作指导,也是为了使项目委托方在系统尚未开发出来时即能熟悉目标系统,从而及早发现问题,减少或防止项目委托方与项目开发方因对问题熟悉上的差别而导致的返工。同样,《系统设计报告》也需得到项目委托方的签字认可。

3. 系统实现

系统实现是根据数据库应用系统设计的要求,选用合适的数据库管理系统,创建数据库、表,设计、编写、调试应用系统的各功能模块程序。在该阶段,要根据系统设计要求和功能实现的情况,向数据库、表中小批量输入一些原始数据,通过试运行来测试数据库和表的结构、应用程序的各功能模块是否能满足应用系统的要求。若不能满足,则需要查找未达到系统设计要求的原因,对发现的问题及时进行修改、调整,直到达到系统设计的要求为止,这一过程应贯穿于整个系统的实现阶段。

4. 测试

测试阶段的任务就是验证系统设计中所设置的功能能否稳定准确地运行、这些功能是否全面地覆盖并正确地完成了委托方的需求,从而确认系统是否可以交付运行。测试工作一般由项目委托方或由项目委托方指定第三方进行。在系统实现阶段,一般说来,设计人员会进行一些测试工作,但这是由设计人员自己进行的局部的验证工作,重点是检测程序有无逻辑错误,与前面所讲的系统测试在测试目的、方法及全面性等方面还是有很大的差别的。

为使测试阶段顺利进行,测试前应编写一份《测试大纲》,具体描述每一个测试模块的测试目的、测试用例、测试环境、步骤、测试后所应该出现的结果。对一个模块可安排多个测试用例,以便能较全面完整地反映系统的实际运行情况。测试过程中应进行具体记录,测试完成后要撰写《系统测试报告》,对应用系统的功能完整性、稳定性、正确性以及使用是否方便等方面给出评价。

5. 系统交付

这一阶段的工作主要有两个方面:一是全部文档的整理交付;二是对所完成的软件打包并形成发行版本,使用户在满足系统所要求的支撑环境的任一台计算机上按照安装说明就可以安装运行。

12.2 系统总体设计

在进行应用系统的总体设计之前,首先需要进行需求分析,包括整个项目对数据的需求和对应用功能的需求两方面的分析内容。对数据需求分析的结果将归纳出整个系统所应包含和处理的数据,以便进行相应的数据库设计;而对功能需求分析的结果将明确程序设计的目标并在其基础上进行程序模块的统一规划。

完成需求分析之后,便可进行系统的总体规划设计,即根据"自顶向下、逐步分解"的原则,对应用系统所应达到的功能按层次模块进行合理的划分和设计。一个组织良好的数据库应用系统通常被划分为若干个子系统,每个子系统的功能由一个或多个相应的程序模块来实现,并且可以根据需要进一步进行功能的细分和相应程序模块的细分。设计时,应仔细考虑每个功能模块所应实现的功能,该模块应包含的子模块,以及该模块与其他模块之间的联系等,最后再用一个主程序将所有的模块有机地组织起来。

教学管理系统主要用于对学生信息与学生成绩的计算机管理,包括有关信息的查询、修改、增加、删除、统计、打印等功能。该系统大致包括如下几个主要功能模块。

1. 主界面模块

该模块提供教学管理系统的主菜单界面,供用户选择与执行各项教务工作。模块中还将核对进入本系统操作人员的用户名与密码。

2. 查询模块

该模块提供各数据表信息的查询检索功能,包含学生信息查询、学生成绩查询、本学期所开设课程查询、各系基本信息查询等模块。其中,对于学生信息与学生成绩的查询既可输入学号查询,也可输入姓名查询。

3. 维护模块

该模块提供各数据表信息的修改、添加、删除、备份等维护功能,包含学生信息表维护、学生成绩表维护、课程表维护等模块。对于学生信息与学生成绩的维护同样可在输入学号或姓名后快速显示,并根据需要进行增、删、改等操作。

4. 统计模块

该模块提供各种统计信息,如学生信息统计、学生成绩统计等。

5. 报表打印模块

该模块可打印每个学生的成绩单、各课程成绩统计表、课程设置表、各系一览表等。

6. 帮助模块

该模块是关于系统的使用与操作提示,并提供相关的帮助信息。

应用系统的总体结构通常可用层次结构的框图来描述。自上而下,第一层是系统层,通常对应主菜单程序;第二层为子系统层,一般起分类控制作用;第三层为功能层和操作层。本系统各主要模块的结构如图 12-1 所示。

图 12-1 系统总体结构框图

设计好本应用系统的结构框架和各个模块的功能后,即可着手本项目的创建。利用项目管理器,先创建一个名为 jxgl.pjx 的教学管理项目文件,并保存在磁盘目录 d:\jxgl 中。

12.3 数据库设计

一个高效的数据库应用系统必须有一个或多个设计合理的数据库的支持。与其他计算机应用系统相比,数据库应用系统具有数据量大、数据关系复杂、用户需求多样等特点。

12.3.1　数据库设计原则

1．概念单一化原则

概念单一化原则是指一个数据表仅描述一个实体或实体间的联系，避免设计大而全的数据表。

2．减少表之间的重复字段

在各个数据表之间，除了在表之间作为纽带的关键字段外，应尽量避免出现重复的字段。这样做不仅能够减少数据的冗余，更是为了降低在数据插入、删除和更新操作时造成表之间数据不一致的可能。

3．表中字段应是基本数据元素

数据表中的字段不应包括通过计算就可以得到的"二次数据"或多项数据的组合，能够通过计算从其他字段推导出来的字段也应尽量避免。例如，在有"出生日期"字段的数据表中，一般不必再包括"年龄"字段。当需要查询年龄值时，完全可以通过对"出生日期"字段的简单处理而得到准确的年龄。

4．用外部关键字保证表之间的关联

数据表之间的联系是靠外部关键字来维系的。数据库中的数据表不仅存储了各自所需的信息，并且还要通过一些必要的外部关键字段来反映出与其他表之间存在的客观联系。

12.3.2　数据库设计过程

1．数据需求分析

首先需要明确创建数据库的目的，即需要明确数据库设计的信息需求、处理需求及对数据安全性与完整性的要求。

2．确定所需表

确定数据库中所应包含的表是数据库设计过程中技巧性最强的一步。尽管在需求分析中已经基本确定了所设计的数据库应包含的内容，但需要仔细推敲应建立多少个独立的数据表，以及如何将这些信息分门别类地放入各自的表中。

3．确定所需字段

确定每个表所需的字段时应遵循以下几个原则。

- 每个字段直接和表的实体相关：即必须确保一个表中的每个字段直接描述本表的实体，描述另一个实体的字段应属于另一个表。
- 以最小的逻辑单位存储信息：表中的字段必须是基本数据元素，而不应是多项数据的组合。
- 表中字段必须是原始数据：即不要包含可由推导或计算得到的字段。
- 包括所需的全都信息：在确定所需字段时不要遗漏有用的信息，应确保所需的信息都已包括在某个数据表中，或者可用其他字段计算出来。同时在大多情况下，应确保每个表中有一个可以唯一标识各记录的字段。
- 确定主关键字段：关系型数据库管理系统能够迅速地查询并组合存储在多个独立

的数据表中的信息。为使其有效地工作,数据库中的每一个表都必须至少有一个字段可用来唯一地确定表中的一个记录,这样的字段被称为主关键字段。

4. 确定表间关系

确定数据库中各个数据表之间的关系是一对一关系还是一对多关系,所确定的关系应该能够反映出表之间客观存在的联系,同时也为了使各个表的结构更加合理。

5. 设计求精

数据库设计的过程实际上是一个不断返回修改、不断调整的过程。在设计的每一个阶段都需要测试其是否能满足用户的需要,不能满足时就需要返回到前一个或前几个阶段进行修改和调整。

12.3.3　本项目数据库设计

根据项目需求分析的结果,本项目确定创建一个教学管理数据库 jxgl. dbc,并在该数据库中加入系名表 depart. dbf、学生表 student. dbf、课程表 course. dbf、成绩表 score. dbf 共 4 个数据表。

这里先打开教学管理项目文件 jxgl. pjx,再在项目管理器窗口中新建一个 jxgl. dbc 数据库,然后再在该数据库下创建上述各个数据表。

各数据表的结构如表 12-1~表 12-4 所示。

表 12-1　用户表 user. dbf

字 段 名	数据类型	字段宽度	说　　明
userno	字符型	2	为主关键字、仅限于数字
username	字符型	10	
userpsw	字符型	8	仅限于数字

表 12-2　学生表 student. dbf

字 段 名	数据类型	字段宽度	说　　明
学号	字符型	8	为主关键字、仅限于数字
姓名	字符型	8	
性别	字符型	2	仅限于“男”或“女”
出生日期	日期型	8	
统招否	逻辑型	1	
籍贯	字符型	6	
简历	备注型	4	
系科	字符型	6	
总分	数值型	10	小数 0 位
电话号码	字符型	18	
照片	通用型	4	

表 12-3　课程表 course.dbf

字 段 名	数据类型	字段宽度	说　　明
课程号	字符型	4	为主关键字、仅限于数字
课程名	字符型	20	
学时数	数值型	3	小数 0 位
学分	数值型	2	小数 0 位

表 12-4　成绩表 grade.dbf

字 段 名	数据类型	字段宽度	说　　明
学号	字符型	6	仅限于数字、建立普通索引
课程号	字符型	4	为主关键字、建立普通索引
成绩	数值型	6	小数 2 位

接下来在数据库设计器中建立各表之间的永久关系。需要说明的是,在学生表 student.dbf 与成绩表 grade.dbf 之间通过"学号"建立一对多关系,在课程表 course.dbf 与成绩表 grade.dbf 之间通过"课程号"建立一对多关系,即可完成此三表间关系的创建。创建完成的各个表之间的联系如图 12-2 所示。

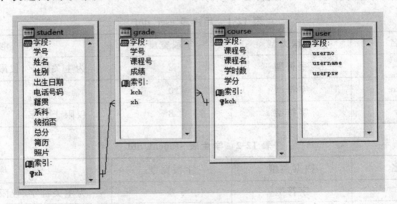

图 12-2　数据库中各表之间的联系

12.4　创建新类

在应用系统的设计中,创建用户自定义的新类可以简化系统的设计工作,使界面风格一致,并方便系统的维护与修改。所创建的类可直接添加到正在设计的表单中,大大提高了程序设计的工作效率。

在本系统的学生信息查询表单与学生信息维护表单中都将用到记录定位命令按钮组,其中包含"第一个"、"上一个"、"下一个"和"最后一个"4 个按钮。因而不妨先将其定义为一个类,存储在指定的某个自定义类库中供随时调用。这里以创建这个新类 jldw.vcx 为例,具体创建步骤如下：

（1）打开教学管理项目 jxgl.pjx，在项目管理器中选择"类"选项卡，然后单击"新建"按钮，弹出图 12-3 所示的 New Class（新建类）对话框。

图 12-3　"新建类"对话框

（2）在 Class Name（类名）文本框中输入 jxdw，在 Based On（派生于）下拉列表框中选择 CommandGroup，在 Store In（存储于）框中输入要保存的磁盘路径，然后单击"确定"按钮。

（3）在"属性"窗口中设定 Buttoncount 属性值为 4，此时将出现 4 个命令按钮。将各按钮拖放到适当位置，并将各按钮的 Caption 属性值分别设定为"第一个"、"上一个"、"下一个"和"最后一个"，如图 12-4 所示。然后再将各按钮的 Name 属性值分别设定为 dyg、syg、xyg 和 zhyg。

（4）双击"第一个"按钮，设定其 Click 事件代码如下：

```
go top
this.parent.syg.enabled=.f.
this.parent.xyg.enabled=.t.
this.parent.zhyg.enabled=.t.
thisform.refresh
```

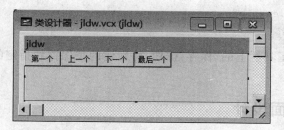

图 12-4　设计中的新类

（5）双击"上一个"按钮，设定其 Click 事件代码如下：

```
skip-1
if bof()
    messagebox("已是第一个记录!",48,"信息窗口")
    this.parent.dyg.enabled=.f.
    this.parent.syg.enabled=.f.
    skip
else
    this.parent.dyg.enabled=.t.
```

```
        this.parent.syg.enabled=.t.
endif
this.parent.xyg.enabled=.t.
this.parent.zhyg.enabled=.t.
thisform.refresh
```

（6）双击"下一个"按钮，设定其 Click 事件代码如下：

```
skip
if eof()
    messagebox("已是最后一个记录！",48,"信息窗口")
    skip-1
    this.parent.xyg.enabled=.f.
    this.parent.zhyg.enabled=.f.
else
    this.parent.xyg.enabled=.t.
    this.parent.zhyg.enabled=.t.
    thisform.refresh
endif
this.parent.dyg.enabled=.t.
this.parent.syg.enabled=.t.
thisform.refresh
```

（7）双击"最后一个"按钮，设定其 Click 事件代码如下：

```
go bottom
this.parent.dyg.enabled=.t.
this.parent.syg.enabled=.t.
this.parent.xyg.enabled=.t.
thisform.refresh
```

（8）单击"常用"工具栏上的"保存"按钮，将新建的类保存到指定的类库中。

12.5　系统主界面设计

对于应用系统的操作者，一般不需要进行操作权限和身份的验证。本系统为此设计了一个图 12-5 所示的身份验证表单"登录.scx"，只有输入正确的用户名和密码后才能进入系统主菜单。

具体设计步骤为：

（1）打开表单设计器，在表单 Form1 中添加两个标签 Label1、Label2，一个组合框 Combo1 和一个文本框 Text2 和三个命令按钮 command1、command2、command3，并调整其大小与位置。

（2）设置表单 Form1 的 Autocenter 属性为.T.、Caption 属性为"登录"。

（3）设置标签 Label1 的 caption 属性为"操作员："、FontSize 属性为 12；设置标签

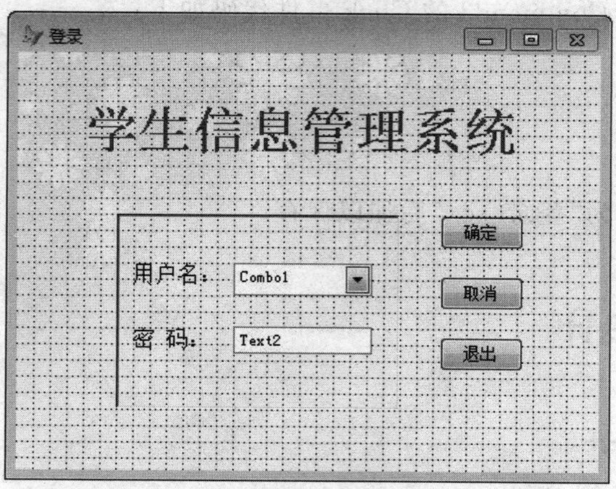

图 12-5　"登录"对话框

Label2 的 Caption 属性为"密码："、FontSize 属性为 12。

（4）设置标签 Text2 的 PasswordChar 属性为"＊"；设置 Commad1 标签的 Caption 属性为"确定"；设置 Commad1 标签的 Caption 属性为"取消"；设置 Commad1 标签的 Caption 属性为"退出"。

（5）编写表单 Form1 的 Init 事件代码如下：

```
Public i              && 宣告 n 为全局内存变量
i= 0                  && 设置 n 的初值为零
```

（6）编写命令按钮 Command1 的 Click 事件代码如下：

```
i=i+1
select user
* locate for username=allt(thisform.text1.value)
locate for username=allt(thisform.combo1.value)
if found() and userpsw=allt(thisform.text2.value)
   * messagebox("成功!")
   do form 主页.scx
   release thisform
else
   if i<3
      messagebox("操作员密码错误!"+chr(13)+"请再试一次",48,"警告")
      thisform.text2.setfocus
   else
      messagebox("你已输入 3 次!"+chr(13)+"非法用户",48,"严重警告")
      thisform.release
   endif
endif
```

（7）编写命令按钮 Command2 的 Click 事件代码如下：

```
release thisform
```

（8）编写命令按钮 Command3 的 Click 事件代码如下：

```
release thisform
close all
quit
```

（9）将本表单命名为"登录.scx"后加以保存。

12.6 功能模块设计

12.6.1 查询模块设计

在系统的查询模块中，包括"学生信息查询"、"课程信息查询"和"学生成绩查询"等子模块，每个子模块用一个表单来实现。其中最主要的是"学生信息查询"表单 query.scx 的制作。其他查询表单或查询文件的创建与此类似，此处不再赘述。创建好的"学生信息查询"表单如图 12-6 所示。

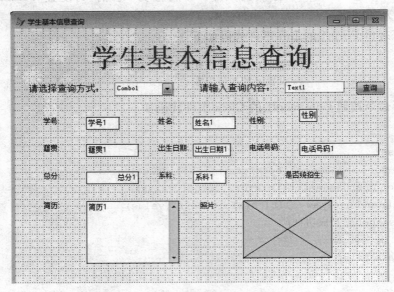

图 12-6 "学生基本信息查询"表单

该表单可参照以下步骤创建：

（1）打开表单设计器，定义表单的 caption 属性值为"学生信息查询"，并将学生表 Student.dbf 加入该表单的数据环境。

（2）执行"表单"菜单下的"快速表单"命令，此时系统会自动将学生表的各个字段添加到表单中形成对应的字段控件，并且自动实现表中各字段与对应表单控件的数据绑定，然后调整各字段控件的布局。

（3）因本界面只提供信息查询与浏览，并不提供数据修改功能，所以需将各字段对应文本框的 ReadOnry 属性设置为.T.。

（4）在表单上部添加一个标签 Label1、一个文本框 Text1 和一个命令按钮 Command1，并调整其大小与位置。设置 Label1 的 Caption 属性为"请输入学号或姓名："，Command1 的 Caption 属性为"开始查找"。

（5）由自定义类直接生成用于记录定位的"第一个"、"上一个"、"下一个"和"最后一个"命令按钮组。方法是：单击"表单控件"工具栏中的"查看类"按钮，在弹出的菜单中选择"添加"命令，然后将自定义的 jldw 类添加到表单中，即可直接生成所需的按钮组。

（6）编写"开始查找"按钮 Cammand1 的 Click 事件代码如下：

```
cz=Alltrim(ThisForm.Textl.Value)
n=Recno()                              && 将当前记录号存入变量 n
GO TOP
SCAN
    IF Student 学号=cz .OR.Student.姓名=cz
        ThisForm.Text1.Value=""
        ThisForm.Textl.SetFocus
        ThisForm.Refresh
        RETURN
        ENDIF
ENDSCAN
MessageBox("该学生不存在!",0,"查找失败")
GO n                                   && 将记录指针指向原记录
ThisForm.Textl.Value=""
ThisForm.Textl.SetFocus
ThisForm.Refresh
```

（7）将此表单保存为 query.scx 文件。

12.6.2 维护模块设计

维护模块用来对各个数据表的记录进行添加、修改、删除等操作，包括"学生信息维护"、"课程信息维护"和"学生成绩维护"等几个子模块，每个模块也是一个相应的表单。这里以设计"学生信息维护"表单 Maintain.scx 为例来说明各维护子模块的创建步骤。

"学生信息维护"表单与"学生信息查询"表单类似，但在其中增加了"修改"、"添加"和"删除"3 个命令按钮，并去除了照片字段与备注字段。设计完成的"学生信息维护"表单如图 12-7 所示。"学生信息维护"表单运行时，应能实现以下功能：

用户可以单击记录定位按钮组中的"首记录"、"上一条"、"下一条"或"末记录"按钮来显示某条需要维护的记录，也可以在输入学号或姓名后，单击"查找"按钮找到并显示要维护的记录。

单击"修改"按钮后即允许修改当前显示的记录内容，此时"修改"按钮变为"保存"按钮，而"增加"按钮变为"还原"按钮。待用户将当前记录的内容修改完毕后，单击"保存"按钮即可完成记录的修改；若单击"还原"按钮则所做修改作废，恢复当前记录的原来数据。

单击"增加"按钮后即可向学生表追加一条空白记录，与单击"修改"按钮时一样，此时

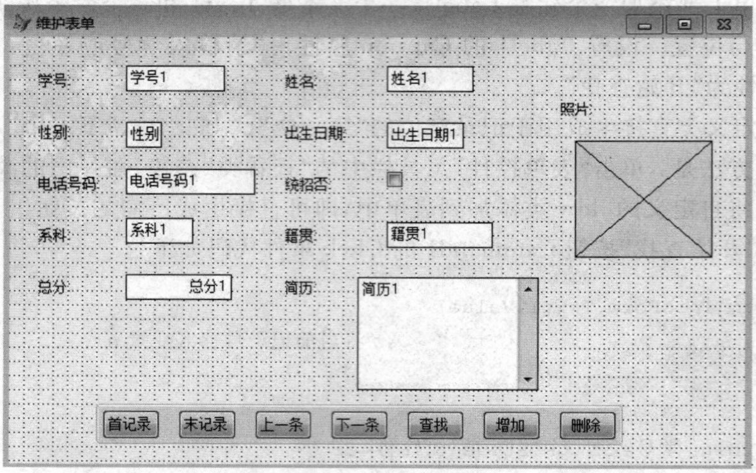

图 12-7 "学生信息维护"表单

"修改"按钮变为"保存"按钮,而"增加"按钮变为"还原"按钮。待用户将新添加的记录内容输入完毕后,单击"保存"按钮即可完成当前记录的添加;若单击"还原"按钮则所添加的记录便被删除,恢复添加前显示的记录。

单击"删除"按钮后可将当前记录删除,这时将弹出一个"确认删除"对话框,只有单击其中的"确认"按钮后,才能真正将当前记录删除。

学生信息维护表单文件命名为 Maintain.scx,"修改"、"添加"、"删除"三个按钮的 Name 属性分别设置为 xg、tj、sc。其中用于记录定位的"首记录"、"上一条"、"下一条"和"末记录"命令按钮组仍由自定义类 jldw 直接生成。"开始查找"其他各个控件的有关创建步骤与"学生信息查询"表单的创建类似。

以下是为整个"学生信息维护"表单及"修改"、"增加"、"删除"三个命令按钮编写的事件代码。

(1) 表单 Form1 的 Init 事件代码如下:

```
Public n,tj,sz                          && 定义所要用到的全局内存变量
Dimension sz(6)                         && 数组变量 sz 用于存放修改中的记录数据
USE d:\jxgl\student.dbf EXCLUSIVE
**因表单打开时即显示第一条记录,所以此时需要
**用以下命令关闭"第一个"与"上一个"按钮功能:
ThisForm.jldw1.dyg.Enabled=.f.
ThisForm.jldw1.syg.Enabled=.f.
**使各文本框内容初始时不可以修改:
ThisForm.学号1.Text1.ReadOnly=.t.
ThisForm.姓名1.Text1.ReadOnly=.t.
ThisForm.性别1.Text1.ReadOnly=.t.
ThisForm.出生日期1.Text1.ReadOnly=.t.
ThisForm.政治面貌1.Text1.ReadOnly=.t.
ThisForm.籍贯1.Text1.ReadOnly=.t.
```

(2)"修改"按钮的 Click 事件代码如下：

```
IF This.Caption="修改"                      && 如果当前单击的是"修改"按钮
tj=.f.                                      && 记住当前是修改操作而不是添加操作
    **将当前记录内容保存到数组：
SCATTER MEMO TO sz
    **使各文本框内容可以修改：
ThisForm.学号 1.Text1.ReadOnly=.f.
ThisForm.姓名 1.Text1.ReadOnly=.f.
ThisForm.性别 1.Text1.ReadOnly=.f.
ThisForm.出生日期 1.Text1.ReadOnly=.f.
ThisForm.政治面貌 1.Text1.ReadOnly=.f.
ThisForm.籍贯 1.Text1.ReadOnly=.f.
    **改变各有关按钮状态：
ThisForm.xg.Caption="保存"
ThisForm.xg.Caption="还原"
ThisForm.sc.Enabled=.f.
 * *查找与记录定位按钮不可见：
ThisForm.kscz.Visible=.f.
ThisForm.jldw1.dyg.Visible=.f.
ThisForm.jldw1.syg.Visible=.f.
ThisForm.jldw1.xyg.Visible=.f.
ThisForm.jldw1.zhyg.Visible=.f.
ThisForm.学号 1.Text1.SetFocus
ThisForm. Text1.LostFocus
ThisForm.Refresh
ELSE                                        && 否则单击的是"保存"按钮
    **使各文本框内容恢复为不可以修改：
ThisForm.学号 1.Textl.ReadOnly=.t.
ThisForm.姓名 1.Textl.ReadOnly=.t.
ThisForm.性别 1.Textl.ReadOnly=.t.
ThisForm.出生日期 1.Textl.ReadOnly=.t.
ThisForm.政治面貌 1.Textl.ReadOnly=.t.
ThisForm.籍贯 1.Textl.ReadOnly=.t.
    **改变各有关按钮状态：
ThisForm.xg. Caption="修改"
ThisForm.tj. Caption="添加"
ThisForm.sc.Enabled=.t.
    **查找与记录定位按钮可见：
ThisForm.kscz.Visible=.t.
ThisForm.jldw1.dyg.Visible=.t.
ThisForm.jldw1.syg.Visible=.t.
ThisForm.jldw1.xyg.Visible=.t.
ThisForm.jldw1.zhyg.Visible=.t.
ThisForm.Text1.SetFocus
ThisForm.Refresh
```

```
ENDIF
```

(3)"增加"按钮的 Click 事件代码如下：

```
IF This.Caption="增加"                          && 如果当前单击的是"增加"按钮
    tj=.t.                                       && 记住当前是添加操作
    n=Recno()                                    && 记下当前记录号
APPEND BLANK                                      && 追加一条空记录
ThisForm.Refresh
    **使各文本框内容可以修改：
ThisForm.学号 1.Textl.ReadOn1y=.f.
ThisForm.姓名 1.Textl.ReadOn1y=.f.
ThisForm.性别 1.Textl.ReadOn1y=.f.
ThisForm.出生日期 1.Textl.ReadOn1y=.f.
ThisForm.政治面貌 1.Textl.ReadOn1y=.f.
ThisForm.籍贯 1.Textl.ReadOn1y=.f.
    **改变各有关按钮状态：
ThisForm.xg.Caption="保存"
ThisForm.tj.Caption="还原"
ThisForm.sc .Enabled=.f.
    **查找与记录定位按钮不可见：
ThisForm.kscz.Visible=.f.
ThisForm.jldw1.dyg.Visible=.f.
ThisForm.jldw1.syg.Visible=.f.
ThisForm.jldw1.xyg.Visible=.f.
ThisForm.jldw1.zhyg.Visible=.f.
ThisForm.学号 1.Text1.SetFocus
ThisForm.Text1.LostFocus
ThisForm.Refresh
ELSE                                             && 否则单击的是"还原"按钮
IF tj=.f.                                         && 如果先前是修改(不是添加)操作
**恢复修改前的记录内容：
GATHER MEMO FROM sz
ThisForm.Refresh
ELSE                                             && 否则先前是添加操作
    DELETE
    PACK
    GO n
    ThisForm.Refresh
ENDIF
**使各文本框内容不可以修改：
ThisForm.学号 1.Textl.ReadOnly=.t.
ThisForm.姓名 1.Textl.ReadOnly=.t.
ThisForm.性别 1.Textl.ReadOnly=.t.
ThisForm.出生日期 1.Textl.ReadOnly=.t.
ThisForm.政治面貌 1.Textl.ReadOnly=.t.
```

```
ThisForm.籍贯 1.Text1.ReadOnly=.t.
  **改变各有关按钮状态:
ThisForm.xg.Caption="修改"
ThisForm.tj.Caption="添加"
ThisForm.sc .Enabled=.t.
  **查找与记录定位按钮可见:
ThisForm.kscz.Visible=.t.
ThisForm.jldw1.dyg.Visible=.t.
ThisForm.jldw1.syg.Visible=.t.
ThisForm.jldw1.xyg.Visible=.t.
ThisForm.jldw1.zhyg.Visible=.t.
ThisForm.Text1.SetFocus
ThisForm.Refresh
ENDIF
```

（4）“删除”按钮的 Click 事件代码如下：

```
IF MessageBox("确认要删除此记录吗?",1,"确认删除")=1
    DELETE
    PACK
    ENDIF
    ThisForm.Refresh
```

12.6.3　其他模块设计

　　其他模块包括统计模块、打印报表模块和帮助模块等。统计子系统模块设计，包括“学生信息统计”以及“学生成绩统计”等表单的设计；报表子系统的模块设计，包括“课程设置一览表”、“课程成绩统计表”以及“单个学生成绩单”等多个报表的设计。这些表单和报表的制作任务相当繁复，需要耐心细致地进行。有关表单的设计前面已经多次做了介绍，而各种打印报表的设计则可使用报表设计器进行，具体操作可参见本书前面章节的介绍。至于帮助子系统，主要是一个“帮助”菜单的设计。限于篇幅，对于这 3 个模块的具体设计步骤此处不再赘述。

12.7　系统主菜单设计

12.7.1　主菜单与主程序设计

　　各功能模块设计完成后，应设计一个主功能菜单将各个模块组合起来，形成一个完整的应用系统主界面。根据模块的划分及系统的总体结构，很容易列出系统主菜单的组成结构。本项目需要创建的主菜单结构如表 12-5 所示，表中不仅列出了各主菜单项及其下属的子菜单项，而且还给出了各菜单命令所对应执行的表单或报表程序。

表 12-5　系统主菜单结构

文　件	查　询	维　护	统　计	打印报表	帮　助
打开	学生信息查询 （query. scx）	学生信息维护 （maintain. scx）	学生信息统计 （statis. scx）	各系一览表 （depart. frx）	操作提示
保存	课程信息查询 （course_q. scx）	课程信息维护 （course_m. scx）	学生成绩统计 （score_s. scx）	课程一览表 （course. frx）	技术支持
另存为	学生成绩查询 （score_q. scx）	学生成绩维护 （score_m. scx）	课程成绩统计 （score_cou. frx）	单科成绩表 （score_cou. frx）	版权声明
退出	各系信息查询 （depart_q. scx）	各系信息维护 （depart_m. scx）		学生成绩单 （score_stu. frx）	

通常可调用菜单设计器创建主功能菜单。本系统的各个子菜单项大多是对应执行一条相关命令，例如对于“查询”菜单下的“学生信息查询”菜单项，创建时可在菜单设计器对应该菜单项的“选项”栏中输入一条执行查询表单的命令：do form query. scx；对于“打印报表”菜单下的“学生成绩单”命令，可在“选项”栏中输入一条打印学生成绩表的命令：report from score_stu. frx。其他创建步骤与此类似。

本系统主菜单的具体设计方法与步骤请参阅第 10 章的说明。设计完成后将生成名为 Main. mpr 的菜单程序文件，保存在本系统专用的磁盘目录 d:\jxgl 中。该菜单运行后的效果如图 12-8 所示。

图 12-8　教学管理系统主菜单

12.7.2　主程序设计

这里所说的主程序是指一个应用系统最初执行的程序，可以单独建立一个简单的主程序，用它来调用应用系统的封面表单和主菜单。

1. 建立主程序

本系统单独创建了一个名为 main. prg 的简单主程序，该程序所包含的命令序列如下：

```
SET TALK OFF
SET DEFAULT To d:\jxgl                && 设置默认的文件访问路径
DO Form cover.scx                     && 调用软件封面表单
READ EVENTS                           && 建立事件响应循环
```

2. 设置主程序文件

设置主程序的步骤是：

（1）在项目管理器中选择要设置为主程序的某个程序、表单或菜单。本例中在项目管理器的“代码”选项卡中选择以上建立的 main. prg 程序。

（2）选择 Visual FoxPro 主窗口“项目”菜单下的“设置主文件”选项，使该项前面出现选中标记。

12.8　调试、连编与运行

12.8.1　应用系统的调试

在应用程序设计和创建的过程中,需要不断地对所设计的菜单、表单、报表等程序模块进行测试与调试。通过测试发现所存在的问题,从而纠正错误,并逐步加以完善。

1. 常见错误类型

程序运行发生错误时,Visual FoxPro 通常会给出错误提示信息。各种错误归纳起来主要为语法错误、逻辑错误及系统错误等。

常见的语法错误主要是命令和各种短语的拼写错误、字符串定界符或括号的配对错误以及命令或函数的参数出错等。此外,还包括程序流程控制语句中的开始语句与结束语句不配对,或者嵌套结构中出现了交叉等。例如,有两个 IF 语句而只有一个 ENDIF,或者有DO WHILE 语句而缺少 ENDDO 语句等。初学者还常犯使用各种中文标点符号的错误。一定要记住:除了代表文件名和变量名的汉字文字之外,程序中所有语句(注释语句除外)的符号都必须是半角的西文符号。

常见的逻辑错误包括数据类型不匹配和操作流程与所要求达到的功能不相符合等。初学者特别要注意的还有该不该添加字符串定界符的问题。一定要记住:如果是字符串必须加定界符,如果是变量名则绝对不能加定界符。

系统错误是在违反系统规定时产生的。例如,嵌套的层数超过了系统的规定、调用一个未曾创建的变量或者试图打开一个不存在的文件等。

2. 常用调试技术

Visual FoxPro 提供了一些专门的命令来帮助用户进行程序调试,这些命令包括:

(1) 格式:

```
SET ECHO ON/OFF
```

功能:控制是否打开跟踪窗口来观察程序的运行。

(2) 格式:

```
SET STEP ON/OFF
```

功能:控制是否打开跟踪窗口以单步执行方式来跟踪程序的运行。

此外,Visual FoxPro 还提供了程序调试器,可用来设置程序断点、跟踪程序的运行,检查所有变量的当前值、对象的属性值及环境设置值等。启动程序调试器的方法是执行"工具"菜单下的"调试器"命令,或者在命令窗口执行 DEBUG 命令。

在本系统的各个程序模块经调试达到预定的功能和效果后,就可以对整个程序系统进行综合测试与调试。综合测试通过后,便可投入试运行,即把各程序模块连同数据库一起装入指定的应用程序磁盘目录,然后启动主程序开始试运行,考查系统的各个功能模块是否能正常运行,是否能较好地相互协调配合,是否达到了预定的功能和性能要求,是否能满足用户的需求。试运行阶段一般只需装入少量的试验数据,待确认无误后再输入大批的实际数据。

12.8.2　应用系统的连编

　　一个应用程序的各个模块设计完毕并经调试通过后，还必须进行连编，以便最后生成一个统一的可应用程序文件或可执行文件供最终用户使用。通过连编，不仅能将各个分别创建的程序模块有机地组合在一起，还可以进一步发现错误、排除故障，从而保证整个系统的完整性和准确性，同时还可以增加应用系统的保密性。

　　通常可用 Visual FoxPro 的项目管理器或应用程序生成器来进行连编。在项目管理器中连编一个应用程序的步骤包括：

　　（1）在项目管理器中打开需要连编的应用程序项目，在本例中打开"教学管理"项目进行连编。

　　（2）单击项目管理器窗口中的"连编"按钮，或者执行菜单栏上"项目"菜单中的"连编"命令，弹出图 12-9 所示的"连编选项"对话框。

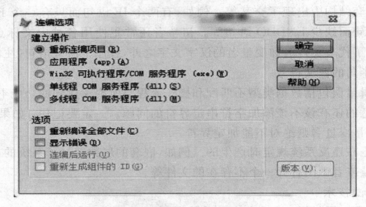

图 12-9　"连编选项"对话框

　　（3）在"连编选项"对话框中，选取"连编应用程序"将生成一个扩展名为 .APP 的应用程序文件，此种文件可在 Visual FoxPro 环境中运行；选取"连编可执行文件"将生成一个能直接在 Windows 环境下运行的 .EXE 可执行文件。本例选中"连编应用程序"单选按钮和"显示错误"、"连编后运行"复选框，然后单击"确定"按钮。

　　（4）在弹出的"另存为"对话框中输入一个为连编完成后生成的应用程序所起的名称，本例将其命名为 jxgl，然后单击"保存"按钮。

　　至此，本例的教学管理项目经连编后即生成一个名为 jxgl.app 的应用程序文件。

12.8.3　应用系统的运行

　　在 Visual FoxPro 环境中，选择"程序"菜单中的"执行"命令，然后选中并执行应用程序 jxgl.app，或者直接在命令窗口执行 do d:\jxgl\jxgl.app 命令后，即将自动调用身份验证表单 Password.scx。通过对操作员的身份验证之后再自动调用主菜单程序 main.mpg，并把运行控制权交给主菜单程序，然后再由用户通过对主菜单命令项的选择来调用和执行所需的表单、报表或查询程序,从而完成本系统提供的各项功能。

本系统运行结束后,选择"文件"菜单下的"退出"命令即可退出本系统。

12.8.4　应用系统的发行

在完成应用程序的开发和连编之后,可利用"安装向导"为应用程序创建安装程序和发行磁盘(或光盘)。其主要安装步骤如下:

1. 建立发布树

首先需要创建并维护一个独立的只包含要安装文件的磁盘目录,称为目录树或发布树。其中包含要复制到用户硬盘中去的所有发布文件。

2. 运行"安装向导"

执行"工具"菜单下"向导"子菜单中的"安装"命令,即可启动"安装向导"。"安装向导"将引导完成如下 7 个操作步骤:

(1) 指定"发布树"的位置。

(2) 指定应用程序的各个组件。

(3) 为应用程序指定安装盘类型。

(4) 指定安装过程中的对话框标题以及版权声明等内容。

(5) 指定应用程序的默认文件安装目的地。

(6) 显示出需要文装的文件名、目的地及其他一些选项内容,允许对其进行修改和调整。

(7) 最后单击"安装向导"对话框的"完成"按钮后,系统即将"发布树"中的所有文件进行压缩并把它们分解为与安装盘大小相匹配的文件块,同时生成一个 SETUP. EXE 文件。

将在硬盘中生成的各个文件块和 SETUP. EXE 文件复制到相应的发布软盘或刻录到发布光盘上。

习题

1. 开发一个基于数据库的应用程序系统,通常包括哪些步骤?

2. 对于一个应用项目而言,什么是主程序? 哪些类型的程序可以充当主程序?

3. 简述数据库设计的原则及其设计过程。

4. 什么是项目的连编? Visual FoxPro 可以生成哪几种类型的连编文件? 分别可以在什么环境中运行?

5. 什么是发布树?

附录 A Visual FoxPro 9.0 常用命令一览表

命　　令	功　　能
# DEFINE … # UNDEFINE	创建和释放编译的常量
# IF … # ENDIF	编译时有条件地包含源代码
# IFDEF\ # IFNDEF… # ENDIF	如果定义了编译时的常量,则编译时有条件地包含命令集
# INCLUDE	让预处理器将指定的头文件内容合并到程序中
&	& 命令用于执行宏代换
&&	表示程序文件中不可执行的嵌入式注释的开始
*	注释语句,表示程序文件中用星号开始的行是注释行
=	对一个或者多个表达式进行计算
?, ??	? 和?? 用于计算并输出一个或者一组表达式的值
???	将字符表达式直接输出到打印机
@ … BOX	绘制指定边角的方框
@ … CLEAR	清除 Visual FoxPro 主窗口或者用户自定义窗口
@ … CLASS	创建用 READ 激活的控件或对象
@ … EDIT	建立编辑框
@ … FILL	改变屏幕中某一区域内已存在文本的颜色
@ … GET 复选框	创建复选框
@ … GET 组合框	创建组合框
@ … GET 命令按钮	建立命令按钮
@ … GET 列表框	创建列表框
@ … GET 选项组	创建选项组
@ … GET 微调控件	建立微调控件
@ … GET 文本框	创建文本框
@ … GET 透明按钮	建立透明按钮
@ … SAY	在指定的行和列位置显示或打印
@ … TO	绘制方框、圆或者椭圆
\,\\	打印或显示文本行
ACTIVATE POPUP	显示并激活一个菜单

续表

命　　令	功　　能
ACTIVATE SCREEN	激活 Visual FoxPro 主窗口
ACTIVATE WINDOW	显示并激活一个或多个用户自定义窗口或系统窗口
ADD CLASS	添加类定义到.vcx 可视类库中
ADD TABLE	添加自由表到当前打开的数据库中
APPEND	添加一个或多个新记录到当前表的末尾
APPEND FROM	从另一文件添加记录到当前表的末尾
APPEND MEMO	将文本文件中的内容复制到备注型字段中
APPEND PROCEDURES	将文本文件中存储过程添加到当前数据库的存储过程中
ALTER TABLE SQL	SQL 命令，可以通过编程修改表的结构
AVERAGE	计算数值表达式或数值型字段的算术平均值
BEGIN TRANSACTION	开始一次事务处理
BLANK	清除当前记录中字段的数据
BUILD APP	从项目文件中创建.app 应用程序文件
BUILD DLL	使用项目文件中的类信息创建动态链接库
BUILD EXE	从项目文件中创建一个可执行文件
BUILD PROJECT	创建项目文件
BROWSE	打开"浏览"窗口并显示当前表或指定表的记录
CALL	执行指定的二进制文件、外部命令或者外部函数
CANCEL	中断当前 Visual FoxPro 程序文件的运行
CD/CHDIR	将默认的 Visual FoxPro 目录改变为指定的目录
CHANGE	显示要编辑的字段
CLEAR …	从内存中释放指定的项
CLOSE	关闭各种类型的文件
CLOSE TABLES	关闭打开的表
COMPILE	编译一个或多个源文件，然后为每个源文件建立目标文件
COMPILE DATABASE	编译数据库中的存储过程
CONTINUE	继续执行以前的 LOCATE 命令
COPY FILE	用于复制任何类型的文件
COPY INDEX	从单入口索引文件.idx 中建立复合索引标记
COPY MEMO	将当前记录本中指定备注字段的内容复制到文本文件中
COPY PROCEDURES	将当前数据库中的存储过程复制到文本文件中

命　　令	功　　能
COPY STRUCTURE	建立与当前表结构完全相同的新的空表,用于表结构的复制
COPY STRUCTURE EXTENDED	将当前表的每个字段的信息作为记录而复制到新表中
COPY TAG	从复合索引文件的标记中创建单入口索引文件.idx
COPY TO	从当前表的内容中建立一个新文件
COPY TO ARRAY	从当前表中复制数据到数组
COUNT	统计表中的记录数
CREATE	建立新的 Visual FoxPro 表
CREATE CLASS	打开类设计器,建立新的类定义
CREATE CLASSLIB	建立新的、空的可视类库文件
CREATE COLOR SET	在当前颜色设置中建立一个颜色集
CREATE CONNECTION	建立一个有名连接,并将其存入当前数据库
CREATE DATABASE	建立并打开一个数据库
CREATE FORM	打开表单设计器
CREATE LABEL	打开标签设计器
CREATE MENU	打开菜单设计器
CREATE PROJECT	打开项目管理器
CREATE REPORT	打开报表设计器
CREATE SCREEN	打开屏幕设计器
CREATE SQL VIEW	显示视图设计器
CREATE TRIGGER	为一个表建立 Delete、Insert 和 Update 触发器
CREATE TABLE SQL	建立一个具有指定字段的表
CREATE VIEW	在 Visual FoxPro 环境中建立一个视图文件
DEACTIVATE MENU	撤销用户自定义菜单栏并从屏幕上删除,但不从内存中释放
DEACTIVATE POPUP	撤销用 DEFINE POPUP 命令建立的弹出式菜单
DEACTIVATE WINDOW	撤销用户自定义窗口或系统窗口,并从屏幕上消除,但不从内存中释放
DEBUG	打开 Visual FoxPro 调试器
DEBUGOUT	在 Debug Output 窗口显示表达式的结果
DECLEAR	建立一维或二维数组
DEFINE BAR	为 DEFINE POPUP 命令建立的菜单定义菜单项
DEFINE BOX	在正文内容周围绘制一个方框
DEFINE CLASS	创建用户自定义的类或者子类,并指定其属性、事件和方法

命　　令	功　　能
DEFINE MENU	建立一个菜单栏
DEFINE PAD	为用户自定义菜单栏或者系统菜单栏定义菜单标题
DEFINE POPUP	建立一个菜单
DEFINE WINDOW	建立一个窗口,并确定其属性
DELETE	为记录加删除标记
DELETE CONNECTION	从当前数据库中删除一个有名连接
DELETE DATABASE	从磁盘中删除一个数据库
DELETE FILE	从磁盘中删除一个文件
DELETE TAG	从复合索引文件中删除一个或一组标记
DELETE TRIGGER	从当前数据库中删除表的 Delete、Insert 和 Update 触发器
DELETE VIEW	从当前数据库中删除一个 SQL 视图
DIMENSION	建立一维或者二维的数组内存变量
DISPLAY	在系统主窗口或者用户自定义窗口中,显示当前表的信息
DISPLAY CONNECTIONS	显示当前数据库中有名连接的有关信息
DISPLAY DATABASE	显示当前数据库、字段、表或者视图的有关信息
DISPLAY DLLS	显示与共享库函数有关的信息
DISPLAY FILES	显示文件的有关信息
DISPLAY MEMORY	显示当前内存变量和数组元素的内容
DISPLAY OBJECTS	显示一个对象或者一组对象的有关信息
DISPLAY PROCEDURES	显示当前数据库中存储过程的名称
DISPLAY STATUS	显示 Visual FoxPro 的环境状态
DISPLAY STRUCTURE	显示指定表文件的结构
DISPLAY TABLES	显示当前数据库中所有表的信息
DISPLAY VIEWS	显示当前数据库中关于 SQL 视图是本地还是远程表
DIR 或 DIRECTORY	显示一个目录或者文件夹中的文件信息
DO CASE …ENDCASE	将执行第一个逻辑表达式为真的那个分支后面的一个命令
DO WHILE …ENDDO	根据指定的条件循环执行一组指定的命令
EDIT	显示要编辑的字段
EJECT	发送一个换页符给打印机
EJECT PAGE	发送一个进页符给打印机
END TRANSACTION	结束当前的事务处理并保存

续表

命　　令	功　　能
ERASE	从磁盘中删除一个条件
ERROR	产生一个 Visual FoxPro 错误
EXPORT	将 Visual FoxPro 表中的数据复制到不同格式的文件中
EXTERNAL	向项目管理器通报未定义的引用
EXIT	退出 DO WHILE、FOR 或 SCAN 循环
FOR … ENDFOR	将一组命令反复执行指定的次数
FREE TABLE	从表中删除数据库引用
FUNCTION	标识用户自定义函数定义的开始
GATHER	用数组、内存变量或者对象中的数据置换活动表中的数据
GETEXPR	建立表达式并将其存入内存变量或者数组元素中
GO/GOTO	移动记录指针到指定记录号的记录
HELP	打开"帮助"窗口
HIDE MENU	隐藏一个或者多个 DEFINE MENU 命令建立的菜单栏
HIDE POPUP	隐藏一个或者多个 DEFINE POPUP 命令建立的活动菜单
HIDE WINDOW	隐藏活动的用户自定义窗口或者 Visual FoxPro 系统窗口
IF … ENDIF	根据逻辑表达式的值有条件地执行一组命令
IMPORT	从外部文件格式中导入数据,然后建立新数据库
INDEX	建立一个索引文件,按某个逻辑顺序显示和访问表中的记录
INSERT	在当前表中插入新记录,然后显示该记录并进行编辑
INSERT-SQL	添加包含指定字段值的记录到表中
KEYBOARD	将指定的字符表达式置于键盘缓冲区中
LABEL	根据表文件的内容和标签定义文件,打印标签
LIST	连续显示表或环境的信息
LIST CONNECTIONS	连续显示当前数据库中有名连接的信息
LIST DATABASE	连续显示当前数据库、字段、表或视图的有关信息
LIST DLLS	连续显示与共享库函数有关的信息
LIST OBJECTS	连续显示一个对象或者一组对象的有关信息
LIST PROCEDURES	连续显示当前数据库中存储过程的名称
LIST TABLES	连续显示所有的表以及打开数据库中所有的信息
LIST VIEWS	连续显示当前数据库中与 SQL 视图有关的信息
LOAD	将二进制文件、外部命令或者外部函数装入内存中

命　　令	功　　能
LOCAL	建立局部内存变量和内存数组
LOCATE	顺序查找表中满足指定条件的第一条记录
LPARAMETERS	从调用程序中向一个局部内存变量或者数组传递数据
MD/MKDIR	从磁盘上建立一个新目标
MODIFY CLASS	打开类设计器,以便修改类定义或者建立新的类定义
MODIFY COMMAND	打开"编辑"窗口,以便能编辑或者建立程序文件
MODIFY CONNECTION	打开连接设计器,修改已经存储在当前数据库中的有名连接
MODIFY DATABASE	打开数据库设计器,允许用户按交互方式编辑当前数据库
MODIFY FILE	打开"编辑"窗口,修改或者建立文本文件
MODIFY FORM	打开表单设计器,以便修改或者建立表单
MODIFY GENERAL	打开"编辑"窗口,编辑当前记录的通用型字段
MODIFY LABEL	打开标签设计器,以便编辑或者建立标签
MODIFY MEMO	打开"编辑"窗口,编辑当前记录的备注字段
MODIFY MENU	打开菜单设计器,以便编辑或者建立菜单系统
MODIFY PROCEDURE	打开文本编辑器,为当前数据库建立新的或者修改存储过程
MODIFY PROJECT	打开项目管理器,以便编辑或者建立一个项目文件
MODIFY QUERY	打开查询设计器,以便编辑或建立查询
MODIFY REPORT	打开报表设计器,以便编辑或建立报表
MODIFY SCREEN	打开表单设计器,以便编辑或建立表单
MODIFY STRUCTURE	打开表设计器,以便编辑修改表结构
MODIFY VIEW	显示视图设计器,以便编辑已经存在的 SQL 视图
MODIFY WINDOW	编辑用户自定义窗口或者 Visual FoxPro 主窗口
MOUSE	执行单击、双击、移动或者拖曳鼠标的操作
MOVE POPUP	将用 DEFINE POPUP 定义的用户自定义菜单移到新的位置
MOVE WINDOW	移动用 DEFINE WINDOW 定义的用户自定义窗口或系统窗口
NOTE	表示程序文件中不需执行的注释行的开始
ON BAR	指定当选择特定的菜单项时,激活菜单或菜单栏
ON ERROR	指定发生错误时要执行的命令
ON ESCAPE	指定在程序或命令执行期间,当按下 Esc 键时将执行的命令
ON EXIT BAR	确定当退出指定的菜单项时,将执行的命令
ON EXIT MENU	确定当退出指定菜单栏中的任一菜单标题时将要执行的命令

续表

命　令	功　能
ON EXIT PAD	确定当退出指定的菜单标题时将要执行的命令
ON EXIT POPUP	确定当退出指定的弹出菜单时将要执行的命令
ON KEY	确定程序执行期间按任意键时将要执行的命令
ON KEY LABEL	按下指定键或组合键或单击鼠标时,将要执行的命令
ON PAD	确定选择菜单标题时要激活的菜单或菜单栏
ON PAGE	确定打印输出到报表中的指定行时,或执行 EJECT PAGE 命令时,将要执行的命令
ON READERROR	确定响应数据输入错误时要执行的命令
ON SELECTION BAR	确定选择指定的菜单项时将要执行的命令
ON SELECTION MENU	确定选择菜单栏中指定的任一菜单标题时将要执行的命令
ON SELECTION PAD	确定选择菜单栏中指定的任一菜单标题时将要执行的命令
ON SELECTION POPUP	确定从菜单中任意选择一个菜单项时将要执行的命令
ON SHUTDOWN	确定退出 Visual FoxPro 或 Windows 时,将要执行的命令
OPEN DATABASE	打开一个数据库
PACK	永久性地删除当前表中加有删除标记的记录
PACK DATABASE	删除当前数据库中加有删除标记的记录
PARAMETERS	从调用程序中以参数传递数据给私有内存变量或数组
PLAY MACRO	执行一个键盘宏
POP KEY	恢复用 PUSH KEY 存入栈中 ON KEY LABEL 命令的键定义
POP MENU	恢复用 PUSH MENU 命令保存在栈中的指定菜单栏的定义
POP POPUP	恢复用 PUSH POPUP 命令存入栈中的指定菜单的定义
PRINTJOB … ENDPRINTJOB	激活打印作业系统内存变量的设置
PRIVATE	从当前程序使用调用程序定义的内存变量或数组为私有的
PROCEDURE	标识程序文件中一个过程的开始,并定义该过程的名字
PUBLIC	定义全局内存变量或者数组
PUSH KEY	将当前所有 ON KEY LABEL 命令设置放入内存的一个栈中
PUSH MENU	将菜单栏的定义存入内存的菜单栏定义栈中
PUSH POPUP	将菜单定义存入内存的菜单定义栈中
RD/ RMDIR	从磁盘中删除一个目录
READ	激活控件
READ EVENTS	开始事件处理
RECALL	去除当前表中记录的删除标记

续表

命　　令	功　　能
REGIONAL	建立区域内存变量和数组
REINDEX	重建当前打开的索引文件
RELEASE	从内存中释放内存变量和数组
RELEASE BAR	从内存中删除菜单中指定的菜单项或者所有的菜单项
RELEASE CLASSLIB	关闭包含类定义的可视类库文件
RELEASE MENUS	从内存中删除用户自定义的菜单栏
RELEASE PAD	从内存中释放指定的菜单标题或者全部菜单标题
RELEASE POPUPS	从内存中释放指定的菜单或者全部菜单
PELEASE PROCEDURE	关闭用 SET PROCEDURE 命令打开的过程文件
RELEASE WINDOWS	从内存中释放用户自定义窗口或者 Visual FoxPro 系统窗口
REMOVE CLASS	从可视类库中删除类定义
REMOVE TABLE	从当前数据库中删除一个表
RENAME	更换一个文件的名称
RENAME CLASS	更换包含在可视类库中的类定义名
RENAME CONNECTION	更换当前数据库中有名连接的名称
RENAME TABLE	更换当前数据库中表的名称
RENAME VIEW	更换当前数据库中 SQL 视图的名称
REPLACE	更换表中的记录
REPLACE FROM ARRAY	用内存数组的值来置换字段中的数据
REPORT	在报表定义文件的控制下显示或打印报表
RESTORE FROM	从内存变量文件或者备注字段中恢复保存的内存变量和数组
RESTORE MACROS	从键盘宏文件或者备注字段中恢复键盘宏
RESTORE SCREEN	恢复存储在屏幕缓冲区、内存变量或者数组元素中的系统主窗口或者用户自定义窗口
RESTORE WINDOW	从窗口文件或备注字段中恢复内存窗口的定义和窗口的状态
RESUME	继续执行被挂起的程序
RETRY	重新执行上次的命令
RETURN	将程序控制权返回给调用程序
ROLLBACK	放弃当前事务处理期间的任何更改
RUN/!	执行外部的操作命令或程序
SAVE MACROS	将键盘宏存入键盘宏文件或者备注字段中

命　　令	功　　能
SAVE SCREEN	将 Visual FoxPro 主窗口或活动的用户自定义窗口的图像存入屏幕缓冲区、内存变量或者数组元素中
SAVE TO	将当前的内存变量和数组存入内存变量文件或者数组字段中
SAVE WINDOWS	将所有或指定的窗口的定义保存在窗口文件或者数组字段中
SCATTER	将当前记录的数据复制到内存变量或者数组中
SCAN … ENDSCAN	移动当前表中的记录指针，并对每个记录执行指定的命令块，直到满足指定的条件位置
SCROLL	全屏幕移动系统主窗口或者用户自定义窗口中的一个区域
SEEK	查找表中索引关键字值与指定的表达式相匹配的第一条记录
SELECT	选择指定的工作区
SELECT-SQL	从一个或多个表中检索数据
SET	打开数据会话窗口
SET ALTERNATE	将?,??,DISPLAY 或者 LIST 等命令建立的屏幕或打印机输出,保存到文本文件中
SET ANSI	确定 SQL 命令中不同长度的字符串之间,使用"＝"操作符时的比较方式
SET AUTO SAVE	当退出 READ 或返回 Command 窗口时,确定 Visual FoxPro 是否将数据缓冲区刷新到磁盘中
SET BLOCKSIZE	确定 Visual FoxPro 一次分配给备注型字段存储空间的大小
SET BORDER	确定@…TO 命令建立的方框、DEFINE POPUP 命令建立的菜单以及 DEFINE WINDOW 命令建立的窗口等的边界
SET CARRY	当用 APPEND 或者 INSERT 命令添加新记录时,用于确定 Visual FoxPro 是否将当前记录的数据传入新记录中
SET CENTURY	用于确定 Visual FoxPro 是否显示日期表达式中的世纪部分
SET CLASSLIB	打开包含类定义的可视类库
SET CLEAR	确定 Visual FoxPro 主窗口是否被清除
SET CLOCK	确定 Visual FoxPro 是否显示系统时钟,并指定时钟的位置
SET COLLATE	指定字符字段在随后的索引和排序操作中的整理序列
SET COLOR OF	指定用户自定义菜单和窗口的颜色
SET COLOR OF SCHEME	指定调色板中的颜色
SET COLOR SET	装载以前定义的颜色集
SET COLOR TO	指定用户自定义菜单和窗口的颜色
SET COMPATIBLE	控制与 FoxBASE＋和其他 xBASE 语言的兼容性
SET CONFIRM	确定是否必须按 Enter 或者 Tab 键来退出文本框

命　　　令	功　　　能
SET CONSOLE	用于控制程序中是否可以将结果直接输出到 Visual FoxPro 主窗口或者活动的用户自定义窗口中
SET CPDIALOG	确定打开表时是否显示 Code Page 对话框
SET CURRENCY	定义货币符号并指定在表达式中的显示位置
SET CURSOR	当 Visual FoxPro 等待输入时，确定是否显示插入点
SET DATABASE	指定当前的数据库
SET DATE	指定日期型和日期时间型表达式显示时的格式
SET DEBUG	控制能否从菜单系统中使用 Debug 和 Trace 窗口
SET DECIMALS	指定数值表达式中显示的小数位数
SET DEFAULT	指定默认的驱动器、目标或者文件夹
SET DELETED	指示是否处理带有删除标记的记录
SET DELIMITERS	表示用@…GET 命令建立的文本框输入是否有定界符
SET DEVELOPMENT	当程序运行时，用于控制 Visual FoxPro 是否对该程序的日期和时间与编译后目标文件的日期和时间进行比较
SET DEVICE	将@…SAY 命令的输出直接送往屏幕、打印机或者文件
SET DISPLAY	改变监视器的当前显示方式
SET ECHO	打开 Trace 窗口，进行程序的调试
SET ESCAPE	确定按 Esc 键时是否中断程序和命令的运行
SET EXACT	确定进行两个不同长度的字符串比较规则
SET EXCLUSIVE	将按独立或者共享方式打开网络上的表文件
SET FDOW	指定一个星期中的第一天
SET FIELDS	指定表中可以进行存取的字段
SET FILTER	指定当前表中可以被存取访问的记录必须满足的条件
SET FIXED	确定数值型数据显示的小数位数是否固定
SET FORMAT	打开 APPEND，CHANGE，EDIT 和 INSERT 等命令的格式文件
SET FULLPATH	确定 CDX()、DBF()、MDX() 和 NDX() 函数是否返回文件的路径名和文件名
SET FUNCTION	将表达式(键盘宏)赋予某一功能键或组合键
SET FWEEK	指定一年中的第一个星期的要求
SET HEADINGS	执行 TYPE 命令时，确定是否显示字段的列标头和文件信息
SET HELP	确定 Visual FoxPro 的联机帮助是否可用
SET HELPFILTER	在帮助窗口中显示 .DBF 风格的帮助主题
SET HOUSE	设置系统时钟为 12 或者 24 小时格式

命　　令	功　　能
SET INTENSITY	确定是否用增强的屏幕颜色属性来显示字段
SET INDEX	为当前表打开一个或者多个索引文件
SET KEY	确定基于索引关键字的记录访问范围
SET KEYCOMP	控制 Visual FoxPro 击键导航
SET LIBRARY	打开外部 API(应用程序编程接口)库文件
SET LOCK	关闭或打开文件的自动加锁功能
SET LOGERRORS	确定是否将编译错误揭示信息存入文本文件中
SET MACKEY	显示"Macro Key Definition"对话框的键或者组合键
SET MARGIN	设置打印机的左边界,并且影响直接送往打印机的所有输出
SET MARK OF	为菜单标题或菜单项,显示或清除或指定一个标记字符
SET MARK TO	指定显示日期表达式时所使用的分界符
SET MEMO WIDTH	指定备注型字段和字符表达式的显示宽度
SET MULTILOCKS	确定是否可以用 LOCK()和 RLOCK()函数为多个记录加锁
SET NEAR	当 FIND 和 SEEK 命令搜索记录不成功时,确定记录指针位置
SET NOTIFY	确定某些系统提示信息是否可以显示
SET NOCPTRANS	防止打开表中的某些指定字段转换到不同的代码页中
SET NULL	确定 ALTER TABLE,CREATE TABLE INSERT-SQL 如何支持空值
SET ODOMETER	确定处理记录的命令汇报及其工作进展的间隔
SET OLEOBJECT	对象没有找到时,用于确定是否搜索 OLE Registry
SET ORDER	指定表的控制索引文件或者标记
SET PATH	设置文件的搜索路径
SET PDSETUP	装载打印机驱动程序或者清除当前的打印机驱动程序
SET POINT	确定用于显示数值型或者货币型表达式中小数点的字符
SET PRINTER	是否将输出结果送往打印机、文件、端口或者网络打印机
SET REFRESH	确定在 BROWSE 窗口中,由网络上的其他用户进行记录更新
SET RELATION	在两个打开表之间建立关联
SET RELATION OFF	清除当前工作区和指定工作区内两个表之间的关联
SET REPROCESS	确定为一个文件或者记录加锁失败后,进行下一次加锁尝试的时间,或者指定进行加锁尝试的总次数
SET RESOURCE	更新或者指定一个资源文件
SET SAFETY	确定覆盖已经存在的文件时,是否显示对话框;或者在报表设计器中,或用 ALTERTABTE 命令更改表结构时,是否计算表或字段规则、默认值和错误信息

续表

命　　令	功　　能
SET SECONDS	表示秒是否显示在日期时间型数据中
SET SEPARATOR	指定小数点左边每位数字之间的分隔符
SET SKIP	在表之间建立一对多的关联
SET SKIP OFF	使用户自定义菜单或系统菜单中的某一菜单、菜单、菜单标题、菜单项目可用或者不可用
SET SPACE	确定使用"?"或者"??"命令时,在字段或者表达式之间是否显示空格字符
SET STATUS BAR	显示或者消除图形状态栏
SET SYSFORMATS	确定是否用当前的 Windows 系统设置更新 Visual FoxPro 的系统设置
SET SYSMENU	确定在程序执行期间,Visual FoxPro 系统菜单栏是否可用,是否允许重新配置
SET TALK	确定 Visual FoxPro 是否显示命令的结果
SET TEXTMERGE	确定文本合并分界符"<<"和">>"之间的字段、内存变量、数组元素、函数或者表达式等是否进行计算
SET TEXTMERGE DELIMITERS	指定文本合并分界符
SET TOPIC	指定调用 Visual FoxPro 的帮助系统时显示的帮助主题
SET TRBETWEEN	在 Trace 窗口中,确定两个断点之间是否可以进行跟踪
SET TYPEAHEAD	表示键盘前置缓冲区中可以存储的最大字符数
SET UDFPARMS	确定 Visual FoxPro 传递给用户自定义函数的参数是按值还是按引用方式传递
SET UNIQUE	确定索引文件中是否可以有重复索引关键字值的记录存在
SET VIEW	打开或者关闭 VIEW 窗口,或从视图文件中恢复系统环境
SET WINDOWS OF MEMO	指定备注型字段的编辑窗口
SHOW GETS	重新显示所有的控件
SHOW MENU	显示一个或者多个用户自定义菜单栏,但是不激活
SHOW OBJECT	重新显示指定的控件。支持向下兼容,可用 Refresh 方法取代
SHOW POPUP	显示一个或者多个用户自定义菜单,但是不激活
SHOW WINDOW	显示一个或者多个用户自定义窗口及 Visual FoxPro 系统窗口,但是不激活
SIZE POPUP	改变用 DEFINE POPUP 创建的用户自定义菜单的大小
SIZE WINDOW	改变用 DEFINE WINDOW 创建的用户自定义窗口或者 Visual FoxPro 系统窗口(Command、Debug 和 Trace)的大小
SKIP	向前或者向后移动表中的记录指针
SORT	对当前表中的记录进行排序,将排序后的记录输出到新表中

续表

命　　令	功　　能
STORE	将数据存入内存变量、数组或者数组元素中
SUM	对当前表中的所有或者指定的数值型字段求和
SUSPEND	暂停程序的运行、返回到交互式 Visual FoxPro 环境
TEXT … ENDTEXT	输出若干行的文本、表达式及函数的结果和内存变量的内容
TOTAL	计算当前表中的数值型字段的总和
TYPE	显示文件的内容
UNLOCK	对表中的一个或多个记录解除锁定,或者解除文件的锁定
UPDATE	利用表中的数值更新当前指定工作区中打开的表
UPDATE-SQL	用新的值更新表中的记录
USE	打开一个表和相关的索引文件,或关闭一个表
VALIDATE DATABASE	确保当前数据库中的表和索引的正确位置
WAIT	显示一条信息并暂停 Visual FoxPro 的运行
WITH … ENDWITH	指定对象的多个属性
ZAP	将表中的所有记录删除,只保留表的结构
ZOOM WINDOW	改变用户自定义窗口或系统窗口的大小和位置

附录 B Visual FoxPro 9.0 常用函数一览表

函　　数	功　　能
ABS()	计算并返回指定数值表达式的绝对值
ACLASS()	用于将一个对象的父类名放置于一个内存数组中
ACOPY()	把一个数组的元素复制到另一个数组中
ACOS()	计算并返回一个指定数值表达式的余弦值
ADATABASES()	用于将所有打开的数据库名和它的路径存入一个内在变量数组中
ADBOBJECTS()	用于把当前数据库中的连接、表或 SQL 视图的名存入内存变量数组中
ADEL()	用于从一维数据中删除一个元素，或从二维数组中删除一行或者一列元素
ADIR()	将文件的有关信息存入指定的数组中，然后返回文件数
AELEMENT()	通过元素的下标，返回元素号
AERROR()	用于创建包含 VFP 或 ODBC 错误信息的内存变量
AFIELDS()	将当前的结构信息存入数组中，然后返回表中的字段数
AFONT()	将可用字体的信息存入数组中
AINS()	在一维数组中插入一个元素或在二维数组中插入一行或一列元素
AINSTANCE()	用于将类的所有实例存入内存变量数组中，然后返回数组中存放的实例数
ALEN()	返回数组中元素、行或者列数
ALIAS()	返回当前工作区或指定工作区内表的别名
ALLTRIM()	从指定字符表达式的首尾两端删除前导和尾随的空格字符，然后返回截去空格后的字符串
AMEMBERS()	用于将对象的属性、过程和成员对象存入内存变量数组中
ANSITOOEM()	将指定字符表达式中的每个字符转换为 MS-DOS(OEM)字符集中对应字符
APRINTERS()	将 Print Manager 中安装的当前打印机名存入内存变量数组中
ASC()	用于返回指定字符表达式中最左字符的 ASCII 码值
ASCAN()	搜索一个指定的数组，寻找一个与表达式中数据和数据类型相同的数组元素
ASELOBJ()	将活动的 Form 设计器当前控件的对象引用存储到内存变量数组中
ASIN()	计算并返回指定数值表达式反正弦值
ASORT()	按升序或降序排列数组中的元素
ASUBSCRIPT()	计算并返回指定元素号的行或者列坐标

函　　数	功　　能
AT()	寻找字符串或备注字段在另一字符串或备注字段中的第一次出现,并返回位置
ATAN()	计算并返回指定数值表达式的反正切值
ATC()	寻找字符串或备注字段中的第一次出现,并返回位置,将不考虑表达式中字母的大小写
ATCLINE()	寻找并返回一个字符表达式或备注字段在另一字符表达式或备注字段中第一次出现的行号。不区分字符大小写
ATLINE()	寻找并返回一个字符表达式或备注字段在另一字符表达式或备注字段中第一次出现的行号
ATN2()	根据指定的值返回所有 4 个象限内的反正切值
AUSED()	用于将一次会话期间的所有表别名和工作区存入变量数组之中
BAR()	从用 DEFINE POPUP 命令定义的菜单中返回最近所选择的菜单项的编号,或返回一个从 VFP 菜单所选择的一个菜单命令
BARCOUNT()	返回 DEFINE POPUP 命令所定义的菜单中的菜单项数,或返回 VFP 系统菜单上的菜单项数
BARPROMPT()	返回一个菜单项的有关正文
BETWEEN()	确定指定的表达式是否介于两个相同类型的表达式之间
BITAND()	返回两个数值表达式之间执行逐位与(AND)运算的结果
BITCLEAR()	清除数值表达式中的指定位,然后再返回结果值
BITLSHIFT()	返回将数值表达式左移若干位后的结果值
BITNOT()	返回数值表达式逐位进行非(NOT)运算后的结果值
BITOR()	计算并返回两个数值进行逐位或(OR)运算的结果
BITRSHIFT()	返回将一个数值表达式右移若干位后的结果值
BITSET()	将一个数值的某位设置为 1,然后返回结果值
BITTEST()	用于测试数值中指定的位,如果该位的值是 1,则返回真,否则返回假
BITXOR()	计算并返回两个数值表达式进行逐位异或(XOR)运算后的结果
BOF()	用于确定记录指针是否位于表的开始处
CANDIDATE()	如果索引标记是候选索引标记则返回真,否则返回假
CAPSLOCK()	设置并返回 CapsLock 键的当前状态
CDOW()	用于从给定 Date 或 Datetime 类型表达式中,返回该日期所对应的星期数
CDX()	用于返回打开的、具有指定索引号的复合索引文件名(.CDX)
CEILING()	计算并返回大于或等于指定数值表达式的下一个整数
CHR()	返回指定 ASCII 码值所对应的字符
CHRSAW()	用于确定键盘缓冲区中是否有字符存在

函　　数	功　　能
CHRTRAN()	对字符表达式中的指定字符串进行转换
CMONTH()	从指定的 Date 或 Datetime 表达式返回该日期的月名称
CNTBAR()	返回用户自定义菜单或 VFP 系统菜单中的菜单项目数
CNTPAD()	返回用户自定义菜单栏或 VFP 系统菜单栏上的菜单标题数
COL()	用于返回光标的当前位置
COMPOBJ()	比较两个对象的属性,然后返回表示这两个对象的属性及其值是否等价
COS()	计算指定表达式的余弦值
CPCONVERT()	将备注字段或字符表达式转换到另一代码页中
CPCURRENT()	返回 VFP 配置文件中的代码页设置,或当前操作系统的代码页设置
CPDBF()	返回已经标记的打开表的代码页
CREATEOBJECT()	从类定义或 OLE 对象中建立一个对象
CTOD()	将字符表达式转换成日期表达式
CTOT()	从字符表达式中返回 DateTime 值
CURDIR()	用于返回当前的目录或文件夹名
CURSORGETPROP()	返回 VFP 表或 Cursor 的前属性设置
CURSORSETPROP()	给 VFP 的属性赋予一个设置值
CURVAL()	直接从磁盘或远程数据源程序中返回一个字段的值
DATE()	返回当前的系统日期,是由操作系统控制的
DATETME()	以 DateTime 类型值的形式返回当前的日期和时间
DAY()	返回指定日期所对应的日子
DBC()	返回当前数据库的名和路径
DBF()	返回指定工作区打开表的名称或返回别名指定的表名称
DBGETPROP()	返回当前 DB 的属性或返回当前数据库中字段、有名连接、表或视图的属性
DBSETPROP()	设置当前 DB 的属性或设置当前数据库中字段、有名连接、表或视图的属性
DBUSED()	用于测试数据库是否打开。如果指定的数据库是打开的则返回真
DDEAbortTrans()	结束异步的动态数据交换 DDE 事务处理
DDEAdvise()	建立用于动态数据交换的通报连接或自动连接
DDEEnabled()	用于使动态数据交换处理可用或不可用,或返回 DDE 处理的状态
DDEExecute()	使用动态数据交换发送命令给另一应用程序
DDEInitiate()	在 VFP 与其他 WIN 应用程序间建立动态数据交换通道
DDELastError()	返回最后一个动态数据交换函数的错误号
DDEPoke()	用动态数据交换方式在客户机服务器之间进行数据传送

续表

函　　数	功　　能
DDERequest()	用动态数据交换方式向服务器应用程序请求数据
DDESetopic()	用动态数据交换方式从一个服务器中建立或释放主题名
DDESetOption()	改变或返回动态数据交换的设置值
DDESetService()	建立、释放或修改 DDE 服务器名和设置值
DDETerminate()	关闭用 DDETerminate() 函数建立的数据交换通道
DELETED()	用于测试并返回一个指示当前记录是否加删除标志的逻辑值
DESCENDING()	用于对索引标记中的 DESCENDING 关键字进行测试。如果使用 DESCENDING 关键字建立索引标记，或在 USE、SETINDEX、SETORDER 命令中使用 DESCENDING 关键字，那么将返回真
DIFFERENCE()	返回介于 0~4 之间的值，以表示两个字符表达式之间的语音差异
DISKSPACE()	返回默认磁盘驱动器上的可用字节数
DMY()	从 Date 或 DateTime 类型表达式中返回日/月/年形式的字符串类型的日期
DOW()	从 Date 或 DateTime 类型表达式中返回表示星期几的数值
DTOC()	从 Date 或 DateTime 类型表达式中返回字符的日期
DTOR()	把以度表示的数据表达式转换为弧度值
DTOS()	从指定的 Date 或 DateTime 类型表达式中返回字符串形式的日期，它的具体格式是 yyyymmdd（年月日）
DTOT()	从日期表达式中返回 DateTime 类型的值
EDADKEY()	返回对应于退出某个编辑窗口时所按键的值，或返回表示如何结束最后一个 READ 的值。使用表单设计器可以完全代替 READ
EMPTY()	用于确定指定表达式是否为空
EOF()	确定当前表或指定表的记录指针是否已经指向最后一个记录
ERROR()	返回 ON ERROR 例程捕获错误的编号
EVALUATE()	计算字符表达式，然后返回其结果值
EXP()	返回以自然对数为底的函数值，即返回 ex 的值，其中 x 表示指数
FCHSIZE()	改变用低级文件函数打开的文件的大小
FCLOSE()	刷新并关闭由低级文件函数打开的文件或通信端口
FCOUNT()	返回表中的字段数
FCREATE()	建立并打开低级文件
FDATE()	返回文件的最后修改日期
FEOF()	用于确定低级文件的指针是否位于该文件的末尾
FERROR()	测试并返回最近的低级文件函数操作的错误号
FFLUSH()	将一个用低级文件函数打开的文件刷新到磁盘中

函　数	功　能
FGETS()	从指定的文件或用低级文件函数打开的通信端口中读取若干字节,直至读到回车字符才停止
FIELD()	返回表中某个字段的名称
FILE()	用于在磁盘中寻找指定的文件,如果被测试的文件存在,函数返回真
FILTER()	返回由 SET FILTER 命令设置的表过滤器表达式
FKLABEL()	从对应的功能键号中返回功能键的名称(如 F1、F2 等)
FKMAX()	返回键盘中可编程的功能键和组合键数
FLDLIST()	返回 SET FIELDS 命令中指定的字段或可计算字段表达式
FLOCK()	试图锁定当前或指定的表
FLOOR()	计算并返回小于或等于指定数值的最大整数
FONTMETRIC()	返回当前安装的操作系统字体的字体属性
FOPEN()	打开用于低级文件函数中的文件或通信端口
FOR()	返回指定工作区中打开的 IDX 索引文件或索引标记的索引过滤表达式
FOUND()	用于测试并返回 CONTINUE、FIND、LOCATE 或 SEEK 命令的执行情况
FPUTS()	将字符串、回车、换行符写入文件或用低级文件函数打开的通信端口中
FREAD()	从文件或用低级文件函数打开的通信端口中读入指定字节的数据
FSEEK()	在用低级文件函数打开的文件中移动文件指针
FSIZE()	返回指定字段的字节数(长度)
FTIME()	返回文件的最后修改时间
FULLPATH()	返回指定文件的路径,或相对另一个文件的路径
FV()	计算并返回一系列等额复利投资的未来值
FWRITE()	将字符串写入文件或用低级文件函数打开的通信端口中
GETBAR()	返回 DEFINE POPUP 命令定义的菜单或 VFP 系统菜单中某一选项的序号
GETCOLOR()	显示 Windows 的 Color 对话框,然后返回所选的颜色号
GETCP()	显示 Code Page 对话框,然后返回所选择的代码页号
GETDIR()	显示"选择目录"对话框,从中选择目录或文件夹
GETENV()	返回指定 MS-DOS 环境变量的内容
GETFILE()	显示"打开"对话框,然后返回所选择的文件名
GETFLDSTATE()	返回指示表或游标中字段是否被修改、增加或当前记录的删除状态被改变等情况的数值
GETFONT()	显示"字体"对话框,返回所选择的字体名
GETNEXTMODIFIELD()	返回缓冲游标中的一个编辑记录的记录号

函　　数	功　　能
GETOBJECT()	激活 OLE 自动对象,然后建立该对象的引用
GETPAD()	返回菜单条中指定位置的菜单标题
GETPRINTER()	显示"打印设置"对话框,然后返回所选择的打印机的名称
GOMONTH()	返回某个指定日期之前或之后若干月的那个日期
GRB()	根据给定的红色、绿色和蓝色,计算并返回单一的颜色值
HEADER()	返回当前或指定表文件头的字节数
HOUR()	从 DateTime 类型表达式中返回它的小时数
IDXCOLLATE()	返回索引文件或索引标记的整理顺序
IIF()	根据逻辑表达式的值,返回两个指定值之一
INDBC()	用于测试指定的数据库对象是否在指定的数据库中
INKEY()	返回与单击鼠标按钮或键盘缓冲区中按键相对应的数值
INLIST()	用于测试指定的表达式是否与一组表达式中的某一个表达式匹配
INSMODE()	返回当前插入状态,或设置插入状态为 On 或 Off
INT()	计算表达式的值,然后返回整数部分
ISALPHA()	用于测试字符表达式中的最左字符是否一个字母字符
ISBLANK()	用于确定表达式是否空表达式
ISCOLOR()	用于测试当前的计算机是否显示彩色
ISDIGIT()	用于测试字符表达式的最左字符是否数字字符
ISEXCLUSIVE()	用于测试表达式是否是按独占方式打开
ISLOWER()	用于确定指定字符表达式的最左字符是否一个小写字母字符
ISMOUSE()	测试并返回系统中是否安装有鼠标器械
ISNULL()	用于测试表达式的值是否为空值
ISREADONLY()	用于测试表达式是否按只读方式打开的
ISUPPER()	用于确定指定字符表达式的最左字符是否一个大写的字母字符
KEY()	用于返回索引标记或索引文件的索引关键字表达式
KEYMATCH()	寻找在索引标记或索引文件中指定的索引键值
LASTKEY()	返回最后一次击键的键值
LEFT()	从指定字符串的最左字符开始,返回规定数量的字符
LEN()	返回指定字符表达式中的字符个数(字符串长度)
LIKE()	用于确定字符表达式是否与另一字符表达式匹配
LINENO()	返回当前正在执行的程序命令行的行号

续表

函　　数	功　　能
LOCK()	用于锁定表中的一个或多个记录
LOG()	返回指定数值表达式的常用对数值(基底为 e)
LOG10()	返回指定数值表达式的常用对数值(基底为 10)
LOOKUP()	搜索表,寻找字段与指定表达式相匹配的第一个记录
LOWER()	把指定的字符表达式中的字母转变为小写字母,然后返回该字符串
LTRIM()	删除指定字符表达式中的前导空白,然后返回该字符串
LUPDATE()	返回表的最后一次更改日期
MAX()	计算一组表达式,然后返回其中值最大的表达式
MCOL()	返回鼠标指针在 VFP 主窗口或用户自定义窗口中的列位置
MDOWN()	用于确定是否有鼠标按钮按下
MDX()	返回已经打开的、指定序号的.CDX 复合索引文件名
MDY()	将指定的日期表达式或日期时间表达式转换成月日年的形式,并且其中的月份采用全拼的名称
MEMLINES()	用于返回备注字段的行数
MEMORY()	返回为了运行一个外部程序而可以使用的内存总量
MENU()	以大写字符串的形式返回活动菜单的名称
MESSAGE()	返回当前的错误提示信息,或返回产生的程序内容
MESSAGEBOX()	显示用户自定义的对话框
MIN()	计算一组表达式的值,然后返回其中的最小值
MINUTE()	返回 DATETIME 类型表达式的分钟部分的值
MLINE()	以字符串型从备注字段中返回指定的行
MOD()	将两个数值表达式进行相除然后返回它们的余数
MONTH()	返回由 DATE 或 DATETIME 类型表达式所确定日期中的月份数
MRKBAR()	用于确定用户自定义菜单上或 VFP 系统菜单上的菜单选项是否加有选择标志
MRKPAD()	用于确定用户自定义菜单条上或 VFP 系统菜单条上的菜单标题上是否加有选择标志
MROW()	返回 VFP 主窗口或用户自定义窗口中鼠标指针的行位置
MTON()	从 Currency(货币)表达式中返回 Numeric 类型的值
MWINDOW()	返回鼠标指针所指窗口的名称
NDX()	返回当前表或指定表中打开.IDX 索引文件的名称
NORMALIZE()	将字符表达式转换成可以用 VFP 函数进行比较,返回其值的形式
NTOM()	从数值表达式中构成具有四位小数的货币类型的货币值

函　　数	功　　能
NUMLOCK()	返回当前 NumLock 键的状态,或者设置其状态
NVL()	从两个表达式中返回一个非空的值
OBJNUM()	返回控件的对象号,可以使用控制的 TabIndex 属性代替它
OBJVAR()	返回与 @…GET 控件相关的内在变量、数组元素或字段名
OCCURS()	返回字符表达式在另一字符表达式中出现的次数
OEMTOANSI()	将指定字符表达式中的每个字符转换成 ANSI 字符集中的相应字符
OLDVAL()	返回被编辑的但没有更改的字段的原始值
ON()	用于测试并返回如下事件的处理命令:ON APLABOUT、ON ERROR、ON ESCAPE、ON KEY、ON KEYLABEL、ON MACHELP、ON PAGE 或者 ON READERROR
ORDER()	返回当前表或指定表中控件索引文件或控件索引标记的名称
OS()	返回 VFP 正在运行的操作系统的名称和版本号
PAD()	以大写字母的形式返回最近从菜单条中所选择菜单标题的名称
PADC()、PADL()、PADR()	在表达式的左边、右边或左右两边用空格或指定的字符进行填充,达到规定的长度后,返回填充后的字符串。PADL() 函数从左边插入填充值;PADR() 函数从右边插入填充值;PADC() 函数从两边插入填充值
PAND()	返回 0~1 之间的随机数
PARAMETERS()	返回最近传递给被调用程序、过程或用户自定义函数的参数个数
PAT()	返回字符串在另一字符串中从后向前进行匹配时,首次出现时的开始位置,其中这两个字符串可以是备注型字段
PATLINE()	返回字符串在另一字符串或备注字段中最后一次出现时的行号
PAYMENT()	计算并返回在固定利率条件下,为期初的一笔"贷款"每期支付的等额本息额
PCOL()	返回打印机头的当前列位置
PI()	计算并返回圆周率的值
POPUP()	以字符串的形式返回当前活动菜单的名称或返回逻辑值表示菜单是否已经定义
PRIMARY()	用于测试并返回索引标记是否主索引标记
PRINTSTATUS()	测试并返回打印机或打印设备是否处于联机就绪状态,然后返回一个逻辑值
PRMBAR()	返回菜单选项的正文
PRMPAD()	返回菜单标题的正文
PROGRAM()	返回当前执行的程序名或返回错误发生时正在执行的程序名
PROMPT()	从菜单栏中返回选择的菜单题正文或从菜单中返回选择的菜单选择正文

续表

函　　数	功　　能
PROPER()	将字符表达式中的分离的字符串的起始字符转换成大写,而串中的其他字符转换成小写,然后返回转换后的字符串
PROW()	返回打印机打印头的当前位置
PRTINFO()	返回当前指定的打印机设置
PUTFILE()	引入 Save As 对话框,然后返回指定的文件名
PV()	返回一笔投资的现值
RDLEVEL()	返回当前 READ 的层次,用表单设计器可以代替 READ
RECCOUNT()	返回当前或指定表中的记录数
RECNO()	返回当前表或指定表中当前记录的记录号
RECSIZE()	返回表中记录的长度(记录宽度)
REFRESH()	刷新当前表或指定表中的记录
RELATION()	返回在指定工作区中打开表的指定关联表达式
REPLICATE()	将指定的字符表达式重复规定的次数,返回所形成的字符串
REQUERY()	重新检索 SQL 视图的数据
RGBSCHEME()	从指定调色板中返回 RGB 颜色对或返回 RGB 颜色对列表
RIGHT()	从字符串中返回最右边的指定字符
RLOCK()	试图锁定表中的记录
ROUND()	返回对数值表达式中的小数部分进行舍入处理后的数值
ROW()	返回光标的当前行位置
RTOD()	将弧度值转换成度
RTRIM()	删除字符表达式中尾随的空格,然后返回此字符串
SCHEME()	从指定的调色板中返回颜色对列表或颜色对
SCOLS()	返回 VFP 主窗口中可用的列数
SEC()	返回 DateTime 类型表达式中的秒部分值
SECONDS()	返回自从午夜开始以来所经历的秒数
SEEK()	寻找被索引的表中,索引关键字值与指定的表达式相匹配的第一个记录,然后再返回一个值表示是否成功找到匹配记录
SELECT()	返回当前工作区号,或返回最大未用工作区的号
SET()	返回各个 SET 命令的状态
SETFLDSTATE()	将字段或删除状态值赋给从远程表中建立的一个本地游标中的字段或记录
SIGN()	根据指定表达式的值,返回它的正负号
SIN()	返回角的正弦值

函　　数	功　　能
SKPBAR()	用于确定一个菜单选项是否用 SET SKIP OFF 命令变成可用或不可用
SKPPAD()	用于确定一个菜单标题是否用 SET SKIP OFF 命令变成可用或不可用
SOUNDEX()	返回指定字符表达式的语音表达式
SPACE()	返回由指定个数的空格字符组成的字符串
SQLCANCEL()	请示中断一个已经存在的 SQL 语句
SQLCOLUMNS()	将指定数据源表中一系列的列名称和每列的信息存储到 VFP 游标中
SQLCOMMIT()	提交一个事务处理
SQLCONNECT()	建立到一个数据源的连接
SQLDISCONNECT()	中断到一个数据源的连接
SQLEXEC()	发送 SQL 语句给一个数据源,然后让其处理这个语句
SQLGETPROP	返回活动连接、数据源程序或附属表的当前和缺省设置
SQLMORERESULTS()	如果有多组结果可用,则将另一组结果拷贝到 VFP 游标中
SQLROLIBACK()	放弃当前事务处理期间所发生的任何变化,回滚当前的事务处理
SQLSETPROP()	指定活动连接、数据源或附属表的设置值
SQLSTRINGCONNECT()	通过连接串建立到一个数据源的连接
SQLTABLES()	将数据源中的表名存储到 VFP 游标中
SQRT()	计算并返回数值表达式的平方根
SROWS()	返回主 VFP 窗口中可用的行数
STR()	将指定的数值表达式转换相应的数字字符串,然后返回此串
STRTRAN()	在字符表达式或备注字段中搜索另一字符表达式或备注字段,找到后再用指定字符表达式或备注字段替代
STUFF()	用字符表达式置换另一字符表达式中指定数量的字符,然后返回新的字符串
SUBSTR()	从字符表达式或备注字段中截取一个子串,然后返回此字符串
SYS(0)	在网络环境下使用 VFP 时,用于返回网络服务器的有关信息
SYS(1)	以阳历的天数形式返回的当前系统日期
SYS(2)	返回午夜到当前时间所经历的秒数
SYS(3)	返回可用于创建临时文件的、特殊的、合法的文件名
SYS(5)	返回当前 VFP 的默认驱动器
SYS(6)	返回当前的打印设备
SYS(7)	返回当前格式文件的文件名
SYS(9)	返回 VFP 的序列号

续表

函 数	功 能
SYS(10)	将阳历日期的天数转换成日期格式的字符串
SYS(11)	将指定的日期表达式或日期格式的字符串转换成阳历的日期天数
SYS(12)	返回 640KB 以下的、可用于执行外部程序的内存字节数
SYS(13)	返回打印机状态
SYS(14)	返回打开的.idx 索引文件的索引表达式,或返回.idx 复合索引文件的索引标记的索引表达式
SYS(15)	根据字符串 ASCII 码值转换成新的字符串
SYS(16)	返回正在执行的程序文件名
SYS(17)	返回 CPU 的类型
SYS(18)	以大写字母的形式返回用于创建当前控件的内存变量、数组元素或字段名
SYS(20)	将包含德文字符的表达式转换为字符串
SYS(21)	用于返回当前工作区中控制索引顺序作用的.cdx 复合索引文件的标记或.idx 索引文件的索引序号
SYS(22)	返回指定工作区中.cdx 复合索引文件的控制标记或.cdx 控制索引文件名
SYS(23)	返回标准版 FoxPro for MS-DOS 所点用 EMS 内存数(每段 16KB)
SYS(24)	返回在用户的 FoxPro for MS-DOS 配置文件中设置的 EMS 限制
SYS(100)	返回当前 SET CONSOLE 命令设置
SYS(1001)	返回在 VFP 的内存管理器中可用的内存总数
SYS(101)	返回当前 SET DEVICE 命令设置
SYS(1016)	返回由用户定义的对象所占用的内存数
SYS(102)	返回当前 SET PRINTER 命令设置
SYS(103)	返回当前 SET TALK 命令设置
SYS(1037)	显示设置打印的对话框
SYS(2000)	返回与一个文件名骨架相匹配的第一个文件的文件名
SYS(2001)	返回所指定 SET…ON|OFF 或者 SET…TO 命令的状态或设置值
SYS(2002)	进入和退出插入状态
SYS(2003)	返回在默认驱动器或卷中的当前目录或文件夹名称
SYS(2004)	返回 VFP 启动时所在的目录或文件夹名称
SYS(2005)	返回当前 VFP 的资源文件名
SYS(2006)	用于返回用户所使用的图形卡和监视器的类型
SYS(2007)	返回字符表达式的校验和的值
SYS(2008)	指定在插入及改写方式下的插入点形状

函　　数	功　　能
SYS(2009)	交换在插入及改写方式下的插入点形状
SYS(2010)	返回 CONFIG.SYS 中的文件(FILES)设置
SYS(2011)	返回当前工作区中记录或表的锁定状态
SYS(2012)	返回表的备注型字段块的大小
SYS(2013)	返回以空格字符作为分界符的字符串,此字符串中包括了 VFP 菜单系统的内部名称
SYS(2014)	返回指定文件与当前或指定目录或文件夹之间相对的最短路径
SYS(2015)	返回由下画线开始的,由字母和数字字符组成,长度不超过 10 个字符的唯一过程名
SYS(2016)	返回最后的 SHOW GETS WINDOW 命令所包含的窗口名
SYS(2017)	在以前的 FOXPRO 版本中,清除 FOXPRO 并显示 FOXPRO 的起始屏幕,它提供了向下的兼容性
SYS(2018)	返回最近错误的错误信息参数
SYS(2019)	返回 VFP 配置文件的名称及位置
SYS(2020)	返回默认盘的字节数
SYS(2021)	返回打开的单入口索引文件的过滤表达式或返回复合索引文件中标记的过滤表达式
SYS(2022)	返回指定盘的簇中的字节数
SYS(2023)	返回 VFP 用来存储临时文件的驱动器或目录名
SYS(2027)	利用 Macintosh 路径表示法返回 MS-DOS 中的路径
SYS(2029)	返回与表类型相对应的一个值
SYSMETRIC()	返回操作系统屏幕元素的大小
TABLEREVERT()	放弃对缓冲行、缓冲表或游标的修改,恢复远程游标的 OLDVAL 数据,恢复当前本地表和游标的值
TABLEUPFATE()	提交对缓冲行、缓冲表或游标的修改
TAG()	返回打开的、多入口复合索引文件的标记名或返回打开的、单入口的文件名
TAGCOUNT()	返回复合索引文件中的标记以及所打开的单入口索引文件的总数
TAGNO()	用于返回复合索引文件中的标记以及打开的单入口.idx 索引文件的索引位置
TAN()	返回一个角的正切值
TARGET()	返回表的别名,该表是 SET RELATION 命令中 INTO 子名所指定的关联目标表
TIME()	以 24 小时,8 个字符(hh:mm:ss)的形式返回当前的系统时间
TRANSFORM()	用于从字符表达式或数值表达式中返回字符串,其格式是由 @…SAY 命令中所使用的 PICTURE 样本符或 FUNCTION 功能符所决定的

函　　数	功　　能
TRIM()	用于删除指定字符表达式中的尾空格,然后返回新的字符串
TTOC()	从 DateTime 表达式中返回 Character 类型值
TTOD()	从 DateTime 表达式中返回日期的数值
TXLEVEL()	返回批示当前事务处理层次的数值
TXTWIDTH()	根据字体的平均字符宽度返回字符表达式的长度
TYPE()	计算字符表达式并返回其内容的数据类型
UNIQUE()	如果指定的索引标记或索引文件,在建立时位于 SET UNIQUE ON 状态或使用了关键字 UNIQUE,则函数返回真;否则,函数返回假
UPDATE()	如果在当前 READ 期间数据发生变化,则返回逻辑值真
UPPER()	以大写字母形式返回指定的字符表达式
USED()	确定表是否在指定工作区中打开
VAL()	从包含字符串的字符表达式中返回一数值
VARREAD()	以大写的形式返回内存变量名、数组元素名或者用于创建当前控件的字段名。在 VFP 中,可用 ControlSource 或 Name 属性替代
VERSION()	返回字符串,其中包含正在使用的 VFP 版本号
WBORDER()	用于确定活动的窗口或指定的窗口是否有边界
WCHILD()	根据在父窗口栈中的顺序,返回子窗口数或名称
WCOLS()	返回活动窗口或指定窗口的列数
WEEK()	从 Date 或 DateTime 表达式返回表示一年中第几个星期的数值
WEXIST()	用于确定指定的用户自定义窗口是否存在
WFONT()	返回窗口中当前字体的名称、大小和字型
WLAST()	返回当前窗口之前的活动窗口名称或确定指定的窗口是否在当前窗口之前被激活的
WLCOL()	返回活动窗口或指定窗口的左上角列坐标
WLROW()	返回活动窗口或指定窗口的左上角行坐标
WMAXIMUM()	用于确定活动窗口或指定窗口是否处于最大化状态
WMINIMUM()	用于确定活动窗口或指定窗口是否处于最小化状态
WONTOP()	用于确定活动窗口或指定窗口是否处于所有其他窗口的前面
WOUTPUT()	用于确定显示内容是否输出到活动窗口或指定窗口
WPARENT()	返回活动窗口或指定窗口的父窗口名
WREAD()	确定活动窗口或指定窗口是否对应于当前 READ 命令
WROWS()	返回活动窗口或指定窗口中的行数
WTITLE()	返回活动窗口或指定窗口的标题
WVISIBLE()	用于确定指定窗口是否已激活,并处于非隐藏状态
YEAR()	从指定的 Date 或 DateTime 表达式中返回年号

附录 C Visual FoxPro 9.0 常用文件一览表

文 件 类 型	扩展名	说　　明
生成的应用程序	.app	可在 Visual FoxPro 环境支持下,用 Do 命令运行该文件
复合索引	.cdx	结构复合索引文件
数据库	.dbc	存储有关该数据库的所有信息(包括和它关联的文件名和对象名)
表	.dbf	存储表结构
数据库备注	.dct	存储相应.dbc 文件的相关信息
Windows 动态链接库	.dll	包含能被 Visual FoxPro 内部调用建立的函数
可执行程序	.exe	可脱离 Visual FoxPro 环境面独立运行
Visual FoxPro 动态链接库	.fll	与.dll 类似,包含专为 Visual FoxPro 内部调用建立的函数
报表备注	.frt	存储相应的.frx 文件的有关信息
报表	.frx	存储报表的定义数据
编译后的程序文件	.fxp	对.prg 文件进行编译后产生的文件
索引,压缩索引	.idx	单个索引的标准索引及压缩索引文件
标签备注	.lbt	存储相应的.lbx 文件的有关信息
标签	.lbx	存储标签的定义数据
内存变量	.mem	存储已定义的内存变量,以便需要时可从中恢复它们
菜单备注	.mnt	存储相应的.mnx 文件的有关信息
菜单	.mnx	存储菜单的格式
生成的菜单程序	.mpr	根据菜单格式文件而自动生成的菜单程序文件
编译后的菜单程序	.mpx	编译后的程序菜单程序
ActiveX(或 OLE)控件	.ocx	将.ocx 并到 Visual FoxPro 后,可像基类一样使用其中的对象
项目备注	.pjt	存储相应的.pjx 文件的相关信息
项目	.pjx	实现项目中各类型的文件
程序	.prg	也称命令文件,存储用 Visual FoxPro 语言编写的程序
生成的查询程序	.qpr	存储通过查询设计器设置的查询条件和查询输出要求等
编译后的查询程序	.qpx	对.qpr 文件进行编译后产生的条件
表单	.scx	存储表单格式
表单备注	.sct	存储相应.scx 文件的有关信息
文本	.txt	用于供 Visual FoxPro 与其他应用程序进行数据交换
可视类库	.vcx	存储一个或多个类定义

参 考 文 献

1. 石永福.曾玥.白荷芳.陈旺虎. Visual FoxPro 数据库与程序设计. 北京:清华大学出版社,2012.

2. 王珊.陈红. 数据库系统原理教程. 北京:清华大学出版社,1998.

3. 刘卫国. Visual FoxPro 程序设计教程. 北京:北京邮电大学出版社,2010.

4. 教育部考试中心. 全国计算机等级考试二级教程——Visual FoxPro 程序设计. 北京:高等教育出版社,2003.

5. 陈利.王天怡.张凯.晏丽娟. 数据库应用技术(Visual FoxPro). 北京:清华大学出版社,2013.

6. 张微微. 新版 Visual FoxPro 9.0 数据库开发基础与实践教程. 北京:电子工业出版社,2009.

7. 张翼英.张丕振.张翼飞. Visual FoxPro 9.0 程序设计(第 2 版). 北京:清华大学出版社,2012.

8. 游宏跃.欧阳等. 全国计算机等级考试二级 Visual FoxPro 达标辅导——考试要点、试题分析与练习. 北京:高等教育出版社,2004.

9. 刘志凯. 数据库案例开发教程(Visual FoxPro). 北京:清华大学出版社,2012.

10. 张凯文.徐军.于海英.乌英格. Visual FoxPro 数据库应用系统开发案例教程. 北京:清华大学出版社,2012.

11. 王祥仲等. Visual FoxPro 9.0 实用培训教程.北京:清华大学出版社,2005.

12. 肖金秀. Visual FoxPro 9.0 程序设计与实例教程.北京:冶金工业出版社,2006.